万千
教育

汉英双语版

我们如何思维

How We Think

【美】约翰·杜威　著
杨韶刚　刘建金　译

中国轻工业出版社

图书在版编目（CIP）数据

我们如何思维：汉英双语版／（美）约翰·杜威（John Dewey）著；杨韶刚，刘建金译. —北京：中国轻工业出版社，2017.2（2020.4重印）
ISBN 978-7-5184-1201-3

Ⅰ. ①我… Ⅱ. ①约… ②杨… ③刘… Ⅲ. ①思维方法－研究－汉、英 Ⅳ. ①B804

中国版本图书馆CIP数据核字（2016）第290379号

总 策 划：石 铁
策划编辑：吴 红　　　　责任终审：张乃柬
责任编辑：吴 红 王慧超　　　　责任监印：刘志颖

出版发行：中国轻工业出版社（北京东长安街6号，邮编：100740）
印　　刷：三河市鑫金马印装有限公司
经　　销：各地新华书店
版　　次：2020年4月第1版第2次印刷
开　　本：710×1000　1/16　印张：25.50
字　　数：340千字
书　　号：ISBN 978-7-5184-1201-3　定价：78.00元
读者热线：010-65181109，65262933
发行电话：010-85119832　传真：010-85113293
网　　址：http://www.chlip.com.cn　http://www.wqedu.com
电子信箱：1012305542@qq.com
如发现图书残缺请与我社联系调换
161180Y1X101ZYW

译者导读

约翰·杜威（John Dewey，1859—1952）是一位享誉世界但又颇具争议的实用主义哲学家、机能主义心理学家和进步主义教育思想家。他的思想轨迹也是从哲学研究起步，因受威廉·詹姆斯等人影响，他转向心理学研究，最后又将其哲学和心理学观点运用于教育学研究和教育实验。此外，他的研究还涉及政治学、社会学、美学、逻辑学和宗教等，他是一位在社会科学诸多领域都影响深远的学者。

本书《我们如何思维》（*How We Think*）是杜威于 1910 年在美国哥伦比亚大学工作期间，由波士顿的 D. C. 希斯出版社出版的一本名著，但其前身是最早于 1903 年在《初等学校教师》杂志上发表的系列文章，是对他 1903—1906 年在芝加哥创办的实验学校的一些理念的总结。

早在 20 世纪 20 年代，我国学者胡适、潘家洵、李小峰、邵元冲、杨四穆、罗德辉及许昂若等人就把这本书列为当时“青年必读书十部”之一。即便现在读来，这本书对我们的学校教育和教学方法的改革依然具有重要的启示意义。

本书以实用主义哲学为思想基础，以教育学思想和教学实践为平台，探讨了教学过程中的思维方法。它由三部分组成：第一部分“思维训练的问题”，着重分析了思维的概念内涵，思维训练的必要性、自然资源，学校环境与思维训练的关系，以及思维训练的手段和目的等；第二部分“逻辑的探讨”，着重从逻辑学角度对完整的思维活动做了分析，阐释了归纳、演绎、判断、意义、具体思维和抽象思维、经验思维和科学思维等逻辑推理和思维方法；第三部分“思维的训练”，着重从课堂教学中的活动、语言、观察等视角分析了思维训练的科学方法。虽然其中的很多内容和案例源自 100 多年前的美国，但对我们今天的教育仍然具有不可小觑的启示价值。

一、丰富多彩的人生轨迹

约翰·杜威于1859年10月20日出生于美国佛蒙特州伯灵顿市一个杂货商人家庭。杜威小时候并不太聪明，而且有些害羞，但喜欢读书为他后来的学术成就奠定了良好的基础。在童年时代和少年时代，杜威十分喜爱读书，但对传统学校教育采取死记硬背的方法感到厌烦。因此，在他所受到的中小学教育中，最重要的部分是在课堂外面获得的。这种早期思想的印记在本书的字里行间依然可以看到。1875年中学毕业后，他在将满16岁的时候进入佛蒙特大学。大学时期，杜威修读过希腊文、拉丁文、解析几何及微积分。从大三开始，他逐步涉猎自然科学课程，到大四时，他更广泛地接触到人类智能的领域，开始对哲学产生兴趣。1879年，杜威以优异的成绩从大学毕业后，先后任教于宾夕法尼亚州南部石油城的一所中学和佛蒙特州的一所乡村学校。在这段时间，他阅读了大量的哲学书刊，尤其是当时美国圣路易斯派的《思辨哲学杂志》，这对杜威早期哲学思想的形成产生了重大影响。他在这份刊物上发表了《唯物主义的形而上学假定》等三篇哲学论文，这使他深受鼓舞。1882年，他进入约翰·霍普金斯大学攻读哲学研究生学位。1884年，他凭借论文《康德的心理学》获得哲学博士学位。

1884—1894 年，杜威在密歇根大学和明尼苏达大学教哲学。在这 10 年时间里，他的哲学观点与新黑格尔主义比较接近。他对当时刚刚诞生不久的心理学也很感兴趣，并且尝试将心理学研究与哲学研究结合起来。这对他最终走上实用主义哲学之路影响很大。1894年，他应聘去芝加哥大学担任哲学教授，先后担任哲学系、心理学系和教育学系主任。他在芝加哥大学任教的10年，是其思想发展最重要的10年。因为在这里他不仅创立了机能主义心理学，成为狭义的机能主义心理学芝加哥学派的主要代表人物，将实用主义哲学思想运用于心理学研究中，而且于1896年在这里创办了著名的实验学校。他提出的"教育就是生活，而不是生活的准备"，以及"在做中学"等教育学理念就是在这所学校里萌芽的。

1904—1930年，杜威在哥伦比亚大学任教，直至退休。在此期间，他曾担任美国心理学联合会（APA）会长。美国心理学联合会于1892年创立，杜威是第8任主席。1905—1906年杜威担任美国哲学学会会长。1915年，杜威参与创立了美国大学教授联合会，并且担任了第一任会长。1928—1952年，杜威担任美国进步教育协会名誉会长。由此可见，在哥伦比亚大学工作期间，他在哲学、心理学、教育学领域的重要地位已经得到了当时学术界的公认。

从1919年起，杜威开始频繁地到国外讲学游历。1919年他先到日本，然后在"五四运动"前夕来到中国。陶行知、胡适、蒋梦麟等杜威的及门弟子，代表江苏省教育会、北京大学和北京大学知行学会等五个团体，邀请杜威到南京、北京、上海等城市演讲。4月底，胡适专程从北京到上海迎接杜威夫妇，1919年4月30日杜威夫妇到达上海。杜威先后在北京、南京、杭州、上海、广州等地讲学，由胡适等人担任讲学的翻译。杜威夫妇原打算过了夏天就回美国，后来他们改变了计划，决定在中国停留一整年。或许是中国的"五四运动"引起了他们极大的兴趣，他们想看个究竟。哥伦比亚大学批准杜威休假一年，之后，假期又延长到两年。因此他总共在中国逗留了两年零两个月，即从1919年5月到1921年7月。在杜威回国之际，胡适写了一篇题为"杜威先生在中国"的短文，为他送行。这篇文章刊登在《东方杂志》和《民国日报·觉悟》上。文中说道："自从中国与西洋文化接触以来，没有一个外国学者在中国思想界的影响有杜威先生这样大的。”“我们可以说，在最近的将来几十年中，也未必有别个西洋学者在中国的影响可以比杜威先生还大的。”此后，杜威又先后访问了土耳其、墨西哥和苏联等国。在20世纪 30 年代后期，在陶行知的推动下，杜威曾联合美国学界名流，对因宣传抗日、争取民主而被捕入狱的中国“七君子”进行营救。他还在陶行知代写的《杜威宣言》上签名，支持中国的抗日战争。

杜威是一位多产的作家。他一生出版了 30 多部著作，近千篇论文，内容涉及哲学、伦理、教育、心理、逻辑、文化艺术、社会政治等诸多方面，其中社会政治领域的问题是他最为关注的。其主要著作有：《我的教育信条》，1897 年；《学校与社会》，1899 年初版，1915 年修订版；《伦理学》，1908 年初版，1932 年修订版，与 J. H. 塔夫茨合著；《我们如何思维》，1910 年初版，1933 年修订版；《明日之学校》，1915 年，与女儿伊夫琳·杜威合著；《民主主义与教育》，1916 年；《哲学的改造》，1920 年；《人性与行为》，1922 年；《经验与自然》，1925 年；《公众及其问题》，1929 年；《对确定性的寻求》，1929 年；《新旧个人主义》，1930 年；《哲学与文明》，1931 年；《艺术即经验》，1934 年；《逻辑：探究的理论》，1938 年；《经验与教育》，1938 年；《今日世界的民主主义与教育》，1938 年；《现代世界的智慧》，1939 年；《自由与文化》，1939 年，等等。据统计，自从 1900 年杜威的教育著作第一次在国外翻译出版后，至少已被译成 35 种文字。世界上很少有一位教育家能像杜威那样，有这么多著作被译成多种文字出版。1952 年 6 月 1 日，杜威在纽约去世，走完了其历时 93 年的人生之路。

二、实用主义的哲学理念

虽然杜威著述颇丰、专心写作和善于思考，但是他不善言辞，文笔平平，因而不是一个善用文字表达思想的人。另外，他的教育思想和实践与其哲学和心理学思想密切关联，因此，读者要想深入了解本书的思想内涵，首先应该洞悉其实用主义的哲学理念。

杜威是从改造传统哲学出发进而开始其哲学研究的。前已述及，在哲学见解上，杜威早期继承了黑格尔的部分哲学思想，但由于进化论对其思想的冲击，他逐渐抛弃了19世纪德国黑格尔学派的绝对主义。他曾发表《从绝对主义到实验主义》的论文，论述了自己哲学思想改变的来龙去脉。1903年，杜威和米德等人共同撰写了《逻辑理论研究》一书。杜威将其称之为工具主义学派的"第一个宣言"，这标志着杜威开始抛弃新黑格尔主义而完全转向实用主义。例如，杜威否认观念是完全固定不变的、静态的说法，认为观念自身并不是绝对的，而是可以变易的、动态的、具有工具性的指导效能，使人更能适应外在的环境。

杜威对"经验"的解释与传统的经验主义观点相反。传统的哲学观念认为，经验是知识，是主体对客体的一种认识。这意味着把经验看作不同于宇宙中其他部分的精神领域。这样一来，认知的主体、经验者和被认识的对象就被割裂开来。显然，把经验与自然、精神与物质割裂开来，是一种典型的二元论。杜威反对这种经验观。在他看来，除了认知的意义以外，经验的内涵还包含其他的性质，例如，个体感受到的喜悦、苦痛、作为等。经验既是主体也是客体，是有机体和环境之间的交互作用，表现在环境中，就是对某一情境的整体反应。因此，杜威抛弃了传统哲学家所谓经验是认知形式的观点，而主张经验自然主义的观点。例如，父母送自己的孩子出国读书，这是当今中国经常发生的事情，双方对这种情境的经验感受，不仅仅止于认识到家人的远行，双方的经验中还包括很多其他的感受与情愫，以及送行过程中的种种行为。这些经验的特质带有明显的生物与环境的色彩，使有机体与环境、主体与客体、经验和自然结合为一个不可分割的整体。

按照杜威的观点，既然经验是一个单一的、动态的、完整的有机整体，那么，经验就不可分割，而是存在各种相关。经验不仅与产生经验的情境相关，而且其自身就经历了绵延不绝的发展历程。例如，个体存在于环境之中，会不断地对环境加以“作为”（doing），而环境则会对个体的作为做出反应。杜威把这种反应称为“施为”（undergoing）。不仅人类在改造环境或主动适应环境时会对环境有所作为，而且环境也会对人类的行为做出反应。例如，农民引水灌溉农田，大自然就会给农民提供可耕之田，或增加了收获等，这就是环境反作用于人的一种施为。简言之，人类的经验就起源于这种作为与施为之间的交互活动。

杜威接受并发展了詹姆斯的意识流学说，主张经验的变动性。在他看来，经验不仅纵横相关，绵延发展，而且本身也是有机变化的。概括地说，经验具有扩张性、生长性、相关性和预测性。例如，人类对“水”的经验，会随着人们接触水的各种情境而不同。我们对“水”这个概念的了解，是从我们与水打交道的各种交互行动中习得的。

杜威把生物学的含义渗透到经验之中，阐释了经验的多元性。人类从生物与环境的交互作用中发现，经验应该是多元性的。第一，产生经验的情境、内容、关系等都来自生活，而生活又与每一个个体息息相关，因此经验是个人生活体验的一个单元。第二，杜威用工具主义（instrumentalism）的知识论观念，对经验做了新的解读，提供了一种新的理论，即经验是工具性的。第三，经验自身并非必然的价值所在。经验的价值在于能够替人解决生活中遇到的实际问题。生活的本质就是为了增进人类的生活经验，为人类提供更加丰富、有效的依靠，使人类从与自然的直接交往中获益。

杜威吸收了生物进化论的观点，从哲学上阐释了人的“历程”(process)发展观。从生物的演化来看，个体通过与环境的交互作用而使自己一直处在发展的历程中，因此，发展成为生物个体自身的目的。历程把发展的各个阶段连续性地结合起来。从某种意义上说，人的精神生活是一个连续的、历程式的发展，绝不可以割裂成为界限分明、各自独立存在的不同观念。因为“对经验进行的分析无非是一个抽象的过程，其结果是使作为整体的经验成为诸部分的一个聚合体，各部分之间的‘精神纽带’则消逝不见了；我们对经验要素的区分，纵使是必要的，也是不真实的，而且是人为的。”

杜威用这种历程式的发展观来解释名词，认为名词实际上是一种活动过程。例如：“健康”不是静态、固定的名词，而是包含着发展与变动的成分。个体要想获得健康，就必须从事各种活动，包括进行健康体检、熟读各种有关健康的书籍、培养各种健康的生活习惯、摄取有益健康的食物等。所有这些活动都是一个发展的历程，而并不只是一个静止的、认知的健康名词。人类要想正确地认识和理解健康，就应该掌握健康活动的历程，身体力行地从事各种活动，才能使“健康”这个名词得到具体的落实。

杜威把“经验”和“历程”视为其哲学思想的两个基本概念，从而导致他对知识做出了工具主义的解释。他反对传统的知识“旁观论”(The Spectator Theory of Knowledge)，因为旁观论认为，人类之所以能够获取知识，是因为知识本身完全是客观的外界存在物，因而误以为知识独立于认知者之外，而知识本身可以绝对客观地存在着。显然，这种旁观论完全忽视了认知者与知识之间的关系，忽视了知识与认知者之间发生的交互作用。杜威坚持认为，我们应该从生物的立场来解释知识的由来，这才符合经验发展的事实。人类社会生活中充满了不安、疑虑、冲突和各种具有不确定性的因素，个体处在这样一种情境之中，必然会通过对情境的探究性认知来　除这些不安、疑虑和冲突，从而使人与环境的关系保持确定与和谐。

个体的认知就是通过这种探究而产生的。所以，知识只是解决人生困惑的一种工具。

杜威进而使用逻辑学的观点来解释知识的发生，认为其中包含如下具体的步骤：

①面对困惑的情境。从逻辑思维的过程来看，知识首先产生于令人困惑的不确定情境中。在这种情境中，个体能够感觉到某种迫切需要解答的困惑。②产生心理的张力。当个体面对困惑而不得其解时，必然导致心情紧张，竭力想要真切地了解导致困惑的实际情形。③确定解题的假设。个体感受到某一困难的情境，就想要确定这种困难情境的内容和原因，从而排除各种与该困难情境无关的成分和因素，这样才能提出一个可以解释的假设。④提出解决的途径。个体必须根据假设拟订一种或多种可能的解决方案，并且由此而提出可以采取的方法或步骤。⑤验证解题的效果。通过对上述实施步骤的具体落实或者通过实验等，检验这些方法或步骤是否可行，以及可以预期的结果如何。后来，杜威把这种哲学观运用在教育实践中，并结合德国赫尔巴特的教育哲学思想，提出了教学的五个步骤。这些具体步骤在本书中均有明确的阐述。

虽然知识是按照这种逻辑思维的顺序活动的，但由此而得出相应的预期结果则不是思维探究的最终目的。换句话说，当个体获得知识之后，探究并没有停止。既然知识具有一定的工具效能，那么，在个体获得知识之后，这种知识就成为他以后再获取新知识的一种工具。由此可见，我们不能把知识看成预先建立的绝对真理，而应视为个体与环境交互作用的结果。如果我们把知识运用在不同的情境中，那么就可能会产生不同的结果。因此，我们只能把知识作为一种参考，而不能完全套用在任何情境中。我们所获得的各种观念、规则、规范等都是有限的、有条件的确定性知识，而绝不能把它们视为可以解决所有问题的固定知识。杜威的这些观点虽然带有相对主义的色彩，但对于在教学中启发学生的心智具有积极意义。

三、机能主义心理学的领航者

机能主义心理学在美国有广义和狭义之分。广义的机能主义心理学是指受达尔文生物进化论和实用主义哲学影响的美国早期心理学家和哥伦比亚大学的卡特尔、桑代克和伍德沃斯等心理学家。狭义的机能主义心理学是指以杜威、安吉尔和卡尔为代表的芝加哥大学的心理学家。杜威是机能主义芝加哥学派的创始人。1896 年，杜威在《心理学评论》发表了《心理学中的反射弧概念》一文。学术界普遍认为，这篇文章为狭义的机能主义心理学奠定了重要的理论基础。杜威在这篇文章中提出，反射弧是一个连续的整合活动。他反对以铁钦纳为代表的构造主义心理学家把反射弧分析成各个元素或分解为各个部分。在他看来，反射弧概念中的刺激与反应之间、感觉和运动之间并不存在一条鸿沟，尽管它们之间确有区别，但这种区别只具有机能的、处理方法上的意义。他认为，把反射弧中的行为再分成基本的感觉运动元素是没有道理的，就像意识不能从意义上再分为它的基本的构成成分一样。行为是连续的，无法分解成刺激和反应；感觉—运动行为是彼此连续地混为一体的。杜威认为，对行为进行人为分析的简化，会使行为本身失去意义。如果进行分析，那么最后所留下的一切东西只不过是存在于心理学家头脑中的抽象而已。杜威运用达尔文的生物进化论来解释人类的社会进步，认为有机体的机能就在于对环境的适应。例如，一个小孩子看到蜡烛的火焰（刺激物），就会伸手去抓（反应），火烧了手使他感到疼痛（刺激），导致他把手缩了回去（反应）。这是一系列的刺激—反应过程，是一个连续的反射弧。按照构造主义心理学的分析，这里并没有发生什么变化，儿童也没有学到任何东西。但杜威认为，被烧痛的感觉经验改变了儿童对火焰的知觉，以后他就会避开火焰。因此，所谓刺激和反应并不是截然分开的，而是相互关联的机能事件的序列。

显然，杜威注意心理现象的整体，注意个体行为与整体之间的关系，从而为机能主义心理学提供了基本概念和理论基础。

杜威对人的心理机能做了实用主义的分析。他认为，有机体不是刺激的消极接受者，而是积极感知者。因此，必须根据行为对环境的有意义适应来研究人的行为。研究心理学的最适当的课题就是研究有机体在其他环境中的功能。他的机能主义观点显然受到进化论以及他所倡导的实用主义哲学和工具主义哲学的影响，因为在他看来，思想是为了引起有机体对现实及其问题做出反应的活动而设计的，思维不可能脱离环境而存在。人类的心理活动就是对那些能使有机体生存、进步、起作用的适当行为做出有意识的反应。“因此，机能心理学就是研究有作用的有机体。”

从反对铁钦纳构造主义心理学的元素论出发，杜威认为，“心理只意味着一种机能。而机能又经常处于某种协调之中，而且只有从维持和再组织这种协调中才能获得意义。”也就是说，心理的功能主要在于协调个体与外界环境之间的关系，促进、维持二者之间的和谐统一。1906年，杜威的后继者安吉尔在美国心理学会议上发表演说，阐释了机能主义心理学有别于构造主义心理学的三大命题：①机能主义旨在发现心理过程是怎样进行的，以及完成了什么；②重视心理的基本功效，确认意识的作用在于协调有机体的需要与环境要求的作用；③研究心物之间的关系，探究心理与物理之间的可迁移性。这个演说被视为机能主义心理学正式诞生的标志。

受实用主义哲学观的影响，杜威的研究必然与人类的社会实践密切相关。杜威将其观点运用在儿童的心理发展上，阐发了其独特的儿童心理学思想。杜威认为，儿童具有独特的生理和心理结构。儿童的能力、兴趣和习惯都是以其原始本能为基础而建立起来的。儿童心理活动的实质就是促进其本能的发展。杜威明确指出，人的本能冲动“最初是自发的，而且没有一定的形式；它是一种潜能，一种发展的能力……它是一种独创的和创造性的东西；是在创造其他东西的过程中形成起来的东西”，显然，本能冲动才是儿童发展和教育的最根本的基础。在杜威看来，儿童身上潜藏着以下四种本能：

1．语言和社交本能。这是一种社交的冲动，它在儿童的交谈和交流中表现出来。儿童很乐意把自己的经验说给别人听，也很有兴趣听取他人的经验，例如，每个儿童都喜欢听童话、故事、寓言等，他会利用一切可以表达的方式与他人进行沟通和交流。语言本能是儿童社交表现的一种最简单的方式。杜威把这种观点与教育实践结合起来，阐发了他对语言交际功能的理解。“把语言的实际用途、社会用途与其理智用途区分开来，为学校中关于语言的问题提供了很大的启示。这个问题就是指导学生的口头语言和书面语言，使过去主要用于实践目的和社会目的的语言逐渐转变为有意识地传递知识和促进思想的一种工具。如果不抑制这些自发的、自然的动机——语言的生命活力、力量、生动性和多样性都归功于这些动机，那么我们怎么能够改变语言习惯，以便使它们成为精确的和灵活的理智工具呢？”

2．制作的本能。这是一种建造性的冲动。儿童开始总是对游戏活动和动作感兴趣，进而就有兴趣把各种材料制作成具体的形状和实物，并且使之符合他自己明确的设想和希望达到的目标。长此以往，儿童的建造活动就会逐渐发展成为一种习惯。杜威认为，制作的本能是各种本能中最重要的，因此，教师在教学中必须注重儿童的实践，让儿童从实践中学习，从实践中获得经验，这就是他后来提出的“从做中学”观点的思想肇始。

3．研究和探索的本能。这是一种探究性的冲动，它常常是建造冲动与社交冲动的结合。尽管在儿童时期还无所谓科学研究活动，但儿童总是喜欢观察和探究，例如，儿童从 2 岁左右就会不断地询问成人“为什么”。遗憾的是，成人却常常没有对此流露出喜悦之情，没有对儿童的探究活动给予物质或精神的鼓励，更没有或者根本无法运用已有的知识做出合理的解释。在很多情况下，成人往往置之不理，有些成人甚至还会不自觉地对儿童的探究进行语言上的嘲讽，对儿童幼小心灵的发展造成的伤害可谓大矣。

4．艺术的本能。这是一种表现性的冲动。儿童在绘画、造型、音乐等活动中表现出艺术方面的能力。杜威明确指出："艺术起源于游戏，这是一种普遍的说法。无论这种说法从历史上看是否正确，它都说明了心理上的爱玩和严肃可以和谐相处，这就是对艺术理想的描述。当艺术家过多地专注于手段和材料时，他可能会获得绝妙的技巧，但不会获得出类拔萃的艺术精神。相反，当生动活泼的理念超过了已经掌握的方法时，虽然可以表现审美的情感，但是，这种表现艺术由于存在很多瑕疵，所以无法彻底地表现情感。当对目的的思考变得如此恰当，以至必须使之转换成得到具体表现的手段时，或者，当人对手段的注意，由于认识到它们为之服务的目的而受到激励时，我们就拥有了艺术家所特有的那种态度。这种态度可以在所有的活动中表现出来，尽管不是传统上所指的那种艺术活动。"

杜威还将儿童心理发展过程划分为三个阶段：

第一阶段，游戏期（4—8 岁）。在这个阶段，儿童主要通过各种活动进行学习。如果儿童的每一种机能都能充分发挥作用，那就会成为一种习惯。儿童就不会再以孤立的方式进行活动。因此，在游戏中培养儿童形成良好的行为习惯在这一阶段至关重要。

第二阶段，自发的注意时期（8—10 岁）。在这个阶段，儿童各方面的能力逐渐增强，活动的重点逐渐转移到更广泛的方面，其活动的协调性也日益完善。他们可以学习融合在直接知识中的间接知识，可以按照解决问题的需要控制自己的行为。因此，培养儿童持久的注意力应成为这一阶段教学的重要内容。

第三阶段，反射的注意时期（10 岁以后）。儿童在这个阶段开始学习系统性和理论性的知识，因此，获得良好而稳固的学习习惯并掌握科学的思维方法是这一阶段的重中之重。

当然，杜威强调事物发展的整体性和连续性，因此，这些阶段是相互结合和重叠的，不能截然分开。如果我们没有看到心理机能的这种连续作用，那么，我们就不可能把儿童早期和后期发展的心理事实联结成一个活生生的整体。

杜威在专任哥伦比亚大学教职之后，基本上不再从事心理学研究，而致力于教育学和其他社会科学的探讨，因此他的心理学理论体系不是很完整。学术界普遍认为，他为机能主义心理学奠定了基本的理论基础，但没有在此基础上添砖加瓦，建造一幢心理学的高楼大厦。当然，这种状况也和当时整个西方心理学的发展背景有关，因为严格意义上的西方心理学是 1879 年由冯特在德国创立的。与哲学、物理学等学科相比，心理学还只是一个刚刚诞生的婴儿，即便杜威想把心理学这个婴儿“抚养”成人，在当时的情况下也只能是心有余而力不足。

杜威反对旧心理学把心理看作个人的所有物、看作知识和智力的心理学、看作元素分析的心理学，进而认为心理是固定不变的东西。杜威看到并深刻揭示了心理是社会生活的功能，注重心理与实际行动的联系，认为心理是一个生长的过程。他的心理学思想中有明确的整体观、效用观和动力观，这在当时确实为心理学的发展注入了新鲜而强大的动力，有助于扩展心理学的研究范围，促进心理学的日臻完善，为心理学日后成为一门对生活和实践具有巨大指导作用的学科奠定了坚实的基础。后来，杜威将这种机能主义心理学的观点运用于教育实践，成为美国进步主义教育的先驱。

四、进步主义教育的践行者

杜威是当时西方传统教育的改造者，是新教育的拓荒者，也是 20 世纪初进步主义教育运动在美国的重要践行者和领军人物。1896 年 1 月，杜威在芝加哥大学创办了一所实验学校，作为检验其哲学、心理学和教育思想的实验室。在历时 8 年的教育实验中，他逐步形成了系统的进步主义教育思想。他认为，当时美国的小学教育沿袭欧洲的形式主义课程，采用因循守旧的教材和教学方法，制定了诸多的清规戒律，使教育与生产、生活严重脱离。杜威创建了他的实验学校，为学校制订了明确的教育目标。他提倡从儿童的天性出发制定课程，也就是以四种本能（社交、制作、探究和艺术）为理论基础，促进儿童的个性发展。学生通过木工和织布等手工活动的作业把各门课程联结起来，通过三种智力活动——历史的或社会的研究活动、自然科学研究活动和思想交流活动，使各种作业保持平行。学校采用灵活多变的教学方法，促使儿童的本能得到恰当的表现，例如：手工劳动可以加深学生对社会的认识；鼓励学生采用观察、探究、调查和实验的方法可以培养学生的思维能力；在开学初师生一起讨论本学期的学习计划，通过合作设计让儿童始终处在教育的中心地位。儿童的经验成为课程和教材的依据。由于杜威的观点与芝加哥大学校长哈珀的意见不一致，导致杜威于1904年辞去芝加哥大学的教职，实验学校也宣告解散，因此，杜威未能将其教育思想延伸到中等教育，但这所学校的实验及其引发的思想影响是巨大的。概括地说，杜威的教育思想主要体现在以下几个方面。

（一）教育即“生活”、“成长”和“经验改造”

教育具有传递人类经验的功能，能够丰富人类经验的内容。因此，通过教育来增强学生的经验，指导其生活和适应社会的能力，这样就可以把教育与社会生活联系起来并促进生活的发展。广义地说，个人在社会生活中与人接触、相互影响、逐步扩大和改进经验，养成道德品质和习得知识技能，就是教育。改造经验必须与生活紧密地联系起来，而且改造经验能够促使个人的成长，因此杜威便得出结论认为“教育即生活”“教育即成长”，教育就是“经验的改造”。

杜威认为生活是多种多样、丰富多彩的，其中包括儿童的生活、成人的生活、学校生活、家庭生活和社会生活。因此，教育不能脱离生活。杜威提出“教育即生活”的主要目的就在于想克服当时美国学校生活与家庭生活、社会生活相脱离的现状，使学校能够充分考虑到儿童生活的特殊性，使学校不再单纯地用成人的生活标准来要求儿童，不再单纯地用成人的活动模式去规范儿童。

有人认为，对儿童的教育是为其未来生活做准备。杜威反对这种观点和做法。在他看来，学校是一种独特的教育环境，但它绝非远离尘世生活的世外桃源。学校里的教育活动应该在一定程度上反映社会生活的基本面貌和形态。杜威主张把社会生活渗透在或者融合在学校生活中，因为学校就是一个社会的雏形。学生只有在学校里学会了适应社会生活的本领，走上社会之后才能更好地适应社会的生活和工作。当然，杜威也意识到外部的社会生活光怪陆离、纷繁复杂，学校生活应该创造典型、纯净、理想的社会环境，吸收社会生活中的健康因素，这样才能使儿童在良好、纯洁、健康的环境中接受正面的积极影响。

杜威批评当时美国的学校教育忽视儿童本性的发展，“儿童被置于被动的、接受的或吸收的状态中”“结果造成阻力和浪费”。他提出“教育即成长”的教育思想，旨在把儿童从被动、被压抑的状态中解放出来。他认为儿童的成长发展需要一定的内在条件，这种内在条件就是儿童的兴趣、本能、依赖性和已经形成的习惯。教育过程必须承认并尊重这种内在条件，促进儿童的健康成长。

杜威从其工具主义经验论的哲学观出发，提出“教育即经验的改造”的教育思想。杜威把经验视为有机体与环境之间的相互作用，经验遵循着两个基本原则：①交互作用原则；②连续性原则。把这种思想运用在教育上，就是把教育视为对学生的经验进行连续不断的改组或改造的过程。这种观点为其教学论奠定了理论基础。

（二）教育无目的论

实际上，杜威提出的“教育无目的论”是对当时美国社会的批判。在他看来，在不民主、不平等的社会中，教育的目的性是社会外力强加于受教育者的，是外在的、固定的、终极的教育目的。这种教育目的缺乏灵活性，不可能充分考虑儿童的本能与需要，也不能适应不断变化的外部社会现实。既然社会是变动不止的，那么确立这样的教育目的就只不过是一种理论上的虚构和假设。

杜威曾明确指出，“教育过程在它自身以外无目的；它就是它自己的目的。”换句话说，“教育就是成长；在它自身以外，没有别的目的。”显而易见，所谓教育无目的论并非真的没有目的，而是应该以儿童的成长为目的，这才是杜威提出的教育目的论。杜威提出以成长为目的的教育目的论，除了反对和批判传统教育对儿童发展的压抑之外，还要求教育必须尊重儿童的兴趣、本能和需要。教育首先要使个体能够维持生活，在此基础上，尽其所能地为社会服务，把儿童培养成符合社会要求的公民。由此可见，杜威的所谓教育无目的论仍然是有其阶级性的。

（三）教学论

杜威以教育即生活、教育即成长、教育即经验改造的理论为基础，以其实验学校为平台，对小学教育使用的教材和教学方法等提出了与传统教育不同的论述。

1．在教材的选择上，杜威建议“使学校科目获得相互联系的真正中心，不是科学……而是儿童本身的社会活动”。具体来讲，就是要把人类社会生活中各种基本的活动或事物引入学校，作为学校的教材。他反对传统教育以系统的文化科学知识的传授为中心，主张把一些经验性的主动作业，如园艺、烹饪、缝纫、纺织、绘画等引入学校课程之中。教材并非客观实际、科学知识的系统和逻辑的再现，教学法也不需要依据认识的规律，二者都应归结为：通过儿童直接、能动的活动而获得个人经验。那么，怎样才能使儿童把自己“从做中学”所获得的个体的直接经验转化为种族的间接经验呢？作为一位杰出的教育家，杜威敏锐地认识到个体的直接经验的局限性，也深知种族的间接经验在个人成长发展和经验改造中的重大作用。为了使教学适合儿童成长、发展的特点，杜威从机能主义心理学的立场出发，提出教材心理化的主张。为了实现这一目标，“就需要把各门学科的教材或知识的各部分恢复到原来的经验，它必须恢复为被抽象之前的原来的经验，它必须心理化”。杜威始终反对把成人和专家们事先编好的教材作为教育的重要内容，而主张以儿童的直接经验为教育的起点。他强调对直接经验进行组织、抽象和概括。尽管杜威在其实验学校做了很多大胆的尝试，但是怎样才能把学生的直接经验组织成系统的知识，则是杜威始终想解决却一直没有解决的一大难题。

2．在教学方法上，杜威主张在活动中进行教学，这体现了其“在做中学”的教学原则。他认为，如果学校教育只让学生听课和读书，而不让儿童从事任何活动，那么，这样获得的知识是虚无缥缈的，是经不起实践检验的。杜威根据他对人的“思维”发展的研究，在《我们如何思维》一书中提出了培养和训练学生思维能力的五个步骤，这种科学思维方法也叫思维五步法或探究五步法，其具体程序是：第一，出现了某一问题或某一令人困惑的现象；第二，对事实进行观察、检验，对问题进行定位和解释；第三，形成某种假设或者某一可能解决方法的建议；第四，运用推理对其进行详细的阐释；第五，通过把它用作新观察和实验的向导而对精心阐述的观念进行测验。这种思维方法实际上就是杜威“在做中学”这一教学原则的具体体现。杜威的学生胡适曾将杜威的五个步骤概括为“悉心搜求事实，大胆提出假设，再悉心求证”。后来他又进一步将其简化为“大胆的假设，小心的求证”。胡适对杜威教学方法的这种概括曾在旧中国广为流传。

以杜威为代表的进步主义教育家十分推崇这种“在做中学”或“从经验中学习”的教学方法。这种方法强调教学必须考虑儿童本性发展的特点，必须考虑儿童的接受能力和个体差异，必须考虑儿童的需要，使儿童积极、主动地学习。他在《我的教育信条》一书中指出："方法的问题最后可以归结为儿童的能力和兴趣发展的顺序问题，提供教材和处理教材的法则就是包含在儿童自己本性之中的法则。"杜威认为儿童本性发展的一般特点是："自动的方面先于被动的方面，表达先于有意识的印象，肌肉的发育先于感官的发育，动作先于有意识的感觉，我相信意识在本质上是运动或冲动的，有意识的状态往往在行动中表现自己。"以这种认识为基础，杜威强烈批判了只注重培养学生的推理能力、判断能力的传统教学方法，强烈主张采用"在做中学"的教学方法。这种教学方法具有鲜明的启发式教学的特点。首先，它注重使学生在活动过程中自行掌握学习的方法；其次，它注重发现式的学习，要求教师为学生创造一种适合的课堂情境，使学生通过各种活动和实际生活而获得知识和技能；最后，它强调教师的指导作用。教师不应消极被动地观察学生自发的活动，而应积极地参与到学生的活动中，并且在与学生的共同活动中给予学生恰当、有效的指导。从这个意义上说，教师在教的过程中要发挥主导作用，学生在学的过程中要发挥主体作用，两者的恰当结合才是最有效的教学方法。

（四）道德教育论

杜威把道德视为"教育的最高和最终的目的"。在他看来，"道德过程和教育过程是统一的。"因此，德育在教育中占有重要的地位。杜威极力主张道德是推动社会前进的力量。在道德教育的具体实施方面，杜威提出了如下主张：首先，"在活动中培养儿童的道德品质"；其次，结合智育活动以达到德育的目的；最后，正确的教育方法本身就具有道德教育的作用。

道德教育所要解决的根本问题就是协调个人与社会的关系，杜威指出，"一切教育的根本问题就是协调个人与社会的关系。因为从哲学上讲，道德教育的含义很深。最重要的是'个性'与'社会'的关系，道德教育不如旁的教育，它一方面发展个性，养成个人的知识、能力、感情，另一方面在发展之后，还须使社会的同情格外增加。所以问题在于，怎样使个性发展，同时把同情的范围扩大，对于社会情愿尽忠、情愿牺牲。”显而易见，杜威把培养学生的民主素质视为道德教育的重要任务之一。他主张用新个人主义代替旧个人主义，强调必须使个人与社会关系保持协调一致。在道德教育的过程中，杜威强烈反对空洞的道德说教，主张道德教育必须为儿童提供健康成长的社会环境。他认为教育的道德性和社会性是相通的，因此，加强道德教育的根本举措在于为学生提供社会性的条件。在《教育中的道德原理》一书中，杜威把道德教育的原理分为社会和心理两个方面。前者是指学校道德教育要创设一个社会性的情境，要有社会性的道德教育内容和目的；后者是指学校道德教育必须以学生的本能冲动、道德认识和道德情感为基础。“归根到底，民主主义的问题是个人尊严与价值的道德问题。”

（五）儿童中心论

通过对当时美国传统教育的批判，杜威提出了“儿童中心主义”的教育思想。在杜威看来，在传统的美国教育中，“学校的重心在儿童之外，在教师，在教科书以及你所高兴的任何地方，唯独不在儿童自己即时的本能和活动之中”，教科书“是过去的学问和智慧的主要代表”，而“教师是使学生和教材有效地联系起来的有机体，教师是传授知识和技能以及实施行为准则的代言人”。因此，这种传统的教育有一个明显的弊病：“传统教学的计划实质上是来自上面的和外部的灌输。它把成人的标准、教材和方法强加给尚在逐渐成长而趋于成熟的儿童。差距是如此之大，所规定的教材、学习和行动的方法，对于儿童的现有能力来说，都是没有关联的……尽管优秀的教师想运用艺术的技巧来掩饰这种强制性，以减轻那种显然粗暴的性质，但它们还是必须灌输给儿童的。”由于传统教育把教育的重心放在教师和教科书上面，而不是放在儿童的本能和活动中，那么，儿童就只能接受“训练”“指导和控制”，甚至遭受到“残暴的专制压制”。杜威大声疾呼，要祛除这种教育的弊病，其根本的出路在于实现教育重心的转移。“我们教育中将引起的改变是重心的转移，这是一种变革，这是一种革命，这是和哥白尼把天文学的中心从地球转到太阳一样的那种革命。在这里，儿童变成了太阳，而教育的一切措施则围绕着他们转动；儿童是中心，教育措施便围绕着他们而组织起来。”把教育的重心从教师、教材那里转移到儿童身上，这就是杜威倡导的“新教育”或“进步主义教育”，也就是“以儿童为中心”的教育。

通过以上对杜威的解读，我们或许可以清楚地看到，在杜威探索现代教育的整个生涯中，在他的学术研究走向成熟的过程中，在他构建实用主义教育思想体系的过程中，他的大学时代和教授生涯起着重要的甚至可以说是决定性的作用。他所就读和工作过的大学包括：佛蒙特大学、约翰·霍普金斯大学、密歇根大学、芝加哥大学和哥伦比亚大学等。他在芝加哥大学创建的实验学校，对其教育思想的形成起到了某种积极的验证作用。正是在这一系列哲学、心理学和教育学的教学和研究过程中，杜威的学术思想日臻成熟。这种成熟性不仅表现在哲学上，而且表现在心理学研究和教育实践上。也正是在这一系列发展的过程中，杜威才从美国走向世界，不仅成为美国著名的教育家，而且成为世界著名的教育家。

纵观杜威的心路历程可以发现，他敏锐地意识到美国社会生活的变迁，深刻地批判了传统的美国学校教育。以此为基础，他充满热情地从事教育革新，提出了一系列教育思想，创建了一个庞大的教育思想体系，对美国和世界都产生了深远的影响。一直到1952年去世前，杜威始终不渝地在进行“现代教育”的探索。在杜威93年的人生历程中，他追求的是一种理想的教育。尽管时至今日，杜威的这种教育理想还没有完全实现。在庆祝杜威90岁生日的庆典上，他自己也清醒地认识到，这个庆典活动的意义并不在于重温过去的岁月，而在于展望未来的工作。教育的事业任重而道远，教育理想的实现需要一代又一代人的艰苦努力。愿读者在阅读《我们如何思维》这本书时，能获得深刻的思想启示。

承蒙中国轻工业出版社“万千教育”和“万千心理”总策划石铁先生的盛情邀请，我和我的博士生——广东外语外贸大学英语教育学院刘建金老师一同翻译了这本书。本人负责“译者导读”的撰写、前言和第十二章至第十六章的翻译，刘建金负责第一章至第十一章的翻译。译著完成后，我们相互校对了对方的译稿。“万千教育”编辑部的吴红主任给予了具体而耐心的帮助和指导，使我们获益匪浅。值此出版之际，我们对所有为本书付出辛勤劳动的人深表谢忱。尽管我们尽力保证译文能够准确地表达杜威的思想，但仍然会有各种不尽如人意之处，恳请学界同人不吝赐教。

杨韶刚

广东外语外贸大学

2016年1月5日

目　录

我们如何思维（中文版）／1

我们如何思维（英文版）/ 181

HOW WE THINK

我们如何思维

（中文版）

【美】约翰·杜威　著
杨韶刚　刘建金　译

前　言

我们的学校因学习内容的增多而深感困扰，而每一所学校又反过来使自己的学习材料和原理不断增多。我们的教师发现他们的任务更加繁重，因为他们不仅要解决班级课堂中的问题，而且要应对每一个个别学生的问题。要想使这些进展不至让人苦恼，我们必须找到某种统一的线索，找到某种使之简化的原则。本书表达了这样一种信念：只要我们采取科学的心理态度和思想习惯，并将其付诸实践，就可以找到我们所需要的那种稳固而又核心的因素。有人认为，这种科学的心理态度和对儿童、青少年的教育并不相关。但是，本书表达了这样一种信念：实际情况并非如此。儿童天然具备的、未被破坏的态度，突出地体现在强烈的好奇心、丰富的想象力和对实验探究的热爱上，而这与科学的心理态度十分相近。如果本书的内容有助于人们认同上述关系，有助于人们在教育实践中真正认识到这个问题会使个体感到幸福，会减少社会的浪费，那么就充分达到了本书的写作目的。

本书的完成受惠于很多作者，在此我就不逐一列举了。我最要感谢的就是我的妻子。本书的有些理念深受她的启发。正是通过她的努力，我才联系上了1896—1903年期间存在于芝加哥的那所实验学校，使这些来自实践而且经受了实践检验的理念得到了如此具体的展现。在管理这所学校期间，许多教师和行政管理人员在合作中贡献出了智慧和同情，对此我表示衷心的感谢。特别要感谢的是艾拉·弗莱格·扬（Ella Flagg Young）女士，当时她是我在芝加哥大学的一位同事，现在她是芝加哥学校的校长。

约翰·杜威

1909年12月于纽约

第一部分 思维训练的问题

第一章 什么是思维

一、思维的多重含义

思维从广到窄的四种含义

思维（thinking）和思想（thought）是我们最常用的词汇之一。因为其含义丰富多彩，所以我们很难确定它们在使用时真正的含义是什么。这一章的主要目的是探求"思维"的一种持续一致的含义。我们来看看这个词语最常见的几种意义：①首先"思维"是一种广泛意义上的、可以说是不严谨的用法。在我们的心灵中浮现出来的、"在我们的脑海中出现的"任何事物都可以叫作思维。思考某一事物就会以任何可能的方式意识到这一事物的存在。②这个术语不包括直接出现在我们脑海中的事物。只有当我们没有直接看到、听到、闻到或者尝到某些事物时，才可以说我们是在进行思维活动。③进一步缩小思维的含义，将其限于人们对那些有证据或者可以证明的事物所产生的信念。我们还可以将这种类型的思维分为两种，或者毋宁说是两种程度的思维：第一种是指在接受某一信念时，没有或只对信念存在的理由稍加陈述；第二种是指在接受某一信念时，会寻求其根据和理由并考察理由的充分性。这个过程也称为反思性思维，它本身就具有真正的教育价值，因此，它也构成了本书的主题。现在，我们先简要地逐一评述这四种意义上的思维。

偶然的和随意的思维

1．从最不严谨的意义上说，思维意味着（正如前面所说的）所有"在我们的脑海中出现的"或者"在我们的心灵中浮现出来的"事物。当别人问"你在想什么"时，他并没有期待从你的回答中得到很多有价值的东西。当人们把他需求的东西称为“思想”时，他并不认为这些思想是高尚的、连续的或真实的。思想在这种意义上包括所有随意的幻想、细微的回忆或转瞬即逝的印象。思维则包括我们的脑海在放松时刻出现的所有毫无因果关系和前后联系的白日梦、空中楼阁的建造，等等。对我们自己来说，在清醒状态下的很多时间（甚至比我们愿意承认的时间还要多）都可能是在这种毫无意义、微不足道、无所事事、渺无希望的状态下被消磨掉的。

反思性思维是连贯的，不仅仅是事物的集合

从这种意义上说，傻瓜和笨蛋都会思考（think）。有一个故事说的是一个聪明而稍有影响的人，想要竞选新英格兰镇的行政委员，他这样对一群邻居说：“听说你们不相信我有足够的能力担任公职。我希望你们能明白，大多数时候我不是在思考这件事就是在思考那件事。”反思性思维就像事物在心灵中随意地一闪而过，其中包含着一系列思考过的事物，但两者又是不同的，因为这种随意的思考只是“某一事物或其他事物”在脑海中随机而又无规律的涌现，而这是不够的。反思性思维不仅包含一系列观念，而且是一种后果的体现——以这种方式表现出来的连续顺序，即每一件事对下一件事的决定作用在于它是否会产生恰当的后果，而每一件事又反过来以它的前一件事为前提。反思性思维的各个连续部分是互为因果、相互支撑的，它们之间的关系并不是杂乱无章的。每一个阶段都是从这一事物到另一事物的一个步骤——用专业术语来说，这就是思维的一个阶段。每一个阶段都会为下一个阶段留下可供利用的材料，这样就形成了连绵不断的思想流、思想链或思想的线索。

把思维限定在超越可直接观察的事物上

2．即使是在广泛的意义上使用思维，我们一般也会把思维限定在不能直接感知到的事物上——限定在无法看到、闻到、听到或触摸到的事物上。如果我们问一个讲故事的人，他是否看到某一事件的发生，他有可能这样回答：“没有，我只是这样想。”和忠实记录观察到的事实不一样，故事的呈现是一种创造。这种创造中最重要的是一系列想象的事件和片段——这些事件和片段具有一定的连贯性，会形成一个连续的线索。它既不是天马行空的想象，也不是为了确立某一结论而有意进行的考虑，而是处于这两者之间。儿童滔滔不绝地讲述的想象故事具有程度不同的内在一致性：有些杂乱无章，有些则表达清晰。当这些故事被连接起来时，你会发现，它们模仿的是反思性思维。通常只有具备逻辑能力的儿童才可能编出这样的故事。这些富有想象力的构思常常在逻辑严密的思维之前出现，并为这种思维铺路搭桥。但是，想象这些事情，其目的并不是为了获得知识，不是为了相信某些事实或真理。因此，即使它们与反思性思维有诸多相似之处，也不应把它们归入反思性思维。那些表达过这些想法的人并不是关注故事的真实性，而是关注故事是否有精彩的情节或设计巧妙的高潮。他们会编造一些很好的故事，而不是——除非偶尔地——提供某种知识。这些想法是情感的结晶，其目的是使某种心境或情操得到改善。情绪的和谐性才是把这些想法联结在一起的纽带。

但反思性思维的目标是形成信念

3．就另一种意义来说，思维指的是建立在一定基础上的信念，也就是说，思维是超越直接呈现之物的真实或假设的知识。其标志是对某种在理智上可能或不可能的事物的接受或拒绝。思维的这个阶段包含着两种不同类型的信念。虽然严格来说它们之间的差异是程度上的差异，而不是类型上的差异，但是我们有必要对两者分别进行考察。其中一种是不考察它们本身的合理性基础，直接接受而形成的信念；另一种是考察其合理性基础之后，接受而形成的信念。

思维通过两种方式引发信念

当我们说“过去人们认为地球是平的”或“我原以为你从房子旁边经过”时，我们表达的是一种已经被接受、拥有、默认或确认的信念。但这可能意味着我们没有对假设（信念）的基础进行考察就接受了这些想法。信念的基础有可能恰当，也有可能不恰当，这些基础在为信念提供支持方面的价值却被人们忽视了。

这些“思想”是在无意识中发展起来的，并没有考虑能否获得正确的信念。这些思想是逐渐积累而形成的——但我们对积累的过程和方式还一无所知。我们对这些思想的来源也不甚明了，但在不知不觉中，这些思想以潜移默化的方式被我们接受，无意识地成了我们心理结构的一部分。传统习俗、前人的教诲、榜样的模仿——或者以某种形式依赖权威，或者诉诸自身的优势，或者被激情鼓动——所有这些可能都是形成思想的源头。这些思想是一种预想的意见，也就是一种预先判断，它不是以某种证据调查为基础的正确判断[1]。

最好的思维会考虑信念的基础和后果

4．能促使人们形成信念的思维活动能够有效地激发人们的反思性思维，促使人们有意识地探究信念的性质、形成的条件及其影响，因而具有重要的价值。想象鲸鱼或骆驼在云中飞，就是由幻想产生的一种自娱自乐，由此不会产生任何独特的信念。但是，把地球想成是平的，就是把某种性质赋予真实的事物，认为这才是其真实的属性。这一结论揭示了事物之间的某种联系，它不像想象的事物一样，可以随我们心境的变化而改变。相信地球是平的，使得具有这一信念的人以某种特定的方式来思考其他事物，如天体、地球上相对应的两个地区、航海的可能性，等等。对他来说，其行为的规定性与他对这些事物的观念是一致的。

由某种信念得出的推论对其他信念和行为会产生极其重要的影响，因此，人们必须考察其信念的基础或理由，并考虑这一信念的逻辑后果。这就是指反思性思维——一种褒义的、强调意义上的思维。

在哥伦布认为地球是圆的之前，人们一直认为地球是平的。早期的思想之所以被人们普遍接受并形成一种信念，是因为那时的人们还没有能力或勇气，对所教导和接受的东西提出质疑，特别是当这种信念被那些可以明显感知到的事实暗示，并且表面看来得到了证实时更是如此。哥伦布的想法是理性推论的结果。他是在研究纯粹的事实，审视和修订证据，研究各种假设的可能含义，比较各种理

[1] 这一思维模式与下一章要重点阐述的深思熟虑的询问形成了鲜明的对比。

论结果，或将理论结果与已知事实进行比较。哥伦布之所以能提出自己的见解，是因为他没有盲目接受当时的传统理论，而是对其提出质疑和追问。长期以来，哥伦布形成了这样一种习惯：质疑那些似乎最为确定之事，相信那些最不可能之事。在没有找到证据（不管是他相信的还是不相信的）之前，他都会一直进行思考，而不会盲目地接受或拒绝。即使哥伦布的某一结论最终被证明是错误的，那也是一种与那些持反对意见的人不同的信念，因为它是通过一种不同的方式得出来的。因此，反思性思维是基于支持某一信念的理由和其可能导致的后果，而对任何信念或某种假设的知识形式进行积极、持续和周全考虑的过程。前面所说的三种思维方式中的任何一种都有可能引起这种思维。但是，一旦开始进行反思性思维，它就是一种有意识的、自愿的努力，就是在坚实的理性的基础上建构信念。

反思性思维的定义

二、思维的核心因素

所有的思维类型都有一个共同成分

前面我们分别概述了思维的四种活动方式，然而，这四种不同的思维活动之间并没有任何清晰的分界线。这些不同的思维活动方式会在不知不觉中相互融合在一起。如果不是这样，那么形成正确的反思习惯就会比现在容易得多。到目前为止，为了使这个领域清晰地呈现在我们面前，我们已经考虑了各种思维方式中的一些相对极端的情况。现在，我们不妨把这种思维活动方式颠倒过来，考察一个基本的思维案例：这种思维介于对证据进行仔细的考察和只是一种不可靠的幻想流之间。这天天气十分暖和，有一个行人正在散步。就在他刚刚看到天空时天气还很晴朗，但现在他注意到天气变凉了。在这之前他一直在考虑其他事情。他想很可能要下雨了，抬头一看，一片乌云就在他和太阳之间，于是他加快了脚步。在这一情境中，有没有能被称为思维的活动呢？散步的动作和注意到天气变凉都不应该被称为思维。散步是活动的一个方面，看和注意属于活动的其他方面，而不是思维。可能会下雨是暗示某件事要发生了。行人感觉到了凉意，于是他想到了乌云和即将到来的阵雨。

意即联想到另一个没有观察到的事物

现在出现了这种与下述幻想相同的情境：人在看到乌云时，就会想起人物的形象和脸部。这两种情境（信念情境和幻想情境）中的思维都涉及对事实的注意或感知。受这些看到的事物的暗示，我们会联想到一些没有观察到的，但在心中想到的事物。也就是说，一种事物会使我们想起另一种事物。然而，在这两种关于暗示的情境中，与一致性因素同时存在的就是明显不一致的因素。我们并不相信乌云就暗示着脸。我们根本就不认为这能成为事实。这其中并没有反思性思维。相反，我们更有可能相信下雨会成为现实——就如我们感觉到天气变凉就会下雨一样。换言之，我们不会认为乌云意味着一张脸或表示这就是一张脸，而只是把它当成一种联想。当我们感觉到凉意时，我们确实会认为雨即将到来。在第一种情境中，我们只是碰巧通过看到一个事物而联想到了另一个事物；在第二种情境中，我们会考虑观察到的事物和暗示的事物之间存在关系的可能性以及这种关系的性质。在某种程度上，观察到的事物以某种方式被我们视为相信所暗示之物的理由或基础，它具有证据的性质。

但反思也涉及事物之间的意指关系

表征功能的多种近义表达法

因此，所有反思性思维或独特的智力思维方式的核心因素在于其具备这样一种功能：由于一事物预示或意味着另一事物，所以，这会成为引导我们考虑一事物在多大程度上可以作为我们相信另一事物的依据。通过尽可能多地唤起学生在不同的情境中运用“预示”“表示”等词汇，他们自己就会清楚地领悟到“反思性思维”这个词所表示的真实含义。这些术语的同义词还有：所指、告诉、表征、预言、表示、代表、暗示[1]，等等。我们会说一事物是另一事物的预兆、噩兆、征兆或者关键之所在。如果两事物之间的关系不明显，我们也会说，它提供了某种暗示、线索或征兆。

[1] “暗示”这个词更多地用于某一原则或一般真理导致人们相信其他的真理。其他词语更多地用于某些事实或事件导致我们相信其他事情的情况。

因此，反思意味着我们不是因为某件事情本身而相信(或者不相信)它。我们对某件事情的信任或不信任建立在证据、凭证、证明、依据和根据等基础之上，也就是说，建立在信念的基础之上。有时候雨能被实际感受或直接体验到，但有时候我们是从草地、树木的外观来推断下过雨，或从空气的状况或气压计的状况推断将要下雨。有时候我们不需要借助其他媒介，就可以直接看清一个人（或者设想我们可以这样做），但有时候我们又不太相信所看到的东西，寻求一些与此相伴随的事实，并把它们作为我们所相信之物的符号、标志和记号。

反思和信念以证据为基础

由此，出于研究的目的，思维可以被定义为：由现有事实推理出其他事实（或真理）的操作活动，以这种方式进行操作，以便以现有事实为基础或依据，对其他事实产生信念。此时我们的信念不是最坚固的，也不是建立在有最可靠保证的推理基础之上。说“我是这样认为的”，意味着我还不知道事情就是这样的，只是我推断事情是这样的。这一推断后来可能会得到证实，被视为正确的，但它本身必然带有某种假设的成分。

三、反思性思维的要素

我们对被称为思维的这个事实的外在和明显的部分所做的描述先到此为止。通过进一步的考虑我们立刻就会揭示出，每一次反思性思维活动都包含着某些子过程。这些子过程包括：①困惑、犹豫、怀疑的心理状态；②一种探求或研究行动，旨在进一步阐明可用来证实或证伪某一信念的一些事实。

(1) 在前面所说的天气变化的例子中，突然而至的凉意使行人至少在那一瞬间产生了困惑，对天气状况充满了疑虑。因为这种凉意是未曾预料到的、突然而至的，是需要我们加以考虑、识别或确认的意外事件。突然而至的气温变化构成了一个问题，这样说听起来

不确定的重要性

似乎有点勉强和故弄玄虚。但是，如果我们把问题（problem）这个词扩展到使我们的心灵感到困惑和受到挑战的所有事物上——不管这个问题在性质上有多么轻微和普遍——那么这样一来，我们就会相信所有的不确定因素，这种突然变化的经验中涉及真正的麻烦或问题。

为检验问题而采取的探究行为

（2）接下来的转头抬眼、望向天空等都是为了确认事实而采取的行动，目的是为了解答突然而至的凉意所带来的问题。这些事实最初令他感到困惑，但是，这些事实暗示着乌云要来了。如果这种暗示性的解释成立，那么抬头的动作就是为了探究这一解释是否正确。把这种几乎自动发出的抬头观看的动作，说成一种研究或探究行为似乎有点言过其实。但是，如果我们愿意把心理活动的概念扩展到所有细微和平常的事情，以及那些专业的和深奥难懂的事情上，那么我们就没有理由否认，“看”这种行为就是一种研究或探究行为。这种探究行为是为了证实或证伪那种暗示的信念。通过眼睛的感知而发现了一些新的事实，这些事实要么证实“天气马上就要变了”这一观念，要么对此予以否认。

反思的一个例子：找路

另一个生活中常见的但并非那么微不足道的事例，或许可以进一步说明这个问题。一个人在陌生的地方旅行，他来到一个岔路口，不能确定自己应该走哪一条路。于是他只有停下来，犹豫和怀疑一番：到底应该走哪条路呢？如何解决这个问题呢？他只有两个选择：要么依靠运气，盲目或任意地选择一条路线；要么找到确定走某一条路是正确的理由。任何通过思维来解决这个问题的决策方式，都含有对其他事实的探究，无论这些事实是通过记忆还是通过进一步的观察，或者同时使用两种方式获得的。这位深感困惑的徒步旅行者必须搜索记忆，仔细地审视摆在他面前的事实或证据，以解决到底走哪条路的问题。他会寻找支持选择某条路的证据，使这一选择更为合理——或者寻找不支持某种选择的证据。他可能爬到树上探路，也可能先沿着这个方向走，边走边四处寻觅。这两种情况都是为了寻找某些标记、线索、迹象等来证明选择某条路线是合理的。他寻找的实际上是标识牌或地图之类的东西，而其反思的目的则是找到支撑这一目的的事实或证据。

存在多种可能，但也有矛盾的选择

上面这个例子可以进一步泛化。思维始于这种完全可以被称为“岔路口”（forked-road）的情境。这一情境模糊、不确定，使我们面临一种两难的困境，促使我们做出各种选择。如果我们的行为总是能够顺利地从一件事情过渡到另一件事情，或者我们的想象只是为了娱乐，那我们就没有必要进行反思。然而，在达成某一信念的过程中，我们很可能会遇到使我们暂时停下来的困难和障碍。对于这种因为不确定而暂时停下来的状态，我们可以形象地将其比喻为在十字路口爬到树上去。我们尝试找到某一立场，由此寻找到更多的事实，而且可以更清楚地理解当下的情境，可以确定各种事实之间存在怎样的关联。

按照目标调节思维

在整个反思的过程中，要求解决某一困惑和问题，是始终贯穿其中并指引整个过程的因素。如果没有要解决的问题或者要克服的困境，那么暗示的过程就变成了一种随意的行为，就是无的放矢，这就是我们前面描述的第一种思维。如果这种暗示的思想流动只是受到其情绪一致性的控制，把它们完全一致地纳入到某个单一的图景或故事之中，那么，我们就有了前面所说的第二种思维。但是，一个亟待回答的问题和一个需要解决的困惑，使我们的思维有了目标，使我们所有的想法都归入一定的渠道，流向一定的目的地。所提出的每一个结论都要经过这一监管目标的检验，经过它与当下这个问题之相关性的检验。澄清某一困惑的需要也会对采用的探究方式产生决定性的影响。一个旨在寻找最美路径的旅行者和一个只想到达某一城市的旅行者，他们所考虑的东西和推断的方式都会有所不同。前者会寻找其他可供考虑的路径，并对他依据另一条原则而想到的其他线索进行检验。问题确定了思维的目标，而目标则控制着思维的过程。

四、总结

起源与刺激

从前面的阐述中我们可以扼要地总结一下：思维源自某种困惑、混乱或怀疑。思维并不是一个无意识的过程，也不会根据某些“普遍的原则”必然发生。也就是说，思维需要一些具体的情境或事件来激发。如果我们只是笼统地要求儿童（或成年人）思考，而不考虑他自己体验到的、令他感到烦恼的某种困境的存在，以及这些困境对其思想平衡状态造成的困扰，那么，就不可能产生思维。这就好像要一个人拔着自己的头发离开地球一样，是徒劳无益的。

联想和过去的经验

有了困境之后，下一步就是找出解除困境的出路——尝试形成某种计划或项目，构思可以解释这些独特性的某种理论，考虑解决这个问题的某种方法。我们手上现有的信息可能不足以提供解决问题的方法。这些信息只能为问题的解决提供一些暗示。那么，这些暗示源自何处呢？显然，源自过去的经验和以前学到的知识。如果这个人之前遇到过类似的情况，如果他之前处理过同类问题，那么，他很可能就会多少得到一些恰当的和有益的暗示。除非我们过去的经验和现在的情境有某种程度的相似性，并且这种经验现在有可能在我们的想象中呈现出来，否则我们对现有问题就会一筹莫展，混乱仍然是一种混乱。这样我们就失去了推断的依据，也就没办法澄清问题。即使儿童（或成人）有了困惑和问题，如果他以前没有与当前困惑相类似的经验，那么，我们激励他去思维也是没有用处的。

探究与考查

如果我们不假思索马上接受所出现的这些暗示，那么，这就属于非批判性思维——一种最低层次的思维方式。在脑海中仔细考虑和思考某件事情意味着努力寻找更多的证据，寻找一些新的数据，从而形成一种暗示。正如我们所说，要么证明这个证据或信息是正确的，要么明确地显示它有多么荒谬和无关。当我们遇到了某种真正的困境，并可以利用一定程度的相似经验时，好的思维和差的思维之间最大的区别就体现在这个关键点上。最简单的方式就是接受一切看起来合理的建议，这样就可以结束不安的心理状态。反思性思维多少都会带来一些麻烦，因为它要求个体必须克服依据表面价值而接受各种建议的惰性；它要求个体必须愿意忍受一种不安和困惑的心理状态。总之，反思性思维意味着在进一步的探究过程中，暂时不做出判断，而这种做法很可能让人觉得不快。我们会在后面的章节中讲到，要想培养良好的心理习惯，最重要的因素在于形成暂停一下再得出结论的态度，在于掌握各种探寻新材料的方法，以此来证实或驳斥最早出现的那些暗示。保持怀疑的心态，进行系统而又持续的探究——这就是思维的本质所在。

第二章　思维训练的必要性

详细地阐释思维的重要性是荒谬的。传统观点认为人是“思维的动物”，这个定义把思维确定为人类与其他动物之间的本质区别——这一观点当然非常重要。但与我们的目的紧密相关的是怎样思维的问题，因为，回答这个问题将会给这种思维的训练带来启示。

人是会思考的动物

一、思维的价值

1．思维提供了使人类摆脱纯粹冲动或纯粹日常行为的唯一方法。没有思维能力的动物，其行为动力只来源于本能和欲望，而这种本能和欲望又是由外在条件或者有机体的内在状态引起的。可以说，动物的行为是被动的。这也就是我们所说的野兽行为的盲目特征。行为主体并没有看到或者预见到其行为的目的，对以这种方式而不是以另一种方式行为可能带来的后果也一无所知。他并不“知道他究竟想要干什么”。一旦有了思维，行为就可以表征为还没有经历过的事物的标记或符号。相应地，具备思维能力的主体就能够依据不在眼前的事物或将来才会发生的事情来行动。一个具备反思能力的人并不是在他未意识到的本能或习惯的强力驱使下而形成某种行为方式，而是（至少在一定程度上）受他间接意识到的某一更为长远的目标所驱动而采取行动。

思维使有意识、有目的的行为成为可能

没有思想的动物在面临下雨的威胁时会钻入洞穴避雨，因为其有机体受到一种直接的外在刺激。一个具有思维能力的人则能感知到某些事实是可能要下雨的征兆，从而根据这种对未来的预见而采取行动。人只有学会使当下感受到的某种体验的成分，服从于受到暗示并产生预见的那些价值观，才有可能做出播种、耕地、收割庄稼等有目的的行为。哲学家们创造了诸如“大自然的安排”“自然的语言”等短语来描述这一现象。正是由于这种思维能力，既有的事物才可能对不存在的事物产生重要的意义，大自然发出的声音才可能被理解。对于具有思维能力的人而言，现有事物就是对其历史的记录，这就像化石可以告诉我们地球的远古历史一样；现有事物也是对其未来的预示，这就像天体的现有位置能够预测将来的亏蚀一样。“树木的语言，溪流的预言”，莎士比亚用文学的语言生动地描述了这一现象，充分体现了现存事物对具有思考能力的人所施加的那种力量。所有的预见，所有明智的计划、深思熟虑和谋划盘算都建立在这种意义的基础之上。

自然事件成为一种语言

系统化预测的可能性

2．思维也可以让人形成和安排一些人工的符号，以便让人提前预想到行为的后果，以及可以确保安全和避免不利后果的方式。前文谈及的特质指明了野蛮人和动物的区别，而且这种特质也使文明人区别于野蛮人。当船只在河流中失事时，野蛮人可能会注意到某些将来可以作为危险信号的事物，而文明人则会有意识地**制作**标记：他会提前设立沉船的警示浮标，会在可能发生事故的地方建立灯塔。经验丰富的野蛮人会看天气变化的征兆，而文明人则会设立气象服务部门，在出现天气变化的迹象之前，使用符号来人工预测和发布天气消息；野蛮人依靠识别某些模糊的迹象，熟练地找到穿越荒野的路径，而文明人则会修建一条高速公路，指明通往四面八方的道路；野蛮人通过观察火而发明取火的方法，文明人则创造了一些持续的条件，以保证在任何需要的时候都可以产生光亮和热量。因此，文明开化的本质在于，我们会审慎地建立各种遗址和纪念碑以免我们忘记；生活中出现各种偶发和紧急事情之前，我们会特意安置一些设备，以便监测事情的进展，并记录其性质。这样做可以避免不利的后果，至少可以保护我们免受其影响，并创造更安全和更广泛的有利结果。所有人造设备都是按照一定的意图设计的，都是对自然事物的改善和提升，与自然状态相比较，让那些隐藏的、当下不存在的和久远的因素能更好地被人利用。

思维丰富了客观物体的含义

3. 最后，与没有反思能力的动物相比，思维赋予客观事件或物体完全不同的意义和价值。对于不懂语言象征的人而言，词语仅仅是一种“涂鸦”，是光与影奇怪的变种。对于懂得语言象征的人而言，词语就是其他事物的符号，每一个词语随其传递的意义都具有某种明确的独特性。自然事物也是完全如此。对人而言，一把椅子有意识地提供了一个可以坐下来、歇一歇或进行社交谈话的机会；而对动物而言，它可能只是一个可以闻一闻、用爪子挠一下或者可以跳上去的东西而已。对一个懂得石头的历史及用途的人和一个直接通过感官去感知石头的人来说，这二者具有完全不同的意义。出于谦恭，我们会说没有思维能力的动物也完全能够对某一客体产生感受，而在我们看来，一个客体呈现出来的样子，在很大程度上是由它所具备的特性决定的，而这些特性又是其他事物的标记。

动物对物体性质的理解

英国的逻辑学家维恩（Venn）先生曾经说过，人们可能会质疑，当一条狗看到彩虹时，其感受是否多于它对所生活的国家的宪法的理解。同样的原理也适用于它睡觉的窝和它所吃的肉。当它想睡觉时，它就会跑到窝里去；当它饿了时，它看到肉和闻到肉香就会很兴奋。除了这种意义上的感受之外，它还在什么意义上来看待某一物体呢？它肯定感受不到“家庭”——它涉及具有某种永久居住性质的财产和人与人之间的关系，除非它能够把存在之物视为不存在之物的一致性标记，也就是说，除非它具有思考的能力。它也不会把它所吃的东西当作“肉”，除非据此可以推断肉是动物身上的某个部位，而且它能提供营养。一个物体去除了所有这些富有意味的性质之后，剩下的究竟是什么，我们还不好说。但可以肯定的是，这个物体与我们所感知到的物体已经截然不同了。况且，物体在与感觉、思想的融合中，或作为其他事物的标志时，它的可能性都是没有特定边界的。如今的孩子很快就能认识到物体性质的组成成分，而这些性质曾经是具备哥白尼或者牛顿那样的才智才能理解的。

穆勒关于生活和思维的观点

思维力量的不同价值可以引用约翰·斯图尔特·穆勒（John Stuart Mill）的这段话来概括。他说："据说做出推论是我们生活的重要组成部分。每个人每日、每时、每刻都在试图弄清楚那些没有直接观察到的事实：这不是出于增加知识这个普遍目的的需要，而是因为这些事实本身关系到他们的利益和职业。地方行政长官、军队指挥官、领航员、医生和农业学家的工作就是要对证据做出判断，然后根据这些判断采取行动……他们在这方面做得是好还是坏，决定了他们完成其本职工作的情况好坏。我们的头脑绝不会停止思维，这是其唯一的职责。"[1]

二、方向性在实现价值中的重要意义

思维可能误入歧途

一个人每天每时都需要思考，而且每时每刻都需要有所表现，这并不是什么专业的、深奥高深的事情，但另一方面，这也绝不是什么无足轻重的小事情。这种功能必须与心灵相契合，而且必须在每一个合适的场合从未受损坏的心灵中表现出来。正因为这是一种做出推论的操作活动，是在证据的基础上得出结论、间接地得出某种信念的操作活动，所以，它可能导致好的结果，也可能导致坏的结果，因而需要我们加以维护和训练。如果它被错误地训练，那么它越是重要，由它所导致的恶果就可能越严重。

比穆勒更早的哲学家约翰·洛克[2] 阐释了思想在我们生活中的

---

[1] 穆勒，《逻辑体系》（*System of Logic*），引言，第 5 节。

[2] 洛克（John Locke，1632—1704），英国哲学家和教育家，其代表作有《教育漫话》。——译者注

重要作用，以及思维训练的必要性，由此才能实现其最好的可能性而不是最糟糕的可能性。他说："所有人做事都是以这种或那种观点为依据的，并以此作为自己行动的理由；无论使用何种官能，他都是以自己对某一观点的理解来作为指导的（这种理解可能有充分的依据，也可能没有）；而且凭借由此而带来的启示（这种启示可能正确，也可能错误），使其所有的行为都受到指导……寺庙里都有人们膜拜的神像，而且我们发现这些神像会对人们产生非常大的影响。实际上，人们头脑中的观念和意象是影响和控制人们的隐形力量，而且人们普遍自愿地接受这些观念和意象的影响。因此，我们应该对观念的理解予以高度的关注，在寻求知识和做出判断的过程中都应正确地运用这种理解。"[1] 如果我们把所有深思熟虑的活动和对所有力量的运用全都归于思维，那么洛克所倡导的我们应该对行为予以高度关注的主张就是十分中肯的。虽然思维的力量使我们从对本能、欲望和惯性的屈从中解脱出来，但它也增加了我们犯错误的机会和可能性。它把我们提升到高于野兽的境界的同时，也增加了我们犯一些野兽受其本能所限不可能犯的错误的可能性。

不管是好还是坏，观念就是我们的标准

三、需要经常调节的倾向

在一定程度上，普通的自然生活和社会生活都提供了调节推理活动所必需的条件。生活的必要性会强制人们在推理中遵循一些基本的和持续的规则，即使是最巧妙的发明也不能代替这些规则。被火烧伤过的孩子会害怕火；与学习到有关热的性质相比，烧伤所带来的痛苦后果更能突显正确推理的必要性。同样，社会环境会促使人们对有些行为做出正确的推断，因为这些行为是否以有效的思想作为基础具有重要的社会意义。这种正确的思维方式可能会影响生

自然和社会约束对正确思维的作用

[1] 洛克，《理解能力指导散论》（*The Conduct of the Understanding*），第一自然段。

活本身，或者至少可以让生活合理地摆脱长久的不舒适状态。人们必须正确地理解敌人、避难所、食物和主要社会环境的标志。

自然约束的严重局限

虽然这种训练在一定限度内有效，但是它无法使我们超越某一有限的范围。在一个方向上的逻辑推理成果并不能防止其在另一个方向上得出夸张的结论。一个善于判断猎物的行踪和位置的野蛮人却能轻易接受并认真地讲述那些有关动物习性的起源的荒诞故事。只要推理不会对生命的安全和生活的幸福造成直接的、可察觉的影响，自然就不会阻止人们接受错误的观念。人们之所以能够从很少的事实中概括出一些结论，是因为这些结论带来的启示生动、有趣。大量累积的事实可能无法推出合理的结论，因为它与现有的风俗习惯相悖。如果不经过训练，那么人们就天然地具有某种“原始的轻信”（primitive credulity），这导致人们无法分清什么是幻想，什么是合理的结论。云朵中出现的人脸之所以被认为是某种事实，是因为它给人带来强有力的暗示。自然的理智无法阻止错误的传播，大量未经过训练的经验也无法阻止人们积累错误的信念。错误与错误之间可能会相互印证，从而形成一张更大、更牢固的错误观念网。人们可能会把梦、星相、掌纹当成有价值的标记，认为卡片的掉落是一种必然的预兆，同时却忽视一些具有重要意义的自然事件。人们对各种征兆的相信曾经风靡一时，现在这些征兆却成为只存在于隐蔽角落和缝隙中的迷信活动了。人们花了很长时间才用严谨的科学战胜了这些迷信观念。

迷信和科学一样，是一种自然的结果

仅就暗示这一功能来看，用水银柱来预测下雨和用动物内脏或鸟类的飞行来预测战争的成败，这两者之间并没有明显的差异。任何人都可以进行预测，盐撒了可能会带来厄运（这是迷信），被蚊子咬了可能会感染疟疾（这是科学）。只有对观察的条件进行系统的控制（regulation），并且形成对暗示进行思考的习惯，我们才能保证决策的对错，即某一种信念是有缺陷的，而另一种信念是正确的。用科学取代迷信的推理习惯，并不是源自我们的感官的敏感度有所提升，也不是源自这种暗示功能的自然运作有所改善，而是对观察和推理的条件进行控制的结果。

产生不良思维的一般原因：培根的“偶像”说

值得注意的是，一些先哲已经对产生信念的过程中犯错误的主要来源做了分类。例如，弗朗西斯·培根[1]在现代科学发轫之初曾列举过四种诱使心灵误入歧途的错误类别，并冠以怪诞的名称“偶像”（idols，希腊文 ειδωλα）。他把这些称为偶像或者幻影（phantoms），它们包括：①部落，②集市，③洞穴或窝，④剧院。通俗地说就是：①根源于人类本性的固有的错误方法（或至少是诱使人们犯错误的方法）；②由交往或语言而导致的错误；③由个体特有的原因而导致的错误；④源自时尚或普遍流行时期的错误。如果用不同的方法对错误信念的来源进行分类，那么我们可以认为其中两种原因是内在的，另外两种原因是外在的。在内在的原因中，一种是所有的人都共有的（例如，人们普遍倾向于认可那些与自己的信念相符的事实，而不是相反）；另一种是个体特有的脾性和习惯。在外在的原因中，一种来自社会的一般环境（例如，人们倾向于认为有名者皆有实，无名者则无实）；另一种则来自特定时期某一特定地方的社会风尚。

洛克的论述

虽然洛克论及应对错误信念的典型方法不太正式，但可能更具启示意义。洛克的语言风趣幽默，极具说服力。我们甚至找不出比引用其语言更好的方法。在列举不同种类的人时，他展示了思维误入歧途的不同方式：

(1) 依赖别人

（1）“第一类人很少推理，习惯于跟随他人（如父母、邻居、牧师或者其他任何人）来思考和行动。只要不让他们自己判断和选择，不让他们经受思考带来的痛苦和麻烦，他们就乐于相信和跟随别人。”

(2) 关注自我

（2）“第二类人以激情代替理性，认为决定其行为和论点的既不是他们自己的推理，也不是他人的推理，而是他们的心情、兴趣

[1] 弗朗西斯·培根（Francis Bacon，1561—1626），英国文艺复兴时期的哲学家和作家，提出了唯物主义经验论的一系列原则，制定了系统的归纳逻辑。——译者注

或党派。”[1]

(3) 经验有限

(3)“第三类人很乐意真诚地遵循理性，但是，由于他们思路不够开阔，知识面狭窄，不能融会贯通，所以对问题缺乏全面的认识……他们只与一类人交流，只阅读一类书籍，只听取一种观点……虽然他们在某些小范围内可能是专家……但他们并不敢去广阔的知识海洋里冒险。”人们最初的资质差别并不大，但最后他们掌握的知识量和对事物的洞察力存在很大的差别。这是因为“这些不同受限于他们理解能力所能达到的程度，采集信息的能力，接受不同思维、观念的能力，自身的观察力以及最后在头脑中灵活运用的能力”[2]。

洛克在另一部著作[3]中阐述了同样的观点，只是表达上略有不同。

教条式原则的影响

(1)“凡是与原则（principle）不一致的东西都是不合理的，我们不应予以考虑。这些原则天生具有的尊严如此伟大，它们的权威如此至高无上，以致其他人的证据，甚至对我们自己也很有意义的证据，也常常被拒于门外，尽管这些证据可以为任何与这些已经确定的准则相反的东西做证……最典型的例子莫过于儿童发自内心地接受来自父母、保姆或与他们有关的人的观点。这些观点慢慢渗入儿童毫无戒备和偏见的理解力中，逐渐加深，最后（不论这些观点正确与否）由于长期的习惯和教育而固化，不可能被去除。当他们长大后，对其观点进行反思时，发现自有记忆始，这些观点就一直存在于他们的心灵中。他们既没有发现这是他们早期接受别人暗示的结果，也没有察觉到他们接受这些观念的途径。因此，他们往往倾

---

[1] 洛克在另一处说道：“人们常常把偏见和偏好强加给自己……这使得人们只从有利于自己的立场来考虑问题，只接受有利于自己的观点。最后，用这种可以得出清晰而明确结论的手段，将自己装扮成另一种样子，以其纯朴的状态，只利用那些有精确规定的观念，结果却根本就得不到承认。”

[2] 洛克，《理解能力指导散论》（*The Conduct of the Understanding*），第三节。

[3]《人类理解论》（*Essay Concerning Human Understanding*），第四卷，第二十章，“关于错误的赞同或过失”（Of Wrong Assent or Error）。

向于将这些观念当成神圣的东西，不容他人亵渎、触碰或质疑。”他们将其视为“伟大的、无误的、决定是非的标准，无论出现何种争端，他们都会将这些观念作为判断的标准”。

（2）“第二类人的理解局限于某种模式，只接受与某种已被接受的假设一致的信息和知识。”洛克继续说道，这样的人不否认事实和证据的存在，但他们固执己见，思想闭塞，因此不可能被那种起决定作用的证据说服。

思想闭塞的影响

（3）“第三类人的激情占支配地位。凡是与他们的胃口和占优势的激情相左的观点都会遭遇相同的命运。在贪财者的推理中，一边是合理的可能事件，另一边是金钱，人们很容易预见哪一边会胜过另一边。就像泥墙不会通电一样，这些世俗的人对最强有力的推理和证据都会置之不理。”

强烈激情的影响

（4）“权威，这是第四种也是最后一种我要予以说明的可能的错误，我们放弃所赞同的观点而接受公认的观点。这些观点要么来自我们的朋友或党派，要么来自社区或国家。犯这一错误的人数比前面三种的总数还要多，而很多人却对此毫无察觉。”

依赖其他权威人物的影响

培根和洛克都明确指出，除了个体天生的倾向之外（如有些人喜欢草率地下结论，有些人喜欢高深的结论），社会环境——包括通过权威、有意识的教导，甚至通过语言、模仿、同情和暗示等潜移默化的影响，也会促使人们形成和固化错误的思维习惯。因此，教育不仅要保护个体，使他能够抵御自己心灵中先天就有的错误倾向（草率、傲慢、只顾自身利益而不顾客观的证据），而且要抵制和消除长时间积累下来的具有延续性的社会偏见。当普遍的社会生活变得更加合理，充满更多理性的信念，而较少受固化的权威和盲目的激情驱动时，教育机构可能会比现在更为积极和更有建设性，因为它们要努力与其他社会环境对个体思想习惯和信念所施加的教育影响保持一致。当今的教育不仅要把人们的自然倾向转变为受过训练的思想习惯，而且要加强个体的心灵防御力量，以抵御社会环境中的非

形成不良思维习惯的原因既有社会的，也有天生的

理性倾向，帮助其改掉已经形成的错误习惯。

四、通过调节把推理转换成证据

所有的思维都包含跳跃

正如我们所说的，思维之所以重要，是因为它具备这样一种功能，即用给定的或确定的事实来表示或暗示那些不能直接证明的事物。但从现有事实推理得出抽象结论的过程极易犯错，这一过程很容易受到各种无形的、没有考虑到的因素的影响，比如过去的经历、已经接受的信条、自我利益的考量、激情的唤起、单纯的心理惰性、充满传统偏见的社会环境、不切实际的期望，等等。从字面意义来看，思维的训练就是推理（inference）。通过推理，我们从一件事情过渡到另一件事情，并且相信它。思维包含跳跃、飞跃，是对已知的、确定的、因正当理由而被接受之事物的一种超越。事实上，除了傻瓜，所有人都会不由自主地从一些事物联想到其他实际上不在眼前的事物，都会情不自禁地倾向于在现有事物的基础上相信其他事物。推理必然是从已知事物向未知事物的跳跃、飞跃，因此我们有必要注意这一过程发生的环境，从而减少错误步骤可能导致的危险，增加正确结论的可能性。

因此，调节对证据的产生很有必要

要注意以下调节的内容：①对产生暗示功能的环境的调节；②对促使暗示转变为信念的环境的调节。这两种方式控制下的推理（本书的主要目标之一就是对其进行详细的研究）就构成了证据。证明某件事情意味着首先要进行尝试，要对其进行检验。连缺席婚宴的人都要证明他的牛怎么样。[1] 据说例外的情况是对某一规则的证明，也就是说，他们通过使用如此极端的例子，以最严格的方式来测试

[1] 来自圣经故事《盛宴的寓言》（*Parable of the Banquet*），说的是主人邀请人们参加婚礼，所有的东西都准备好了，但客人以各种可笑的理由拒绝参加婚宴。第一个人说他刚买了块地，要去看看；第二个人说他刚买了头牛，要去看看牛怎么样；第三个人说他刚结婚，因此不能参加婚宴。作者用这个故事来说明无论多么荒谬的事情都需要理由和证据，更别说别的事情了。——译者注

规则的适用性。如果规则经受住了这样的检验，那么我们就没有理由对其产生怀疑。事物只有经过测试和检验——用俗语说就是“试用一下”，我们才能确定它的真正价值，否则它可能就是虚假的、唬人的东西。经受住了检验的事物就具有了可信度。人们之所以更乐于接受，是因为它已经得到了证明。它的价值已经清楚地显示了出来，即已经被证明了。所以这是推理才能做到的。然而，推理总体上极具价值这一事实，并不能保证具体推理的正确性，甚至对其正确性没有任何有益的帮助。任何推理都有可能出错，就像我们前面提到的，推理受到很多因素的影响，任何一个因素都有可能导致错误的推理。重要的是，每一次推理都是经受过检验的推理。或者（这并非不可能）我们能通过区分哪些推理建立在经过检验的证据基础之上，哪些又不是，从而谨慎地表达我们对某一事物是否赞同以及在何种程度上赞同。

教育在形成良好思维能力方面的职责

思维的力量

虽然教育不必证明每个观点的正确性，也不必教授所有可能的信息，但教育有责任培养学生形成深刻而有效的习惯，即：使他能够把经过检验的信念和纯粹的声明、猜测、观点区分开来；使他以积极、真诚和开放的态度接受那些有合理证据的结论；使他养成根深蒂固的工作习惯，即使用探究和推理的方法，解决遇到的各种问题。不管一个人多么学识渊博、见多识广，如果他没有养成这种习惯，那么就不能说他受过良好的教育。他缺乏基本的心智训练。这些习惯并不是天生就有的（不管获得这些习惯的天资有多高），而且自然环境和社会环境并不足以驱动人们去学习这些习惯，因此，主要的教育机构就要为培养这些习惯创造条件。培养这些习惯就是心智的训练。

第三章　思维训练中的自然资源

我们在上一章讨论了通过训练将推理这一自然能力转变为批判性考察和探究习惯的必要性。思维在生活中具有重要的作用，与此同时，思维也有误入歧途的自然倾向，而且社会影响也会使人形成易导致不恰当的错误信念的思维习惯，因此有必要通过教育对思维进行调控。然而，思维训练本身必须以自然倾向为基础，也就是说，它必须从这些倾向中找到出发点。如果一个人在训练之前并不会思维，那么他永远都不可能通过训练形成思维。一个人必须先学会正确地思维，而不是学会思维。简言之，训练必须以先天的、独立存在的自然能力为基础。训练关注的是对自然能力进行恰当的指导，而不是创造出自然能力。

只有具备天生的能力才能被训练

正如买和卖一样，教和学是相关的或相对应的过程。没有人学到东西，我们却说教了东西，这就好比，没有人买东西，我们却说卖了东西一样。而且，在教育活动中，学习者经常是更为主动的一方，比商业关系中买的一方更为重要。如果一个人能学会正确地思维，意味着他能学会更经济、更有效地利用他本身拥有的能力，那么，一个人教别人思维就是在激发学习者本身拥有的能力。除非教育者对受教育者已有的习惯、倾向、自然资源有深刻的洞见，否则这种教育就不可能有效。

因此，受教育者必须积极主动

这样做必须忽略许多复杂的细节，因此，列出自然能力的细目清单难免会有失偏颇。在概括这些主要因素之前，我们有必要对思维的

三项重要的自然资源

基本因素加以说明。思维涉及（正如我们已经看到的）对需要接受的结论的联想，以及在最后接受这种结论之前，对其进行调查和研究以检验其价值。这包括三个方面的含义：①使联想得以产生的一定的经验和事实基础，②联想的快速、灵活和丰富性，③联想的内容要有条理、连贯、恰当。很明显，人们可能在以下三个方面遇到障碍：由于缺乏足够的为结论提供依据的实际材料，所以他的思维毫无关联、狭隘或粗浅；即使有充足、广泛的具体事实和材料，他也无法轻易产生丰富的联想；即使前两个条件都满足了，他联想出来的观念也可能缺乏合理性和连贯性，显得毫不相干、不切实际。

一、好奇心

希望得到充分的体会

毫无疑问，在提供产生联想的主要材料中，好奇心是最重要的和最有意义的因素。古希腊的先哲曾说，好奇心是所有科学之母。可以说，懒惰的人等待经验强加于他。诗人华兹华斯[1]生动地阐释了人类好奇的自然天性：

> “眼睛，除了看，别无选择；
> 我们也不能要求耳朵寂然无声；
> 无论在哪里，我们的身体都在感知，
> 不管我们愿不愿意。”

正如健康、充满活力的身体总是渴望得到营养一样，好奇心强的人总是善于寻求、探究思考的材料。有好奇心的地方，就有获得新的、丰富的体验的渴望。这种好奇心是获取主要事实的唯一可靠的保证，而推理便建立在这些事实的基础之上。

[1] 华兹华斯（William Wordsworth，1770—1850），英国浪漫主义诗人，开创了英国文学史上浪漫主义诗歌的新时代。——译者注

1．好奇心首先是至关重要的一种自然流露，是丰富的有机能量的一种表现。生理上的不安可能会使儿童做任何事情——探、戳、打、撬等。有一位观察动物的学者注意到，一位作家把动物的这种行为称为“它们根深蒂固的戏耍行为”。“老鼠跑来跑去，没有任何目的地嗅、挖或咬。同样，杰克（一条狗）总是不停地扒和跳，鸡总是到处啄，水獭像地面的闪电一样到处游窜，大象总是笨笨地到处摸索，猴子把东西扔得到处都是。”[1] 我们随意观察一下幼儿的活动，就可以看到他们在不停地进行探索和验证。他们用嘴吸吮东西，用手触摸、敲打物体；拉扯东西，把东西扶起又推倒。总之，他们会用各种方法不停地探索事物，直到探究出事物的新特征。这些活动还不能被称为理智活动。但是，如果没有这些活动，那么理智活动就会成为无源之水、无本之木，变得毫无活力、断断续续。 1．生理的

2．在社会刺激的影响下，好奇心会发展到一个更高的阶段。当儿童知道他可以依靠别人来获取事物的知识和经验时，如果客体没有对他的尝试做出有趣的回应，那么他就会叫人提供有趣的材料，这样一个新的阶段就开始了。“那是什么”“为什么”等问题就变成了儿童在场的必然标记。这种提问最初只是儿童在早期不停地推、拉、开和关等生理表现向社会关系领域的投射。他会问一连串的问题：房子是怎么来的，做房子的泥又是怎么来的，做成泥的土又是怎么来的。但他的这些问题又无法提供证据，以证明他真正意识到了这些理性的关系。他提出的“为什么”并不是要求做出科学的解释，他问这些问题的动机是希望更多地认识自身所处的神秘世界。这种探寻只是为了获得更多的事实，而不是获得某种法则或原理。虽然这种刨根问底的提问习惯可能会退化成一种语言疾病，但儿童不会止于这种对积累信息和堆积互不关联的材料的渴望。直接满足感官的需求，这并非儿童好奇心的全部根源，其背后还有更多的东西，而 2．社会的

[1] 霍布豪斯（Hobhouse），《进化中的心灵》（*Mind in Evolution*），第 195 页。

且会有更多的东西由此而产生出来，理智的好奇心的萌芽就存在于这种感受之中，无论这种感受多么微弱。

3．求知的

3．好奇心会超越生理和社会水平，而且在一定程度上会成为一种理智活动。对事物的观察和材料的积累，驱使好奇心转变为对问题（problem）的兴趣。在这一阶段，儿童提出的问题不能再简单地用其他问题来转移。他们会在自己的心中不停地思索同一个问题，并寻求一切可能的线索来解答这一问题。此时好奇心就变成了一种积极的理智力量。对于思想开放的人来说，任何自然的和社会的经验都充满了多样而又微妙的挑战，有待人们去进一步探究。如果我们没有适时地利用和培育这些萌生的力量，那么这些力量就会逐渐萎缩、衰亡或消失。这一普遍法则适用于不确定和有疑问的事物。对小部分人而言，理智的好奇心永不枯竭，没有什么东西能够毁灭它们；但对大多数人而言，理智的好奇心非常脆弱，极易被摧毁，需要细心呵护。培根说过，为了进入科学的王国，我们必须变成小孩子。这就提醒我们，儿童思想开放、好奇心强。此外这也警示我们，好奇心也很容易失去。有人失去它是因为冷漠和粗心；有人失去它则是因为轻率和浮夸。许多人想要逃避这些厄运，却陷入了某种僵化的教条主义之中，同样失去了好奇心。有些人专注于常规事务，无法接受新的事实，发现新的问题。另外一些人只在他们自己擅长的专业领域内保持好奇心，只关注对个人有益处的事情。大部分人的好奇心都用在了各种流言蜚语和家长里短之上。这样的现象十分普遍，每每提到“好奇心”这个词，人们首先联想到的便是打探其他人的隐私。因此，关于好奇心，教师更多的是让学生学，而不是教。教师通常不能通过说教来激发甚或提升学生的好奇心。他的任务是防止神圣的好奇之火熄灭，并努力使火苗越烧越旺。教师面对的问题是怎样保护求知的精神，使其不因过度兴奋而衰退；不因循规蹈矩而变得僵硬；不因教条主义的讲授而变得僵化；不因对琐碎之事的忧虑而消失殆尽。

二、联想

联想、观念、信念等尚未存在的事物，都是从当前经验的素材中产生出来的，无论这些素材是丰富还是不足，是重要还是微不足道。联想的功能不是通过教学就可以产生的。虽然我们可以通过改变条件使之变得更好或更差，但我们不可能消灭联想。很多儿童曾竭尽全力地想要看一看，他是否能够“让思维停下来”，但联想还是会源源不断地产生，不以我们的意志为转移，就如华兹华斯所说“无论在哪里，我们的身体都在感知，不管我们愿不愿意”。当然，从积极负责的意义上说，不是我们在思维，而是思维发生在我们的身上。只有掌握了控制联想功能产生的方法，并且承担联想产生的后果，我们才真正可以说“我想是这样的”，等等。

联想的维度

联想的功能包括很多方面（或者我们也可以称之为维度），它们因人而异。这些维度本身不同，它们相互结合的方式也有所不同。这些维度是：缓慢或迅速、范围或种类、深度或持续。

1. 快慢

1．通常，人们主要根据物体出现或事情发生时产生联想的敏捷度或灵巧度，把人分为愚笨之人或聪明之人。正如关于愚笨和聪明的隐喻所表明的，有些人对外界刺激没有反应，只是被动地吸收。呈现在他们面前的一切全都在毫无反馈的单调乏味中丧失殆尽。但另外一些人则对外界刺激的反应敏捷，即使是平常单一的刺激也能激起丰富的联想。愚笨之人对外界刺激没有反应，聪明之人能对事实产生有效的反应。我们要花九牛二虎之力才能促使懒惰或愚笨之人产生联想，而聪明之人则能迅速做出反应，对事实做出合理的解释，也能马上联想到接下来的后果。

但是，教师不能仅仅因为学生对学校的科目、教材中呈现的问题或老师提出的问题没有反应，就断定学生愚笨或迟钝。一个被认为是无可救药的学生，在面对自己认为有价值的事情（例如，某项课外体育活动或社会活动）时，会以迅速而活跃的方式做出反应。事实上，如果授课的内容不同、采取的教学方式不同，那么这个学生就有可能在功课方面产生良好的表现。一个男孩在几何这门功课上很差，但在学习手工课时，他的反应相当迅速；一个女孩可能对历史知识反应迟钝，但在要求她判断熟悉的人或小说中人物的性格和行为时，她能迅速地做出反应。除非身体有缺陷或疾病，一个人很少在所有方面都表现得愚笨和迟钝。

2．范围

2．除了对事实的反应有快慢之分外，联想的范围或联想产生的种类也存在差异。老实说，有时，人们的联想如滔滔江水，绵延不绝；有时，人们的联想如涓涓溪流，时断时续。人们对外界反应迟钝是因为脑海中有太多的联想，这些联想相互制约，导致人们产生迟疑或犹豫。而生动逼真、快速敏捷的联想则有可能更快地进入脑海，从而防止其他联想的产生。有的人联想太贫乏，表明他有一种枯燥乏味的心理习惯。如果这样的人学识渊博，那么他很有可能是一个书呆子或者是一个像葛擂梗（Gradgrind）[1] 那样的人。这种人头脑不够灵活，可能只会堆砌信息，让人觉得乏味透顶。这种人与我们称为成熟、风趣、灵活的人形成了鲜明的对比。

考虑了几个选择之后得出的结论，可能在形式上是正确的，但其意义的全面性和丰富性不及比较了更多可能的联想之后得出的结论。此外，太多、太丰富的联想不利于养成良好的心理习惯。因为太多的联想和选择会让人不知所措，且无从选择。他会发现很难得出任何明确的结论，而且多少都会在这些选择之中无助地犹豫、徘徊。他发现很难在实践中做出决定，也很难在理论上得出结论，因为太多的联想本身就意味着一致和矛盾并存，由一件事会很自然地联想到另一件事。还有这样的情况，由于环境提出了多种多样的观点，导致人们无

[1] 葛擂梗（Gradgrind），英国作家狄更斯的小说《艰难时世》中的主人公。他是一个退休的五金商人，也是一个功利主义的信徒，信奉“事实”，对客观事实的知识非常贫乏，并把人生看作一种“隔着柜台的现钱交易”。——译者注

法采取行动，这时就会产生太多的思维活动。另外，太多的联想不利于从中找到逻辑关系，因为它会使心灵偏离必要而艰难的任务——寻求事物之间的真正联系，而沉浸于更轻松的活动——在现有事实的基础上添油加醋，产生一连串前后一致的幻想。最好的心理习惯就是在联想的贫乏和过剩之间寻求一种平衡。

3．深度。除了依据人们反应的速度和丰富程度来区别人们的思维能力之外，我们也会关注反应产生的程度，即反应的内在性质。

3．深度

有的人思维深邃，有的人却思维肤浅；有的人一针见血，可以深入到事物的本质，有的人却只能触及事物的表面。这个思维阶段或许是最不可教的，而且它受外界的影响最小，我们很难提升或降低这一品质。但是，学生接触的主题的条件有可能促使他探究事物更有意义的特征，也有可能鼓励他浅尝辄止。教育界流行的一种观点认为，只要学生肯思考，这种思考和那种思考对于其心理训练的效果就是一样的。另一种观点认为，学生学习的目的只是增加知识和信息。这两种观点都倾向于使学生停留于肤浅的思想，不利于其形成深刻的思想。在与日常实践经验有关的事情上，有些学生能敏锐地感知和区分重要的事情和无意义的事情。不过在对学校课程的看法上，他们经常把所有事情都看得一样重要或一样不重要，认为某一件事情就像另一件事情一样，是真实的。他们所做的理智努力不是区分事物，而是力图建立词语之间的联结。

联想的平衡

有时候反应的快慢和反应的深度是紧密相关的。毕竟消化各种印象并把它们转变成实际的观念都需要时间。“聪明”可能只是昙花一现。那种“慢而有把握”的人，无论是成人还是儿童，经常会积累各种印象并让其在自己身上沉淀下来，其思维能达到更深的价值层面，而不只是停留在事物的表面。很多儿童因“迟钝”或“回答问题不敏捷”而被指责，但事实上他们可能正在花时间把各种能量集中在一起，以便有效地处理眼前的问题。如果教师在这种情况下没有给学生充足的时间思考，那么即使学生形成了快速的反应习惯，也只能做出快速且肤浅的判断。对问题和难题感知的深度会逐渐固化，这决定了学生之后的思维品质。任何鼓励学生背诵或记忆的教学习惯都会使学生抓不住真正的问题，因而不是真正的心智训练方法。

个体差异

有人在上学时被认为是愚笨的人，但其成人后在自己的专业领域能取得巨大的成功。研究这些人的生活经历会让我们有所启示。有时，早期对孩子的错误判断主要归咎于以下事实：①儿童表现其能力的方向和社会正在使用的那些良好但陈旧的标准格格不入，达尔文就属于这种情况，他小时候对甲虫、蛇、青蛙等动物有着浓厚的兴趣。②有的儿童习惯于比他的同伴——甚至比他的老师——有更深层的思考，却不能如人们期望的那样，对通常的问题做出快速的回答。③儿童自然的思维方式与课本或教师的思维方式有习惯性的冲突，而课本或教师的思维方式常常被认为是评价的绝对基础和标准。

任何科目都可能包含智力因素

无论如何，教师都应该摒弃“思维”是一种单一的、不可改变的官能这种观念。他应该认识到“思维”这个词意味着事物获取意义的各种不同的方式。教师也应该消除类似的观念，如认为某些科目固有地要靠“理智”来学习，因而在思维训练中具有神奇的力量。思维不是一种机械的、现成的设备，可以任意地适用于所有的科目。思维是具体的，就如灯笼发出的光，它能照在马匹、街道、公园、树木或河流等任何事物上。思维是具体的，从这个意义上说，不同的事物暗示着不同的意义，不同的事物讲述自身独有的故事，而且，不同的人也会以不同的方式感知这种意义。正如身体的生长有赖于吸收食物的营养一样，心灵的成长则需要对素材和主题进行逻辑组织。思维并不像制作香肠的机器那样，只是机械地把所有原料做成可以出售的商品。思维是一种能力，能连接由具体事实激发的联想，并产生进一步的反应。因此，从希腊语到烹饪，从绘画到数学，任何科目都包含理智的因素。如果这些科目的学习需要理智，那么这种理智不在其固定的内在结构之中，而在其功能之中——能引起和指导人们进行有意义的探寻和反思的能力。对一个人来说，理智就是探寻几何学的奥秘；对另一个人来说，理智则是操作实验设备、领悟音乐作品或管理商业事务。

三、条理性：思维的本质

事实有可能单一乏味，也有可能包罗万象；由事实得出的结论有可能数不胜数，也有可能寥寥无几。不管怎样，即便把它们结合在一起，事实和结论也不等于反思性思维。联想必须精心组织，使它们互相参照，并且将事实根据作为参照。当思维的速度、范围和深度达到合适的比例或达到平衡状态时，我们获得的必然结果就是思维的流畅性。我们既不希望心灵反应迟缓，也不希望心灵草率仓促；我们既不希望思维漫无目的，也不希望思维固化不变，缺乏灵活性。思维的连续性包括两个方面：一方面是思维的灵活性和材料的多样性；另一方面是思维方向的单一性和明确性。思维既反对机械的、程序式的千篇一律，也不赞同蝗虫式的乱蹦乱跳。对于聪明的孩子，人们常说："只要他们能静下心来，他们就能做任何事情。"他们在任何特殊的反应方面都如此快速而灵巧。但是，他们没办法静下心来。

连续性

除此之外，思维只是不被干扰还远远不够。我们的目标并不是追求绝对的一致性。集中注意力并不意味着固化不变，约束拘谨，也不是阻止联想的流动。它的意思是把丰富多变的理念组合成一种单一稳定的趋势，努力得出一个统一的结论。思维的集中和一致并不是静止不动的，而是在动态中指向某一目标，就像将军集中精力指挥部队进攻或防御一样。另一个比喻也很形象：使心灵专注于某一物体，如同保持船的航向。其中隐含的意思是，船一路会经过无数的地方，但一直都在朝着既定的目标前进。思维的一致性和有序性使得主题充满变化。思维的一致性并不只是没有矛盾，思维的集中也并不只是没有分散注意力。事实上，只有单调的日常程序或进入熟睡状态的人，其注意力才不会分散。所有类型的甚至相互矛盾的联想都可能在其成长过程中产生，并伴随整个过程。只要所有的联想都被看作与主题有关，就可以确保思维的一致性和有序性。

实践的要求使思维必须具有一定程度的连续性

对大多数人来说，形成有秩序的思想习惯的主要来源是间接的，而不是直接的。在一段时间内，理智的组织是行为为达到某一目标而产生和形成的附属物，而不是直接诉诸思维力量的结果。当思维要完成某件超出思维能力的事情时，对思维的需要比为思维而思维更有效。在刚开始的时候，所有人都是通过行为的条理性来获得思维的条理性的，而且大多数人很有可能一生都是这样。成人一般都会从事某一职业，擅长某些专业，有一定的追求，这些成为他们的知识、信仰以及他们形成获得和检验结论的习惯得以组织起来的轴心。这样，与其职业中的有效操作活动有关的观察能力便得到了扩展，并且变得精确。他们不仅积累与职业相关的知识和信息，而且会对这些知识和信息进行分类，以便在需要的时候加以利用。大多数人并不是出于纯粹推测的动机而进行推理，而是因为这些推理包含在“对不同职业中的职责”进行有效的操作之中。因此，推理经常受到所达到的结果的检验。人们往往会忽略那些低效、混乱的方式，而采用有序、安排的方式。思维经常受到事件、问题的检验。实际上，除了科学家之外，所有人都把行为的效率作为思想有序性的主要标准。

这种以学科知识作为思维训练的资源，在成人生活中占有主导地位，它在训练儿童形成正确的理智习惯中也不应被忽视。但是，在有组织的活动方面，未成年人和成年人有很大的差异——在任何教育活动中，我们都必须严肃地考虑这些差异。①对于成年人来说，从活动中获得外在的成就是一种更为迫切的需要，因此，在成年人那里是一种更为有效的心理训练手段，但对儿童就不一定了；②成人活动的目的较之儿童更为专业化。

（1）对于青少年来说，选择和安排适当的活动，要比成人困难得多。对于成人来说，其活动或多或少可以根据环境来安排。成人一般是社会公民、一家之主、为人父母、从事某一常规的职业工作者，这种社会地位决定了其行为的主要特征，也在某种程度上自然而然地促使其形成了相应的、适当的思维方式。但是，儿童还没有这种固定的社会地位和角色。对于他们来说，几乎没有任何东西能够支配他们始终遵循某一行为模式，而不是另外一种。其他人的意志、他自己任性的想法以及周围的环境都倾向于使儿童产生一些个别的、即兴的行为。儿童缺乏持续动机，心智不成熟，因而具有极大的内在可塑性。这使得教育在思维训练中格外重要，而要找到适合青少年的、连贯的活动方式，就像重要的职业和功能是适合成人的活动方式一样，也变得更难了。儿童行为方式的选择具有很大的随意性和不确定性，受到学校传统、教育思潮和变动不居的社会风气等因素的影响。因此，对儿童行为的训练很多时候不能得到令人满意的结果。有人以此为理由，完全否认显性活动在教育中的意义，沉溺于纯粹的理论知识和方法中。

儿童遇到的特殊的困难

（2）这一困难也表明与成人生活比起来，从儿童生活中**选取真正具有教育意义的活动的机会**要大得多。大多数成人都承受着巨大的外部压力，因此，职业活动的教育价值——它对理智和性格的反射性影响——不管多么真实，都只是一种附带产品，而且在很多情况下都是偶尔获得的。青少年思维训练中的问题同时也是机会，在于选择有序而又持续的活动方式。虽然这些活动方式会逐渐发展为成人生活不可或缺的活动，而且为成人生活的这些活动做准备，**但它们现在对思维习惯的形成有其反射性的影响，对此它们是有自己的充分理由的**。

儿童特有的机会

教育实践表明，对显性的和费力的活动，人们一直倾向于在两个极端之间摇摆。一个极端是几乎完全忽视这些活动，认为它们是混乱无序和动荡多变的。它们只是借助儿童心智不成熟、不稳定的特点转移其注意力，或者只是对成人生活（往往是高度专业化和或

两个极端之间的作用与反作用

多或少的商业化）的令人厌恶的模仿，应该予以拒斥。即使学校接受了这些活动，那也是以下两种观念妥协的结果：一是勉强接受学生有必要从繁重的学业中偶尔解放出来；二是学校受到外界强烈的功利主义的要求而妥协。另一个极端是狂热地相信，只要不是让学生被动吸收学术或理论知识，几乎所有的活动都具有神奇的教育效果。持这一观点的人认为，任何自发的活动，如玩耍、自我表达、自然成长等，都是对心理能力的恰当训练。他们还引用神秘的大脑生理学理论，来证明任何肌肉的训练都是对思维能力的训练。

教育问题的定位

我们总是在这两个极端之间摇摆，因此忽略了最重要的问题，即发现和安排具有以下特点的活动形式：①最适合处在尚不成熟的发展阶段的青少年的活动形式；②最有利于为其成年后承担社会责任做准备的活动形式；③与此同时，能对他们养成敏锐观察和连贯推理的习惯产生最大影响的活动形式。就像联想与思维的灵活性和力量有关一样，好奇心与思维材料的获得也有关。因此，虽然活动的条理性本身并不是智力活动，但它与形成连贯的理智能力有关。

第四章　学校环境和思维训练

一、引言：方法与环境

所谓的官能心理学（faculty-psychology）是与教育中形式训练（formal-discipline）观念的流行同时产生的。如果思维是与观察、记忆、想象及关于人和事的常识判断截然不同的一种心理机制，那么思维就必须通过为此目的而专门设计的练习来训练，就像人们为了锻炼肱二头肌而专门设计一些训练一样。因此，某些科目被认为在训练理智或逻辑方面具有优势，更能促进思维这种官能的发展，就像某些器材比其他器材更能促进臂力的发展一样。由这三种观点可以进一步演化出第四种观点，即思维训练的方法是由一整套运作程序组成的，这些程序使思维机制在任何科目上都能发挥作用。 形式训练

我们在前面几章中已经努力说明，并不存在任何单一的和始终如一的思维能力。人们通过许多不同的方式来思维一些具体的事物——通过观察、记忆、倾听、阅读了解到的事物——从而激发了与场景相关，而且其后会获得丰硕成果的联想或观念。训练就是发展好奇、联想，养成探索、验证的习惯，既扩展其范围，又提升其效率。只要某一科目——任何科目——能成功地促进任何一个特定的人在这些方面的发展，就是有助于理智发展的科目。从这个角度来看，第四种因素，即方法，就是创造环境，使它适应个体的需要和能力， 真正的思维

从而促使其观察、联想和调查等能力的持续改善。

因此，教师要面临两个方面的问题。一方面，教师需要了解个体的人格特质和习惯（正如我们在上一章所看到的）；另一方面，教师也需要了解个体力量的习惯性表达，在什么环境下会朝更好的方向发展，在什么环境下会朝更坏的方向发展。教师要认识到，这种方法不仅包括教师有意为达到心理训练的目的而设计和运用的方法，而且包括很多他根本没有意识到的方面，如学校氛围和学校以何种方式对学生的好奇心、反应能力及规则活动做出回应。如果一个教师既善于从理智上把握个体的心理活动，又能理解学校环境对个体的心理活动产生的影响，那么我们基本上可以断言，他会在较狭窄和专业的技术领域——那些最适合某些科目获得成果的领域，如阅读、地理或代数——发展和形成一套行之有效的、独特的教学方法。如果教师没有意识到个体的能力，以及整个环境对这些能力施加的无意识的影响，那么即使是最好的教学方法，也只能收到暂时的效果，而且是以牺牲长久、稳固的习惯为代价的。我们可以把学校环境的影响分为三类：①儿童接触到的所有人的心理态度和习惯；②儿童学习的科目；③当下的教育目标和教育理想。

方法的真正意义与虚假意义

二、他人习惯的影响

模仿是人类的天性，只要考虑到这一点就足以表明，他人的心理习惯对被训练的学生的态度有着深刻的影响。身教胜于言传，一个教师有意付出的最大的努力，可能会被他没有意识到的或认为不重要的个人特质的影响所抵消。而在技术上有瑕疵的教学方法和训练有可能因为这种个人的方法背后隐含的启发性，而在实践中不会对学生造成不利的影响。

对环境的反应是基本的方法

然而，把教育者（无论是教师还是父母）的重要影响限定在模仿，只抓住了对他人的理智影响中表层的东西。模仿只是“刺激—

反应”这一更深层原则的一个方面。教师做的每一件事情以及他做事情的方式，都会刺激儿童以这种或那种方式做出回应，而每一种回应都会以某种方式决定儿童的态度。儿童对成人的忽略常常也是一种反应方式，是无意识训练的结果。[1] 教师很少（甚至完全不可能）是一个心灵获取科目知识的透明媒介。对儿童而言，教师的人格魅力和科目的影响是紧密地结合在一起的。儿童很难区分甚至辨别教师的人格和科目知识。而且，由于儿童对呈现在眼前的任何事物的反应都是接近或避开，所以他对自己没有明确意识到的事物、喜欢或不喜欢的事物、同情或反感的事物，都会做出某种动态的评价和解释，不仅对教师的行为如此，对教师所教授的科目也如此。

教师自身习惯的影响

教师的行为习惯对儿童的道德、行为、人格、语言习惯和社会关系会产生重大的影响，这一点已经得到了普遍的认同。由于教师倾向于把思维看作独立的官能，因此教师常常会忽略如下事实：这种影响在理智方面同样也是真实的和普遍存在的。教师和学生都会坚持某些主要观点，都会做出僵化、不灵活的反应，也都会对出现的事物表现出一定程度的好奇，只是程度不同罢了。所有这些特质都是教师教学方法中不可或缺的组成部分。如果对教师教学中可能存在的语言草率、推理不严密、反应呆板、缺乏想象等特点不加思索地全盘接受，那么就有可能进一步强化这种趋势，使之逐渐变成一种习惯。因此，教师的行为习惯会影响师生关系的方方面面。在这个复杂的领域中，我们可以挑选出三个要点来予以特别说明。

以自我为标准判断他人

（1）大多数人都意识不到自己的心理习惯的独特之处。他们认为自己的心理活动方式是理所当然的，而且无意识地把它们视为判断他人心理活动过程的标准。[2] 因此，教师往往倾向于鼓励学生表

[1] 一个四五岁的儿童可能对妈妈反复喊他回家没有做出明显的反应。当被问及是否听到妈妈的叫喊时，他很平静地回答：“哦！我听到了，但是她喊得还不够大声。”

[2] 例如，拥有数形（number-form）思维能力的人把一系列数字以一定的间隔排列开来，然后依据它们排列的特定形状来识别数字。人们问他们为什么以前没有提到这一事实，他们总是回答说，他们从来没有想到要说这件事，在他们看来，每个人都有这样的能力。

达与这种态度一致的观点，而忽视或者不能理解与此不一致的任何观点。教师普遍高估**理论**科目在心智训练中的价值，而忽视了实践科目的作用。毫无疑问，这部分地归咎于下述事实：教师这一职业倾向于选择那些有强烈理论兴趣的人，而排斥那些有突出执行能力的人。在这一基础上挑选出来的教师，往往以类似的标准来评估学生和科目，鼓励那些自然而然地喜欢这些科目的学生形成一种理智的片面性，而排斥那些实践本能更为突出的学生。

夸大个人的直接影响

(2) 教师——尤其是那些比较好的教师——倾向于利用鲜明的个人特点来吸引学生专心听课，利用自己的人格魅力来代替科目的影响，成为学生学习的动机。从经验中教师可能体会到，他自己的人格比科目本身更能吸引学生的注意力。因此，他会越来越频繁地使用人格魅力，以至学生与教师的关系几乎取代了学生与科目的关系。这可能导致学生对教师的人格依赖和自我人格的弱化，由此造成学生对科目本身的价值漠不关心。

独立思维与“得到答案”

(3) 如果教师不进行认真的自我监管和引导，那么教师自身的心理习惯就可能使学生主要关注教师的特点，而不是其原本应该学习的科目。具体来说，他主要关注的是如何使自己达到教师的期望，而不是积极地寻找办法，解答科目中的问题。“这正确吗”就意味着“这个答案或过程会让老师满意吗”，而不是“这个答案符合问题固有的条件吗”。儿童在学校表现出来的这种迎合老师的倾向是人性的自然流露，否定这种本性的合理性和价值是荒谬的。不过我们不希望儿童把主要的理智用于提出一种能够得到老师认可的答案，其成功的标准也不应该是适应另一个人的要求。

三、学习性质的影响

学习的类型

采用一种传统而且方便的分类方法，学习可以被分为以下几类：①获得操作技能的学习，如学习阅读、写作、计算和音乐等学校科目。②获得知识的学习——对“信息”的学习，如学习地理和历史。③注重训练抽象思维和“推理”能力的学习，其中获得技能和信息相对不那么重要——对“学科知识”的学习，如学习数学和形式语法。[1] 这些类别中的每一门科目都有自己独特的偏向。

把抽象能力孤立出来

1．在所谓学科知识的学习或符合逻辑的学习中存在一种危险，那就是把理智活动从日常生活中分离出来。教师和学生都倾向于把逻辑思维和日常生活事件分离开来，认为前者是抽象的、深远的，后者是具体的、特殊的。抽象的逻辑思维远离应用，脱离了实践和道德。事实上，把学习与日常生活完全割裂开来，具有很不好的影响，比如下面这些极端事例，专家们离开了自己的专业领域就极易轻信，他们的推理和讲话的习惯都浮夸无比，他们从实际问题中得出结论时显得呆板笨拙，他们只关注自己的专业，极为自负。

过度机械化和自动化

2．以获取技能为主的学习存在相反的危险，即倾向于以最简便的方法达到目标，这使得科目的学习变得**机械化**，因此会阻碍智力的发展。在掌握阅读、写作、绘画、实验等技能的过程中，有这一倾向的人会尽力节省时间和材料，要保持整洁和准确，要做到迅速和统一。这种需要是如此强烈，以至这些技能本身变成了目的，而没有考虑它们对人的心理态度的影响。单纯的模仿、根据指示行动、机械的训练可以快速地得出想要的结果，同时也会强化那些不利于反思性能力的特质。除非推理能使他快速地获得他想要的结果，否则，学生可能就只喜欢做那些具体的事情，而没有兴趣进行任何推

[1] 当然，所有科目都包括这三个方面。如在数学中，计算、写作、读数、快速加等都属于操作技能，重量和测量的表格属于信息等。

“机械训练”

理。当他们犯错误的时候，有人会给他们指出来，并帮助他们改正。他们只是不停地对某些活动进行纯粹的反复练习，直到成为自动化的行为习惯。之后，老师感到十分疑惑：为什么学生在阅读过程中没有任何表情，在处理问题的时候很少能进行理智的推理？有些教学模式和教学实践把心智训练的根本观念与技能训练混为一谈。技能训练与心智（mind）基本没有关系——一旦与之建立联系，只会对心智训练造成更大的破坏——因为它完全是通过执行外在指令来训练技能。这种方法把对人类的“训练”降低为对动物的训练。只有当智力在技能的获得方面发挥某种作用时，人们才能有智慧地而不是机械地使用实践技能和各种有效的技巧。

智慧与信息

3．强调准确获得海量信息的学习也存在同样的问题。信息与智慧的区分由来已久，但还需要不断地进行讨论。信息只是获得的和储存的知识，智慧则是能使人们生活得更美好的知识。纯粹的信息意味着没有经过理智的特别训练，而智慧是经过理智训练后得到的最佳结果。在学校，积累信息的教学往往缺乏智慧的目标或明智的判断。积累信息的目标似乎是——特别是在诸如地理这类科目中——使学生成为“无用的书袋”。“信息全覆盖”处在首要地位，而心智的培养则处在次要地位。当然，思维不能在真空中进行，具备一定量的事实和知识是产生联想和推理的基础。

但是，把知识的获取本身视为目的，还是把知识的获取作为思维训练不可缺少的一部分，这两者之间存在巨大的差异。有人提出假设，认为积累的信息除了用来认识和解决问题之外，还可以被思维随心所欲地自由使用。这种观点是极其错误的。只有通过理智的帮助而获得的技能才能被快速、有效地运用于理智活动。除了偶然获取的信息之外，只有在思维过程中获取的信息才能被用于逻辑推理。有些人从书本上学到的知识很有限，却能把他们所掌握的知识全部有效地运用于实践，这是因为他们的知识是在具体的情境中获得的；而另一些人虽然掌握了大量的书本知识，在解决实际问题时却手足无措，这是因为他们的知识是通过记忆，而不是通过思维获得的。

四、当下教育目标和理想的影响

获取自动化的技能和海量的知识是学校普遍存在的教育理想，因此，教育目标和理想这种多少有点无形的因素不可能脱离前面所讨论的他人习惯和学习类型的影响。但是，我们可以区分某些倾向，例如，以外在结果为标准来评判教育的倾向，而不是以个人的态度、习惯的发展为标准来评判教育的倾向。一种是将成果作为理想，另一种是将获得成果的心理过程作为理想。二者针锋相对，在教学方式和道德纪律方面都有不同的表现。

外在结果与过程

1. 在教学中，以外在教育结果作为标准的观念重视“正确答案”。如果教师认为学生最主要的任务是正确地背诵功课，那么这就是对心智训练最致命的破坏。只要把背诵知识（无论是有意识的还是无意识的）作为教育的最高目标，心智的训练就会成为偶然的和次要的，不会受到重视。要想理解这种教育理想为何如此风靡并不难。学生人数众多，家长和学校领导期待学生能有快速、明显的进步（即急切的功利主义），这些因素共同推动了这一观念的流行。在这一目标的指导下，教师急需做的不是了解儿童，而是掌握与科目相关的知识。而且，科目知识要有固定答案、精心设计、易于掌握。致力于提升学生理智态度和方法的教育，需要更多的准备和训练，因为它需要教师以同情、有智慧的态度，洞察学生的智力活动和心理活动，也要求教师灵活地掌握广博的科目知识——这样就能在需要的时候，选择所需要的知识传授给学生。另外，为了保证外在结果成为教育的目标，学校的管理体制——考试、打分、评级、奖励等——就自然成为必要的措施。

对他人的依赖

2. 外在教育标准对行为也有重要的影响。使行为符合规则和训令是最容易使用的标准，因为这是最机械的。在本书中我们暂不讨论教条式的教学方法，或严格遵从惯例、习俗和学校校长的要求，对道德训练会产生什么影响。因为行为问题是生活中最深刻、最常见的问题，所以，如何对待行为问题会影响到心理态度的各个方面，甚至包括与直接或有意识的道德考虑没有任何关系的领域。确实，对每一个人来说，他们最深层的心理态度都是通过别人应对其行为问题的方式而固定下来的。如果人们在处理行为问题时很少使用思维功能，没有进行认真的探究和反思，那么期待思维习惯能够在其他不怎么重要的事情中施加较大的影响，这是不合理的。此外，人们在对待重大行为问题时，积极探究和仔细思考的习惯，能最好地确保心智的一般结构合情合理。

第五章　思维训练的手段和目的：心理的和逻辑的

一、引言：逻辑的含义

在前面的章节中，我们已经讨论了以下内容：①思维是什么；②专门的思维训练的必要性；③思维训练中的自然资源和倾向；④在学校环境中进行思维训练的特殊障碍。从这一章开始，我们将讨论逻辑（logic）与心理训练目标的关系。

本章主题

从广义上来说，旨在得出某种结论的思维都属于逻辑的范畴——不论得出的结论是正当的还是荒谬的。也就是说，逻辑的（logical）这一术语涵盖了逻辑性强、不符合逻辑或逻辑性弱。从狭义上来说，逻辑的这一术语是指能够从前提条件必然地得出结论。这些前提条件或者意义明确，或者不证自明，或者已经被证明为真。这里的逻辑就等同于严格的证明。从这种意义上说，数学和形式逻辑（可能是数学的一个分支）才是严格意义上的逻辑。然而，逻辑还有第三种更为重要，也更具有实践意义的含义。它指从正反两方面进行系统反思，以保证在已有条件下得出最好的结果。如果“人工的”（artificial）这个词语是与“艺术”（art）相关的，或是指通过自愿学习而获取的专业技能（而不是指虚假的和非真实的），那么我们就可以说逻辑就是指人工思想。

逻辑的三种意义

实践是逻辑的重要意义

从这种意义上说，“逻辑的”这个词就是指最佳意义上的思维，

逻辑的标志是仔细、透彻和精确

即清楚地、透彻地、仔细地思考（参见第9页）。思考就是从不同的方面、不同的角度反复考虑某一主题，这样，所有与此有关的重要方面都不会被忽略——就是一个人拿着一块石头翻来覆去地看，它朝下的那一面是什么样子的，或者被石头盖住的是什么东西。实际上，“考虑周到”（thoughtfulness）几乎与仔细端详同义。专心于某一科目就是关注它，并努力学习它。说到思考，我们经常还会用“权衡”（weigh）、“思虑”（ponder）、“深思熟虑”（deliberate）等词语来暗指在相互对立的事物间，寻求和保持某种微妙而周全的平衡。与此有密切关系的词语还有“审查”（scrutiny）、“验证”（examination）、“考虑”（consideration）、“考察”（inspection）。这些词语暗含着细心、仔细查看的意义。思维就是在事物之间建立确定的关系，正如我们所说的，“根据事实进行推理”。这与数学中组合的精确性和确定性类似，它给我们留下了“计算”（calculate）、“测算”（reckon）、“考虑”（account for）等诸如此类的印象，甚至具有“理性”（reason）本身——“比率”（ratio）的含义。因此，逻辑所具有的谨慎、仔细、彻底、确定、精确、条理、系统安排等特征，使其既区别于随意、随便的思维，又区别于学术思维和形式思维。

智力教育的总体目标是形成逻辑倾向

教育者重视实践中的以及具有至关重要的意义逻辑，这一点是显而易见的。但我们或许需要提供论据来表明，智育（与德育相区别）的目的完全而且只有在这种意义上才是合逻辑的，也就是说，形成仔细、谨慎、全面的思维习惯。认识这一原则的主要困难在于，人们

逻辑与心理的错误对立

对于个体的心理倾向与逻辑思维之间的关系，存在一种错误的观念。如果假设——正如经常发生的那样——两者没有任何内在的联系，那么，逻辑训练就不可避免地被视为外在于个体，是从外部向个体的一种生硬的灌输。这样一来，把教育目标与逻辑能力的发展相等同也就显得荒谬无比。

将自然倾向与逻辑对立

然而奇怪的是，观点相对立的两个教育理论流派都认为，个体的心理与逻辑方法和结果之间没有任何内在的联系。其中一个流派认为，

自然的[1] 就是最重要和最根本的，而且它很不重视明显的理智培育。这一流派重视自由、自我表现、个性、自发性、游戏、兴趣、自然展现，等等。它强调个体的态度和活动，忽视有组织的素材或学习材料，认为教育的方法就是以各种办法刺激和激发个体本身具备的潜能，使各种潜能以自然的成长顺序展开。

忽视内在的逻辑资源

另一流派高度重视逻辑的价值，但认为个体的自然倾向是反感逻辑的，或至少是不热衷于进行逻辑思考的。这一流派依赖的是科目——已经确定的分门别类的科目。因此，教育方法就是使用各种办法使天性不喜欢甚至反感逻辑的心灵接受这些确定的、分门别类的科目知识。因此，它重视纪律、教导、约束、自愿或有意识的努力、必要的任务，等等。在这一流派看来，教育中的逻辑因素体现在学习（或学业）中，而不是态度和习惯中。思维的逻辑性只能通过学会遵从某一外在主题而获得。为了使个体达成这种遵从，我们（通过教科书或教师）首先就要把学科知识分解成逻辑元素，然后对这些逻辑元素逐一进行定义，最后，根据逻辑规则或普遍原则，将所有的逻辑元素归入某一系列或类别。然后学生就可以逐一学习这些定义，并且通过逐渐的积累而建立起逻辑系统。因此，学生是通过外部的灌输逐渐形成自己的逻辑素养的。

逻辑与科目知识的绝对同一

以地理学科为例

我们通过一个例子来说明这种描述的意义。假设要学习的科目是地理。首先要做的就是给地理下定义，使它区别于其他科目。然后按照由易到难的顺序，陈述和定义各种抽象的术语，如两极、赤道、日月蚀、时区，这些术语是地理学科科学发展的基础。其他更具体的元素也是按照类似的顺序排列的：大陆、岛屿、海岸、海角、峡谷、半岛、海洋、湖泊、海湾，等等。在获取这些材料的过程中，学生不仅获得了重要的知识，而且通过适应已有的逻辑定义、概括和分类，逐渐形成了逻辑思维的习惯。

[1] 指的是与某一个体的自然体格构成和功能有关的任何事物。

以绘画为例

这种方法已被应用于学校所教的所有科目——阅读、写作、音乐、物理、语法、数学，等等。例如，理论上一般认为绘画作品就是直线和曲线组合的结果，因此，最简单的美术教学方法就是先教学生画各种直线（水平线、垂直线、各种角度的斜线），然后再教学生画典型的曲线，最后，把直线和曲线进行各种不同的组合就产生了真正的图画。这似乎是一种理想的逻辑方法，开始是分解元素，然后按照一定的规律逐渐进行越来越复杂的综合。每一个元素在使用时都会被定义，以便学生清楚地理解。

形式方法

即使不使用上述极端的方法，几乎所有学校(特别是小学中高年级)也都过分关注形式，认为学生要想得出合乎逻辑的结论，就必须遵循这些形式。人们认为，按某些顺序和步骤来理解功课具有优势，因此学生被要求按照这些步骤来“分析”学习的程序，也就是说，学会关于陈述的某种常规规则。这种方法通常在语法和数学中用得最为广泛，同时它也渗透于历史和文学这样的科目。同时以理智训练为托词，这些步骤又简化为各种提纲、图表、分类和再分类的图式等。这些都是成人逻辑的缩减和模仿，是对成人逻辑干巴巴的复制。儿童在记忆、学习这些东西时，他们原本微妙而重要的逻辑思维活动就被扰乱了。持有这一错误的逻辑方法的教师除了会使“教学方法”声名狼藉之外，不可能有任何成就。对很多人而言，“教学方法”的意思就是通过某种严格的外部图式，形成一套机械的、不自然的策略，来取代个体的心理活动。

对缺乏形式和方法的反对

这种自称“逻辑”的方法必然收效甚微，必然会引起学生的反应，比如缺乏学习兴趣和热情、养成不专注和拖延的习惯、对应用理智感到非常厌恶、依赖纯粹的记忆和机械程序、几乎不理解自己究竟要干什么，等等。这都表明逻辑定义、分类、分级和系统的理论在实践中，并不如它在理论上所假设的那样起作用。之后的结果——正如在每一种反应中所表现出来的那样——便是走向了相反的极端。人们认为“逻辑”完全是人工的和外在的，教师和学生都拒绝接受它，而致力于表现固有的天资和爱好。在个人发展的初级阶段，强调自然的倾向和能力的作用，确实是非常有益的。但是，上面提到的反应是错误的，因而会产生误导的作用，它忽略和否认了这样一个事实：现有的能力和兴趣中存在着真正的理智因素。

科目中的逻辑是成人的逻辑或经过训练的思维逻辑

我们通常所说的逻辑（即根据科目知识的观点阐述的逻辑）实际上指的是经过训练的成人的思维逻辑。通过完整的训练，人们就会最大限度地具备以下逻辑能力：分解主题、确定要素、根据一般原则对要素进行分类，等等。已经习惯性地表现出划分、定义、概括及系统总结能力的个体，就不再需要进行逻辑思维的训练了。但如果认为一个因不能进行这些操作活动而需要接受训练的人，可以从受过专业训练的人的状态开始，那就是极为荒谬的。学科意义上的逻辑指的是思维训练的目标，是训练的最终结果，而不是思维训练的出发点。

未成熟的大脑也有自己的逻辑

事实上，人们在每一发展阶段都有自己的逻辑。有人认为，通过诉诸自发的倾向和大量的材料，我们就可以完全摒弃逻辑思维，这一观点当然是错误的，因为它忽略了好奇、推理、实验和验证在学生生活中发挥的重大作用。它也低估了在个体自发的游戏和活动中存在的理智因素——事实上，这个因素本身就具有教育价值。如果教师能觉察到在正常儿童的经验中自然地发挥作用的思维方式，那么他便能毫无困难地避免把逻辑和已有科目的组织结构相等同，他也不会认为，避免犯这一错误的唯一方法就是完全不进行逻辑上的思考。这样的教师将毫不费力地发现，智育的真正问题是如何将自然能力转变为专业的、经过检验的能力，即把多少有点随意的好奇心和零散的联想，转化为一种思维敏捷的、谨慎的和彻底探究的态度。他会认识到，心理和逻辑二者并不是对立的两极（甚至相互独立的存在），而是连续的正常成长过程中的前后两个阶段，彼此紧密相关。自然或心理活动，即使不受有意识的逻辑思维控制，也有它们自己的理智功能和完整性。当达到这一目标时，即人们在思维中

因此，心理和逻辑是同一运动过程的两端

形成了有意识的和深思熟虑的技能，那么它就会成为人们的习惯或第二本性。前者，即心理已经具备了逻辑精神；而后者，即逻辑因具有根深蒂固的倾向和态度，仍然具备心理的（个体的）特征，与任意或偶然发生的冲动没有本质的区别。

二、训练和自由

关于训练的正确和错误观念

因此，心智训练实际上是结果，而不是原因。任何心智在接受某一科目的训练之后，都会形成独立的、智力的主动精神和控制能力。训练意味着通过逐步的练习，将原始的天资转变成有效的能力。只要一个人接受了训练，就意味着他可以掌握这一科目的方法。这样，这个人就能独立地管理自己，而无须外部的指导。教育的目标便是发展这种独立而有效的理智——一种受过训练的心智。在这里，训练是积极的，也是具有建设意义的。

训练等同于操练

然而，训练经常被当作某种消极的东西—— 一种痛苦的、令人不快的强制性行为。它迫使人们偏离与其相适宜的东西而接受约束，这一过程在当时让人感到痛苦，但它是为未来做的一种必要的准备。训练经常被认为是操练（drill），而操练类似于开车一类的机械运动，通过不断的努力，把原本与事物本性相异的东西融入事物之内。也有人把操练比喻成新兵的军训，通过这一过程，新兵有了与之前完全不同的飒爽英姿。但这种意义上的训练，无论它是否被称为训练，都不是心理的训练。其目的和结果不是形成思维的习惯，而是形成统一的外部行为方式。很多教师不理解训练的真正含义，误以为他们使用的方法能发展心理的力量，提高效率。实际上这些方法只会限制和弱化理智活动，而且往往会产生机械的程序，造成心理上的被动和过分屈从。

独立的力量或自由

当我们从理智的角度来理解训练时（将训练视为有效心理活动的惯常力量），它和真正意义上的自由是同义的。因为心智的自由不仅意味着外在行动不受约束，而且意味着不受他人的盲目引导，具有独立思考的能力。当教育者把自发性或自然性等同于偶然出现的短暂冲动时，他们就会想方设法提供多种刺激，促使这种自发的活动保持下去，比如提供各种有趣的材料、设备、工具和活动方式，使学生自由地表达自我的天性不至消失殆尽。但这一方法忽略了获得真正自由必须具备的一些条件。

自由与外在的自发性

1．直接、即兴的释放或表达冲动的倾向，对思维具有毁灭性的打击。只有冲动在一定程度上进行自我检测和反省时，反思才有可能发生。有人认为，为了给思维发展提供必要的难度和复杂度因素，有必要人为地设计一些外部任务，这一观点实在是一种愚蠢的错误。因为在进行任何具有一定深度和广度的重要活动的过程中，我们都不可避免地会遇到困难和挑战——这使得寻找人为的或外部的困难显得多此一举。然而，教育者应重视而不是贬低个体发展过程中遇到的困难，因为这些困难是引发反思性探究的天然刺激物。自由并不在于保持外部活动的顺畅和不受阻挠，而是通过克服困难和挑战，通过个人反思，克服那种让你觉得即将充盈或快要水到渠成而不可得的困境。

思维需要的一些障碍

2．只强调心理和自然因素，却没有看到自然倾向在好奇、推理和验证的欲望的发展过程中发挥的重要作用，这种方法并不能保证**自然的发展**。就像植物的生长周期一样，在自然生长的过程中，每一个阶段都会无意识地、彻底地为下一个阶段的显现创造条件。人们认为“思维”是一种特殊的、独立存在的自然倾向，因为各种感觉和肢体活动先前就已经自由地展现出来了，或者说观察、记忆、想象和身体技能先前已经在没有思维的情况下练习过了，所以思维就不可避免地会在适当的季节开花结果。这种看法是没有根据的。人正是通过不断地运用感官和肌肉，以及将思维运用于观察和运动的过程，从而为接下来更高类型的思维做好准备。

智力因素是自然的

当下有一种流行的观点，认为儿童时期几乎完全没有反思性思维——这一时期只有感知、运动和记忆的发展，只有到了青少年时期

思维和人类其他精神活动的起源是同步的

才突然出现思维和推理的能力。

然而，青少年时期并不是“魔术”的同义词。毫无疑问，与儿童比起来，青少年具有更宽广的视野，关注的问题和事件更多，对自然和社会生活也有大致的看法。这种发展使人有机会形成比以前更全面和更抽象的思维，但思维本质上并没有任何改变，仍是由事实和生活事件推出结论，并对这些结论进行追踪和验证。婴儿一旦预测到可以找到丢失的球（不在眼前的东西），思维就已经开始了。首先他会预测实现这种可能性的步骤，然后尝试着用自己的想法指导自己的行为，而且会以此来验证自己的想法。只有充分利用在童年时期的经验中就已经非常活跃的思维因素，儿童才有希望或有理由在青少年时期或以后的任何时期形成更好的反思能力。

不良思维习惯的固化

3．在任何情况下都会形成主动的思维习惯：如果没有形成仔细思考事物的习惯，那么就会形成草率、不留心、没有耐心、只关注事物表面的习惯；如果没有形成一直依据事物出现的暗示（或迹象）的习惯，那么就会形成随意、胡乱猜测的习惯；如果没有形成除非推理经过了证据考察的检验，否则就把判断暂时搁置的习惯，那么就会形成轻信或随便怀疑、相信或不相信的习惯（这两者都是建立在一时兴起、情绪或意外事件的基础之上）。要想获得仔细、全面、连续的特质（也就是我们所说的带有“逻辑”成分的特质），从一开始我们就应该对这些特质进行练习，并且为这些练习提供必要的环境。

真正的自由是智力的，而不是外在的

简言之，真正的自由是理智的自由。它存在于经过训练的思维力量中，体现在能够反复考虑事情、深思熟虑地考察问题、判断证据的数量和类型能否推出现有的结论，如果不能，知道去哪里寻找，以及如何找到合适的证据。如果一个人的行为不是由深思熟虑的结论指导，那么其行为就可能被草率的冲动、混乱的欲望、胡思乱想或当时的环境左右。不受阻碍的、没有反思性的外部活动，只会加重这种奴役，因为它使人听从欲望、感觉和环境的摆布。

第二部分　逻辑的探讨

第六章　完整思维过程的分析

我们在第一章简要考察了反思性思维的性质，在第二章论述了思维训练的必要性，然后又探究了思维训练的资源、困难和要达到的目标。这种讨论的目的是为学生提出思维训练的一般问题。现在我们要进入本书的第二部分，目的是更全面地阐述思维的性质及其正常的发展，为结论部分要探讨的与思维教育相关的问题做好准备。

第二部分的目标

在这一章，我们将分析思维的过程，看看这一过程包括哪些步骤或基本的构成要素。我们的分析是以一些极其简单但真实的反思性经验的案例为基础的。[1]

（1）“有一天，我走在16号街道的时候注意到一座钟，指针显示的时间是12:20。这让我想到13:00我在124号街道有个约会。我推断，乘坐地面车辆已经花费了1小时的时间，如果我以同样的方式过去，那么我很可能会迟到20分钟。如果我坐地铁，那么我就可以省20分钟的时间。但是附近有地铁站吗？如果没有，那么寻找地铁站花费的时间可能更长。于是我又考虑乘坐高架列车。我看到两个街区之间有一条高架铁路。但是车站在哪里呢？如果我还要往上或往下走几个街区，那么我不但不能节省时间，反而可能会浪费更多的时间。我又想到地铁的速度比高架列车要快，况且，我记得地铁站比高架列车站离我要到达的124号大街更近，因此可以节省更多的时间。最

一个基于实践考虑的简单例子

[1] 这几个例子几乎是一字不差地摘自学生的课程论文。

后，我得出去坐地铁的结论，并且在13:00准时赶到了目的地。”

一个基于观察的反思性例子

（2）“白天渡江的时候我看到每天乘坐的渡船的甲板顶层上有一根白色的长杆，它几乎是水平放置的，顶端有一个镀金的球状物。我第一眼看到它的时候，联想到的是旗杆。它的形状、颜色和顶端的金色小球都和这种想法一致，而且这些理由似乎证明我的想法是合理的。不过很快，我就觉得旗杆的说法站不住脚。首先，这根长杆几乎处于水平状态，而旗杆一般是竖着的，如果是旗杆，这样放有点不同寻常；其次，它没有用来挂旗子的滑轮、圆环或绳索；最后，渡船另外的地方也有两根长杆，上面有旗子在飘扬。因此，这根长杆有可能不是旗杆。”

“接着，我把这根长杆所有可能的用途都想了个遍，觉得以下这些可能性最大：①可能是装饰物。但所有的渡船，甚至拖船都有这样的长杆，这种假设被否定了。②可能是无线电的终端。同样，所有的船都装有这样的长杆，说明这种可能性很小。况且，无线电终端最好的安装位置是领航室的屋顶，即船最高的位置。③可能用来指明船只的前进方向。”

“为了找到最后一个结论的证据，我发现这根长杆的位置比领航室低，这样领航员很容易就能看见。况且，长杆的顶端比底部要高很多，如果站在领航员的位置来看，那么长杆的顶端必定会出现在船的前面。还有，领航员的位置靠近船的前部，他需要掌握航向。拖船也需要为此而安装一些这样的长杆。这样，与其他假设相比，我更有可能接受这一假设。于是，我得出结论：这根长杆是为了给领航员标示船只前进的方向，以便他正确地把握航向。”

一个基于实验的反思性例子

（3）“我用热的肥皂水洗玻璃杯，然后将杯口朝下把它放在盘子里。玻璃杯杯口的外沿出现了气泡，然后气泡又进入玻璃杯里面。这是为什么呢？出现气泡说明有空气。我注意到空气应该来自杯子里面。我知道是盘子里的肥皂水阻止空气逃出，因此产生了气泡。但为什么空气要离开玻璃杯呢？并没有其他物质进入玻璃杯，迫使空气出来。那肯定是空气膨胀了。气温上升、气压降低或者两者同时发生，空气就会膨胀。玻璃杯从热的肥皂水里拿出来之后，空气还能变热吗？显然不会，因为空气已经进入肥皂水中。如果空气受热是气泡出现的原因，那么说明在把杯子从肥皂水中取出再放入盘子的过程中，有冷空气进入杯中。我多拿了几个杯子来检测这一假设是否正确。有些杯子拿出来时我会摇晃几下，让冷空气进入杯中；有些杯子拿出来时我用手捂住杯口，防止冷空气进入。摇晃了的杯子的外面出现了气泡，而捂住了杯口的杯子的外面没有出现气泡。因此，我的推断肯定是正确的。冷空气进入热杯子后受热膨胀，这样，杯子外沿就会出现气泡。”

“但是，气泡为什么又会进入杯子里面呢？很简单，遇冷收缩。杯子拿出来后会变冷，里面的空气也会变冷。杯子里外的温度差消失后，压力差也就消失了，因此，气泡就会进入杯中。为了确认这一点，当气泡还在玻璃杯外沿的时候，我在玻璃杯上放了一杯冰，虽然气泡仍然往外冒，但很快就反过来，它开始从外面进入杯里。”

三个例子形成了一个系列

我们精心挑选了三个例子，组成一个系列，以便说明由较简单到较复杂的反思形式。第一个例子是每个人在日常生活中都会使用的思维方式，它用到的数据和处理问题的方法都没有超出日常的生活经验。在最后一个例子中，无论是问题本身还是解决问题的模式，都只有经过一定科学训练的人才会提出和采用。第二个例子是两者之间的一个自然过渡。它的材料完全来自日常生活，不是特殊的经验，问题也不是与个人事务直接相关的，而是从其活动中间接产生的，具备一定程度的理论性和无偏见的趣味性。在后面的章节中，我们还会讨论相对实践性的、直接的思维是如何演化为抽象思维的，这里我们只讨论所有思维方式中的共同要素。

反思的五个步骤

通过考察我们可以发现，上面的例子多多少少都展示了逻辑思维的五个步骤：①遇到困难；②确定问题的位置和定义；③联想得出可能的解决办法；④对联想到的事物进行推理；⑤通过进一步观察和实验，肯定或否定之前提出的解决问题的办法，即得出相信或不相信的结论。

1．遇到困难

1．第一步和第二步经常融合在一起。遇到困难多表现为以下两种情况：第一种情况，困难清楚明白，人们立刻就能找到解决问题的办法；第二种情况，问题不明显，人们只是感到一种莫名的不安或吃惊，后来才采取明确的方法，试图找出问题所在。无论这两步合并与否，其中都包含了前面我们在反思中强调的因素，即困惑或问题。

(1) 困难在于手段不能适应目的

在前面所举的第一个例子中，困难在于当时所处的环境与渴望和想要的结果之间存在冲突，想要达到的目标与使用的手段之间存在冲突。具体来说，目的是要准时赴约，而从所在的位置到达约会地点所需的时间与此目的不一致。思维的目标是使二者达成一致。现有的处境不会自行改变，即时间不能倒退，从16号街道到124号街道之间的距离也不会缩短。现在的问题是，如何得到一些干预的措施，在把其运用到较遥远的目标和一定的手段之间时，这些措施能使目标和手段之间达成和谐一致。

(2) 困难在于识别物体的特征

在第二个例子中，困难在于提出的和（暂时）接受的某种信念，即认为长杆是旗杆，与其他一些事实不相符。假设我们用 a、b、c 这三个字母来表示旗杆的特征，用 p、q、r 这三个字母来表示与这些联想相反的特征。当然，这些特征之间本身并不矛盾。但是，当我们试图得出不同的、不一致的结论时，这些特征之间就有可能产生冲突，于是就产生了问题。这里的目标是要发现某一物体，a、b、c 和 p、q、r 可能都是这一物体的适当的特征。而第一个例子的目标是发现某种行为方式，能把一个整体中的现有条件和某一遥远的目标结合起来。解决问题的方法也是这样：发现某些起媒介作用的特征（领航室的位置、长杆的位置、指引航向的需要），我们用 d、g、l、o 这些字母来表示，这些特征可以把原本不相容的特征结合起来。

(3) 困难在于解释意外事件

第三个例子中的观察者接受过培训，熟知自然法则或一致性的理念。他发现杯沿上的气泡有点奇怪，不符合一般的规律。这里的问题是如何用现有的规律来解释这种看起来不正常的现象。解决的方法也是寻找起媒介作用的事物，以把看似不同寻常的气泡运动和众所周知的、我们必须遵循的条件联系起来。

2．上文我们已经提到，前面两个步骤，即感到有矛盾或困难和为了确定问题的特征而进行观察，在某些情况下可能会合二为一。但是，当遭遇异常奇特、不平常或复杂的困难时，人们首先感觉到的是吃惊，是情感的激荡，隐约觉得某些始料不及的事情——一种奇怪、陌生、可笑或令人困惑的事情正在发生。在这种情况下，我们必须仔细观察、认真思索我们面临的问题是什么，或者把问题的特性弄清楚。在很大程度上，有没有这一步是区分恰当的思维方式（或者真正的**批判性**思维）和不受控制的思维方式的标准。如果没有付出足够的努力，对问题进行认真的分析，那么针对这一问题而提出的解决办法多少都会有些随意。想象一下，当一位医生为病人开处方时，如果病人告诉了他一些错误的信息，那么医生的经验马上会告诉他自己病人得的是另一种病。如果医生对这种疾病的联想贸然地占据了其心灵，并使之成为一种可被接受的结论，那么他的这种科学思维方法多少都会有点偷工减料之嫌。作为熟练的从业者，他很大一部分的技术就在于避免首先出现在脑海中的联想先入为主。甚至，要延迟明确的联想的出现，直到对问题、问题的性质进行了彻底的探究。对医生来说，这一过程就是诊断。其实我们在遇到任何新奇的、复杂的情境时，都应该进行类似的审视，避免匆忙、草率地得出结论。批判性思维的本质就是暂时搁置判断，而这种暂时搁置的本质就是在尝试得出解决问题的办法之前，探究和确定问题的性质。这样就可以把纯粹推理转变为检验性推理，把联想性结论转变为证据性结论。

2．界定困难

3．第三个要素是联想。情境中出现的问题或困难会促使人们想起一些不在眼前的、不是由感官直接感知到的事物：当下位置、对地铁或高架列车的认识、钟表指针、旗杆的概念、装饰物、无线电装置、肥皂泡、物体热胀冷缩的规律。①联想是推理中最重要的部分，

3．联想得出解释或可能的解决办法

它涉及从当前事物想到不在眼前的事物。因此，联想多多少少是一种推测，具有一定的风险。因为推理超越了当前事物，它包含着某种跳跃、飞跃，所以，不管我们如何小心谨慎、考虑周全，也不能事先保证其结果是绝对正确的。同时，对联想的控制只能是间接的。一方面，它包括心灵习惯的养成，既要大胆推测，又要小心谨慎地得出结论；另一方面，它包括对联想时感知到的特定事实进行选择和安排。②联想到的结论只要还没有被接受，就只是一种想法或观念。其近义词还有“假定”（supposition）、“推测”（conjecture）、“猜测”（guess）、“假设”（hypothesis）或“理论”（theory，在详尽阐释的情况下）。是否暂时搁置结论，或者在没有得到进一步的证据之前延缓得出结论，这都部分地取决于推测之间是否可以相互印证，是否能够找到解决问题的最佳途径，是否能够得出可能性更大的解释。因此，良好思维的重要因素之一就是培养具有多种选择的联想。

4．对想法进行推理

4．对任何问题产生一种观念时，进一步思考它的意义（或者用更专业的术语——内涵来称谓）的过程，就被称为推理[1]（reasoning）。观念是从既定事实中推导出来的，因此推理过程是从观念中产生出来的。如在第一个例子中，关于高架铁路的观念（idea）逐渐发展成很难找到车站、需要花费较长时间、下车后到约定地点还有一定距离的观念。在第二个例子中，旗杆隐藏的含义有：竖立着的位置、无线电装置、在船更高的位置，还有，每一艘临时的拖船上都没有。当他得出船航行时应该有方向标的观念时，发现这个观念包括了本案例中所有的细节特征。

就像广泛而细致的观察对于确定最初的问题具有重要的意义一样，推理对于提出某种解决方法同样具有重要的作用。进行透彻的

---

[1] 这一术语有时候包括反思的全过程——正如推断（inference）（在检验这个意义上可以最好地作为第三个步骤来保留）有时候也在广泛的意义上使用。但推理（reasoning）或推论（ratiocination）更适合于表达形成某一观念的意义这种“概念的”或“辩证的”（一些老作家这么称呼）过程。

思考能防止人们草率地接受联想的最初形式。在全面考虑假设或猜想的后果后，人们往往会发现，乍看很合理的想法常常是不合适的，甚至是很荒谬的。即使对假设内容的推理不足以摒弃某一假设，也会把观念发展成为与问题更为贴近的某种形式。例如，只有证实船上的长杆是方向指引杆这一假设，才能判断它在船上的特别用途。起初看起来遥不可及、疯狂的联想在经过详尽的阐述之后，经常可以转换成之后被证明是适当的和有效的方法。通过推理而形成某种观念，至少可以提供一种干预或媒介，把存在差异的两个极端联系起来，成为一个连续的整体（参见第60页）。

5.证实想法，形成结论

5.得出结论和总结的步骤，是对假设观念的某种实验性确证或核实。推理表明，如果接受某一观念，那么就会产生一定的后果。到目前为止，所有的结论都是假设的或有条件限制的。如果我们找到了理论所要求的所有条件，如果我们发现与此相对立的其他假设要求的特征都不存在，那么我们必然会倾向于相信、接受这一假设。有时候直接的观察能证实假设，如船上长杆的例子。但在其他时候，如在肥皂泡的事例中，我们需要做实验。也就是说，要特意创造一些与观念或假设的要求相一致的条件，以核实理论上预测的结果在实践中是否会发生。如果实验结果与理论或理性推理的结果一致，而且只有当下的条件才可能产生这样的结果，那么说明这一结果得到了证实，人们可以得出结论——至少在相反的事实要求对其进行修改之前是如此。

从开头到结束的观察过程都在进行思维

观察始终贯穿于整个思维过程：开始时只是为了更准确和简洁地确定需要应对的困难的性质。最后则是为了验证由假设而得出的结论的价值。在观察的这两个点之间，我们会发现完整的思维过程更具有明显的心理性（mental）：①推论，即对解释或解决方法进行联想；②推理，即对联想的内容或内涵进行思考。推理需要一些实验性观察来证实，而实验只有以通过推理暂时得出某种观念为基础，才能更省时省力，也更富有成果。

经过训练的心灵能在特定情境中合理判断每一步的程度

这种逻辑训练的心灵——这是教育过程所追求的目标——能够判断我们在特定情境下应该如何进行这五个步骤。但我们不能制定死板的规则，只能在事情发生的时候，根据它发生的环境及重要程度来决定如何采取行动。在某种情况下考虑过多，就像在另一种情况下考虑不周一样不可取——同样不符合逻辑。存在两种极端的观点：一种观点认为，只要能保证迅速、统一的行动，就可以说这一结论要比任何长期延迟的结论更好；另一种观点认为，结论可以被长期——或许终生——延迟。经过训练的心灵能够很好地把握在特定情况下进行观察、形成观念、进行推理和实验验证的最佳程度，也能够吸取过去的教训，有利于未来的思维。重要的是，心灵应该对问题保持敏感，对解决问题的方式要熟练。

第七章　系统推理：归纳和演绎

一、思维的双向运动

我们认为，典型的思维结果是将孤立的、片断的、分离的事实和条件组织起来，这种组织是通过引入连接环节或中间条件而发挥作用的。由于所呈现出来的事实是进行思维的资料和原材料，它们缺乏连贯性，所以会使人产生困惑并且促使人进行反思。接着就会产生有某种意义的联想，如果这些联想能被证实，那么就能将各种孤立、片断和表面上互不相容的资料连接成一个整体。联想到的意义会提供一个心理的平台，一种理智的观点，使人们由此更谨慎地解释和确认资料，寻求更进一步的观察和用实验的方法建立一些经过改变的条件。

在事实与意义之间来回考虑

因此，所有的思维都包含一个双向运动：从已有的、局部的、混乱的事实资料联想到某种全面的（或包罗万象的）整体情境；然后再从这种联想到的整体，即联想到的某种意义、某种观念，回到特定的事实，从而将这些事实相互联系起来，也与联想注意到的其他事实联系起来。概括地说，这两种运动中的第一种叫归纳，第二种叫演绎。一次完整的思维包括这两种运动，就是说，它包括观察到的（或回忆起来的）特定思考和概括性的、深远的（普遍的）意义之间富有成效的互动。

归纳的和演绎的

然而，思维的这种围绕意义（产生意义的归纳或从意义出发的

匆促与审慎

演绎）的双向运动，可能会以两种方式出现：一种是随意的、非批判性的方式，另一种是审慎的、规范的方式。在任何情况下，思维都意味着在不同经验的沟壑之间架设起联结的桥梁，把原本孤立的事实或行为联结起来。我们可能会草率地从一种考虑跳跃到另一种考虑，我们可能因讨厌焦虑的心态而无视这些沟壑，我们也可能坚持对联结的方式进行仔细的考察。简言之，我们可能乐意接受任何看似合理的联想。或者，我们也可能坚持寻找其他的因素或者新的困难，来检验所提出的结论是否能真正解决问题。后一种方法包括连接项的清晰阐述、原则的陈述，或用逻辑术语来说，使用一个全称命题。如果我们用逻辑术语来表述整个过程，那么原始事实和资料就被转换成推理的前提。最后的信念是得出逻辑的或理性的结论，而不仅仅是事实的终结。

前提与结论的关系的连续性

把孤立的事实联结成一个连贯的单一整体，它的重要性体现在前提和结论之间相互关系的各个阶段：①前提被称为理由、基础、根据，它是结论的基础，为结论提供支撑和支持。②我们可以从前提“追溯”至结论，又可以由结论“回溯”到前提——就像一条河流可以从源头一直回溯到海洋，或者反过来也一样，从海洋也可以追溯到河流的源头。因此，结论源自前提，是从前提中流出或推导出来的。③结论，就如这一词语本身所隐含的那样，是把前提中所陈述的各种因素归结起来，进行总结，使之固定下来。我们说前提“包含”结论，结论也“包含”前提，因而表明我们感觉到它是广泛的、综合的整体。在这一整体中，推理的各个因素紧密相连。[1] 简言之，系统推理指的是，人们发现了新的事实和特征，并让这些事实和特征介入推理过程，从而产生了这样一种认识：以前没有被组织起来的、毫无联系的各种考虑之间，存在互相依赖的确切关系。

这种更系统的思维方式与初级的思维方式极为相似，也是一个

[1] 参见：瓦伊拉蒂（Vailati），《哲学、心理学与科学方法杂志》（*Journal of Philosophy, Psychology, and Scientific Methods*），第5卷，第12期。

双向的运动过程：由事实推出联想或假设，再由联想回溯到事实。两者的区别在于这个过程的每一个阶段都更加自觉。允许联想产生和发展的条件受到了调控。不可以轻率地接受任何看起来很有道理的、能解决问题的观念，而应该有条件地、谨慎地接受每一种观念，并做进一步的探究。这种观念被当作一种“工作假设”来接受，用来指引调查，发现新的事实，而不是作为最后的结论被接受。当我们付出巨大的努力，使思维运动的每一个方面都尽可能正确的时候，这种旨在建构观念的运动就被称为归纳发现（简称归纳）。旨在形成、应用和检验的运动就被称为演绎证明（简称演绎）。 科学的归纳和演绎

归纳是从片断的细节事实（或特殊的）走向某种联结的（普遍的）情境观，而演绎则是从一般出发，再次回归到特殊事实，将这些事实相互联系起来。归纳的运动旨在发现联系的原则；演绎的运动则旨在验证——根据它能否把孤立的事实解释成一种统一的经验，从而对它进行确定、否认或修正。如果我们在进行每一个归纳和推理时都对这些过程进行相互认证，那么我们就是在进行有效的发现或有证据的批判性思维。 特殊和普遍

我们用一个常见的例子来说明归纳和推理之间的一些要点。一个人回到家发现原本整洁的家一片狼藉，东西被扔得到处都是。他的脑海中不自觉地想到的是，这种混乱无序是入室盗窃所致。他没有看到小偷。小偷的存在并不是他观察到的事实，而是他自己的一种想法、一种观念。而且，他的脑海中并没有一个特定的小偷形象。他脑海中出现的是一种关系，涉及小偷的意义，即某种一般的概念。房间里一团糟的状况是他感受到的，也是特殊的、确定的——就是现在这个样子，而小偷是他推测出来的，具有某种一般的状态。因此，他房间的状况是一种事实，是明确的、不需要证明的。而小偷的存在只是用来解释这些事实的某种可能的意义。 一个日常生活中的例子

到目前为止，有一种归纳的倾向是通过特殊的、现有的事实而联想到的。他还可以用同样的归纳方式进行另一种归纳：他想到他 归纳的过程

的孩子很顽皮，也许是他们把东西扔得到处都是。这种竞争性的假设（或有条件的解释原理）使得他没有教条地接受第一种联想。判断被暂时搁置起来，一时还无法得出积极的结论。

演绎的过程

然后演绎的运动便开始了。他会进一步观察，收集新的证据，根据联想到的观念的发展而进行推理：如果家里进来了小偷，那就应该发生诸如家里的贵重物品丢失之类的事情。这里，他是从一般的原则或关系推导出与之相应的特殊情况，但这不仅仅是返回到原本的特殊情况（如果是这样，那就完全没有意义，只会陷入死循环），而是回到了新的细节。不管在当时的情境中能否发现这些细节，都会对这个原则进行检验。这个人打开了存放贵重物品的盒子，有些贵重物品丢失了，有些没有丢。也可能是他自己换了放的地方，然后又忘记了。他的实验并不是一个决定性的检测。这时他想到放在餐具柜里的银器——孩子们不可能拿到这些银器，他自己也不可能心不在焉地把这些银器换个地方放。他打开柜子发现所有的银器都不见了。家里进了小偷的想法得到了证实。他进一步检查家里的门窗，发现有损坏的迹象。家里进了小偷已经是确信无疑了。原本孤立零散的事实联结成了一个连贯的结构。最初（用归纳的方法）联想到的观念，被用来进行假设性的推理，演绎出一些还没有经历过的、新增的特殊情况。如果这种联想是正确的，那就应该具备这些特征或情况。然后，一些新的观察活动表明，理论上提出的这些特殊情况确实存在。通过这个过程，假设得到了强化和证实。思维会在被观察到的事实和假定的观念之间来回运动，直到互相冲突的细节的体验被某一客体的连贯体验取代。否则，整个过程就会作为一项失败的任务而被放弃。

科学是更谨慎的运作过程

科学体现了类似的态度和运作，只是在谨慎、精确和彻底性方面有更高的要求。这种更详尽的解释产生了专业化，即对各种问题进行精确的划分，以及对与每一类问题相关的经验材料进行相应的分离和分类。本章接下来将致力于考察那些发现、发展和验证意义的科学的方法。

二、对归纳过程的引导

引导是间接的

联想形成的控制是间接的，而不是直接的；是有缺陷的，而不是完美的。所有的发现、所有的理解都包含新的想法，都是从已知的、存在的事物推出未知的、不存在的事物，没有什么规则能绝对保证推理的正确性。一个人在某一情境中会产生什么样的联想，取决于他的天性（他的创造力、他的天赋）、他的性情、他的兴趣所在、他的早期成长环境、他过去经验的普遍性质、他所接受的特殊训练、最近持续或生动地在他脑海中萦绕的事情，等等，在某种程度上甚至有赖于当下环境中的偶然因素的结合。这些事情存在于过去或外部环境中，因此是我们无法掌控的。可能出现一种联想，也可能不出现一种联想；出现、发生、涌现出来的可能是这种联想，也可能是那种联想。如果过去的经验和接受的训练使我们形成了耐心的态度和进行质疑的态度，形成了一种暂时搁置判断的能力和一种追根究底的喜好，那么我们就有可能间接地控制联想的过程。个体可以重新审视、修正、重申、扩大和分析使联想得以产生的事实。从技术意义上来说，人们就是要对各种条件进行调节，观察、记忆和对其他证据的接受（提供原始的资料）就是在这些条件下发生的，这就是归纳的方法。

间接调控的方法

现在假定一方面是 A、B、C、D 等事实，另一方面是个体的某些习惯，联想会自动出现。但是，如果人们仔细考察后，A、B、C、D 等事实被重新分解为 A′、B″、R、S，这时就会自动产生某种联想，但这种联想与根据最初形式的事实做出的联想会有很大的不同。列出事实清单、对事实各自不同的特点进行准确而详细的描述、人为地放大原本微弱模糊的部分、人为地弱化过于炫目耀眼而会分散注意力的部分，这些方法可以改变那些使人们的联想能力得到锻炼的事实，从而间接地引导联想推理的形成。

诊断的例子

我们以一位医生诊断的事例为例，来看看他是如何进行归纳解释的。如果这位医生接受过科学的训练，那么他会暂时搁置——推迟——结论，使自己不被一些表面现象误导，避免匆忙地做出判断。一些很明显的症状可能强有力地暗示病人得的是伤寒，但他不会就此得出结论，甚至会避免做出任何带有偏好的结论，直到他大幅度地扩展了数据资料的范围，并使这些数据资料更加细致入微。他不仅会询问病人的感觉及生病前的行为，而且会用各种手工操作（以及用为此目的而制作的仪器）来阐明病人本人都没有意识到的大量事实。如准确记录病人的体温、呼吸和心跳，并且不时地追踪其变化。他的检测从内外两个维度展开：向“外”收集更广范围的数据，向“内”记录审查更多细节。这样，归纳就被推迟了。

总结：科学归纳的定义

简言之，科学归纳意味着所有观察和积累数据的过程都用某种观点来进行调节，以促进具有解释力的观念和理论的形成。所有这些措施都使我们在形成联想或观念的时候，重视选择准确、合适的事实。具体来说，这种选择性的决定包括如下做法：①通过分析，清除那些可能会产生误导的、无关的事实；②通过收集和比较事例，强调重点事实；③通过各种不同的实验而详尽阐释这些数据。

排除无关的意义

1．人们常说，一个人必须学会区分观察到的事实和依据这些事实而做出的判断。从字面意义上来说，这一说法不具可行性。每一个观察到的事物中——如果这一事物是有意义的——都有某种结合。这是意义和我们感觉到的以及外部存在的东西的结合，这样，如果把这些都排除，那么剩下的肯定是毫无意义的东西了。A 说：“我看到了我的哥哥。”但是，“哥哥”这个词语表示的是一种关系，是不能被感官感觉到或者从外部观察到的，它只能是推论出来的。如果 A 满足于下面的说法——“我看到了一个人”，那么分类、理智推理这个因素就变得不那么复杂了，但依然存在。最后，如果 A 想要表达，“不管怎么说，我看到了一个有颜色的物体”，那么，这样说其中的关系虽然变得更模糊和不确定，但还是存在。从理论上来说，“有颜色的物体”有可能只是对神经的一种不同寻常的刺激，而根本不存在任何物体。因此，把被观察的东西和被推论出来的东西区分开来，实际上是一种非常合理的做法。它的重要性在于，人们应该消除或排除那些经验表明最有可能犯错误的推论。当然，这是一个相对的问题。在一般的情境中，我们不会合理地质疑观察到的事实，如“我看到了我的哥哥”。把这种再认进行分解，试图把它回归为更基本的形式，就显得迂腐和愚蠢了。但在另外一些情境中，甚至A是否看到了一个有颜色的物体，或者这种颜色是否应归因于感觉光学装置的刺激作用（如眼睛受到打击之后“看到星星”），或者归因于光线传播的混乱，这倒可能成为一个真正的问题。总而言之，经过科学训练的人都知道，他有可能会匆忙地得出结论。这种轻率部分地归咎于某些习惯，这些习惯使他倾向于把某些意义“解读”为他所处的那种情境。这样一来，他就必须保持警惕，避免由于自己的兴趣、习惯和当前的偏见而做出错误的判断。

下结论的技巧

因此，科学探究的技巧就存在于倾向于排除过度草率地“解读”意义的各种过程之中。这些方法的目的是纯粹“客观地”、没有偏见地使事实资料得到解释。脸颊绯红通常意味着体温升高；脸色苍白表示体温下降。诊所的体温计能自动地记录实际的体温，从而对在某种情境下可能导致错误的习惯性的联想进行检验。各种各样的观察仪器，各种“计”“表”“仪”“镜”在科学探究中都可以发挥重要的作用，可以帮助人们清除由习惯、偏见、兴奋和预期导致的强烈的先入之见，以及由当下流行的理论提供的意义。另外，照相机、留声机、波动曲线记录仪、辐射仪、地震仪、体积描记器，以及类似的仪器可以提供永久的记录，可以被不同的人或同一个人在不同的心态下使用，也就是说，在各种不同的期待和占支配地位的信念影响下使用。这样，纯粹个人的先入之见（由习惯、欲望或最近经验的后效导致的）在很大程度上就可以被消除。在日常语言中，事实是由客观决定的，而不是由主观决定的。人们做出不成熟解释的倾向便以这种方式而受到审查。

收集案例

2．另一种重要的控制方法在于收集案例或例子。如果我怀疑从一车的粮食中抽取少量的粮食，是否可以提供一个很好的例子，或者能否作为判断整车粮食的价值的代表，那么，我就可以从车的不同部位多次抽取粮食进行比较。如果它们的质量一致，那当然很好；如果它们的质量不一，那我们就尝试抽取足够多的样本。这样，当把它们彻底混合在一起时，就可以相对公平地评估整车粮食的价值。这个例子大体能说明归纳的方法在进行科学控制方面的价值。这种归纳法坚持累积的观察，而不是把结论建立在一个或少数几个案例的基础之上。

这一方法并不是归纳的全部

归纳法的这个方面非常突出，因此人们经常认为这就是归纳的全部。他们假设所有的归纳推理都是以收集和比较许多类似的案例为基础。事实上，在单个案例中，这种比较和收集只是保证获得正确结论过程中的一个次要的发展阶段。一个人从单个的粮食样本中，推论出整车小麦的等级，这是归纳，而且在有些情况下还是一种很好的归纳。运用其他例子只是为了使这种归纳更加有保证，以及更有可能是正确的。在我们已经引用的事例中（参见第68页），尽管只考察了一个单一的案例，但是得出有小偷这种观念的推理，也同样是归纳。使小偷的一般意义（或关系）得以确立的那些特定事件，就是一些不相似的事项和性质的总和，它们构成了一个被考察的案例。如果这个案例非常含混不清，存在很多解释上的困难，那就可能要考察多个类似的案例。但这种比较不会使归纳成为一个不具有以前那种性质的过程。比较只是使归纳变得更加谨慎和恰当。考虑多个案例的目的是为了促进对证据特征或有意义特征的选择，某个单一案例中的推理就建立在这些特征的基础上。

差异和相似一样重要

因此，在要考察的案例中，不相似点和相似点同样重要。如果没有对比，那么比较就没有任何逻辑上的意义。其他被观察到的或想到的例子，只是在一定程度上对现在这个例子的重复，对推理的目的来说，这样做并不比我们用一个原初的事实就确定结论更好。在有各种粮食样本的例子中，实际上，那些样本是不相似的，至少在抽出样本的那辆车的那一部分中是这样的，这一点非常重要。要不是为了这种不相似性，这些粮食在质量上的相似性对推理就没有任何帮助。[1] 如果我们努力想要让一个儿童通过观察多粒种子发芽，而调整他关于种子发芽的结论，如果所有这些案例中相互之间的条件都差不多，那么观察多粒种子就没有多大的意义。但是，如果把一粒种子放在沙子里，把一粒种子放在肥土里，把一粒种子放在吸墨水的纸上，而且在每种环境中设置两种条件：一种有水，另一种没有水，那么不相似的因素就倾向于把对得出结论有重要意义的（或“基本的”）因素衬托出来。简言之，除非在条件允许的被观察到的极端事例中，观察者仔细地关注那些不同之处，除非他也像关注相似之处一样，仔细地关注不相似之处，否则，他就无法判定摆在他面前的事实或资料是否具有证据性力量。

例外和反例的重要性

使不相似性呈现出这种重要性的另一种方式，在于科学家对反面案例的强调——对似乎应该与之一致但实际上不一致的案例的强调。反常事物、例外情况是指，在大多数方面与概念或结论相符，但在某些关键方面与此不相符的事物。它们十分重要，很多科学技术手段的设计纯粹是为了发现、记录和记忆这些反例的。达尔文曾说，因为他很容易遗忘那些不利于一般概括的事例，所以他不得不形成一种习惯，不仅要寻找相反的事例，而且要写下他注意到的或想到的任何例外的情况——否则，这些事例几乎肯定会被遗忘。

[1] 根据逻辑学论文中使用的术语，为了具有逻辑的用途，所谓的“一致性方法”（比较）和“差异”（对比）必定是相互伴随的，或者构成一种“联合方法”。

三、条件的实验变化

实验是引入对比因素的典型方法

我们已经对归纳法这个因素进行了深入的探讨，在可行的任何地方这个因素都是最重要的方法。从理论上来说，一个正确的样本实例就可以成为推理的基础，其作用不亚于一千个实例的效果，但这些“正确的”实例不会自发地出现。我们必须寻找它们，甚至不得不“制造”这样的实例。如果我们就像在发现它们时那样来对待它们（不管是一个实例还是多个），那么就会看到，它们包含很多与当前问题无关的东西，而很多相关的因素却模糊不清、隐藏不现。实验的目的是进行建构，按照事先想到的计划，在一个典型的、关键的事例基础上，采取常规的步骤进行建构，其目的是为了解释目前遇到的困境。所有的归纳法（参见第70页）都依赖于对观察和记忆条件的调节；实验只是有可能适用于这些条件的最恰当的调节方式。我们试图做到：观察到的每一种因素，连同其运作的方式和数量，都有可能得到确认。这样构建形成的观察就构成了实验。

实验的三大优点

某些观察只是等待事件发生，或等待某一客体自己呈现出来——不管这些观察的范围有多么宽泛。与之相比，实验观察则有许多明显的优势。实验能克服由以下原因导致的缺陷：①稀有性；②微妙性和细微性（或容易被歪曲）；③事实的死板固定性，正如我们最初体验到它们时那样。杰文斯[1] 在《逻辑学基本教程》（*Elementary Lessons in Logic*）一书中对此均有阐述。

（1）“我们可能必须花费数年或数个世纪来等待偶然遇上我们在实验室中能随时制造出来的事实。如果我们等待自然现象自发地呈现在我们面前供我们观察，那么大多数现在已知的化学物质和很

[1] 威廉姆·斯坦利·杰文斯（William Stanley Jevons，1835—1882），英国著名的经济学家和逻辑学家，边际效用学派创始人之一，数理经济学派早期代表人物。——译者注

多用途广泛的产品可能永远都不会被发现。”

这段引文说明了自然界的一些事实，包括那些很重要的事实，可能是很稀有或很少发生的。文章接着讲到很多现象的微妙之处，这是我们在日常经验中很难发现的。

（2）“毫无疑问，电存在于所有的物质微粒中，它也许无时不在。古人也会在天然磁石、闪电、北极光或在一块摩擦的琥珀上留意到电的运动。但闪电中的电过于强烈和危险，而其他情况下的电又过于微弱，人们很难对电形成正确的理解。只有能从常见的电器或锌电池中取电，并制造强大的电磁体，电磁科学才有可能发展起来。电产生的所有效能几乎都必定在自然中存在，但这些效能模糊不清，很难被观察到。”

杰文斯接着讨论了以下事实：在日常经验的条件下，很多现象以某种固定和统一的方式呈现出来，但只有在各种不同的条件下看到它们，它们才能被理解。

（3）“例如，碳酸只有以气体的形式才能为人所见，它是由碳燃烧产生的。但是，当碳酸被置于极端的压力和寒冷状态下时，它就会凝结成液体，甚至可能变成像雪花一样的固体。很多其他的气体同样也能被液化或固化，因此，我们有理由相信，只要满足温度和气压方面的条件，每一种物质都可以呈现为固态、液态、气态这三种形式。与此相反，若是只自然观察，我们就会认为几乎所有的物质都只有一种固定的形态，而不会从固体转化成液体或者从液体转化成气体。”

人们撰写出卷帙浩繁的著作来详细描述各个学科的研究者们提出的所有方法，以分析和重述日常经验的事实，这样，我们就可以避免反复无常或墨守成规的联想，有可能得到在某一条件（或背景）下以某种形式表现出来的事实，提出一些有深远意义的解释，以取代那些模糊的、有限的解释。但是，这些各不相同的归纳方法都有一个共同的目标：间接调控联想的功能或观念的形成。人们会发现，这些方法主要用来把我们刚才所描述的那三种选择和安排主题的方法归纳为三种类型的结合。

四、对演绎过程的引导

演绎对于引导归纳的价值

在直接讨论这个话题之前，我们必须注意到，归纳的系统调节依赖掌握大量普遍的原则，在考察或建构所出现的那些特殊例子时可以用这些原则来进行演绎推理。如果医生不懂人体生理学的普遍规则，那么他就无法判断在他处理的病例中，哪些东西是有特殊意义的，哪些东西是特别异常的。如果他懂得循环、呼吸和消化的规律，那么他就可以推断出正常情况下应该在某一病例中找到的那些条件。这些考量提供了一条基线，可以由此来测量某一特殊病例中的偏离和异常情况。这样，就可以确认和明确当下问题的性质。我们就不会把注意力浪费在那些醒目但与这个病例无关的事实特征上，而把注意力集中在那些偏离常规、需要做出解释的特征上。弄清了问题其实就相当于回答了问题的一半，也就是说，清楚地理解问题的难点所在，就有可能自行提出解决问题的办法——而对问题模糊和错误的理解，则可能导致艰难的摸索。因此，演绎系统对于以富有成效的形式提出问题非常必要。

“推理出事实”

然而，通过演绎而对假设的起源和发展进行控制，并没有随着对问题的确定而告终。最初呈现出来的观念既不成熟，也不完善。演绎就是对这些观念进行详细阐释，使其意义更完整、更丰富（参见第63页）。医生从一大堆摆在他面前的事实中，挑选出一些现象表明病人得的是伤寒。现在，“伤寒”这个概念就是一个能够提出来的概念。如果是伤寒，那么，无论是在哪里出现了伤寒，都应该有某些结果，有某些特殊的症状。通过在心理上对伤寒这个概念的全部内涵进行回顾，医生就知道应该找出更多的现象。伤寒的发展为他提供了探究、观察和实验的工具。他可以仔细地研究观察：如果这个假设是正确的，那么病人是否会表现出这一病症应该出现的那些特征。演绎的结果就可以形成一个与被观察的结果进行比较的基础。因此，除非有一个能通过理论推理进行详尽解释的原则系统，否则，对某一假设进行验证（或证明）的过程就是不完整的和随意的。

这种推理隐含有系统化的知识

这些考虑指明了据此引导演绎活动的方法。演绎要求有一个类似观念的系统，通过常规或分级的步骤，使这些观念可以互相转化。现在的问题是，我们遇到的情况是否属于伤寒。表面看到的现象与伤寒之间有很大的差异。如果我们能运用某些替代的方法，通过一系列中间阶段（参见第60页），那么就可以轻松消除这种差异。伤寒可能意味着 p，而 p 又意味着 o，o 又意味着 n，n 又意味着 m，而 m 则类似于挑选出来的用来解答问题的、至关重要的资料或事实。

或定义和分类

科学的主要目标之一是，给每一个主题的典型分支提供一套意义和原则，这些意义和原则如此紧密地交织在一起，任何一个原则或意义根据某些确定的条件而隐含着其他的原则和意义，在其他某些条件下又隐含着另一种原则和意义，等等。这样，系统中就可能会有多个等值的替代项，不需要依靠特定的观察，通过推理就可以追溯出任何联想到的原则所导致的深远的后果。定义、一般公式和分类是一些方法，用这些方法可以使意义得到定位和详尽的解释，形成其详细的分支。定义、一般公式和分类本身并不是目的——甚至在初等教育中它们也经常被看作目的——而是促使概念发展成为形式的工具，在将其运用于既定事实时可以得到最好的验证。[1]

演绎的最后控制

演绎的最后检验在于实验观察。由推理得出的阐述可能会使联想到的观念变得丰富、合情合理，但不能确定这种观念的有效性。只有当事实能够被观察到（要么通过收集的方法，要么通过实验的方法）在细节上毫无例外地与演绎的结果高度相符时，我们才有理由相信演绎得出了有效的结论，并接受这种结论。简言之，如果这

[1] 这些过程将在第九章做进一步的讨论。

是一个完整的思维过程，那么它必须自始至终都处在具体观察的领域之中。而且，所有演绎过程最终的教育价值都在于其能否成为一种创造和发展新的经验的有效工具，以及在何种程度上可以成为这种工具。

五、这一讨论的一些教育意义

错误的逻辑理论在教学中的相应表现

前面讨论的逻辑分析的某些要点可以通过对其教育内涵的考虑而得到解决，特别是在某些由错误的分离所导致的教育实践中，每一种教育实践都被认为独立于另一种教育实践之外，是可以自给自足的。

孤立“事实”

1．在一些学校科目中，或者在一些主题中或在某些课堂中，学生被细节淹没。他们的头脑中充斥着互不关联的事实和知识（不管是通过观察和记忆收集的，还是通过道听途说和权威指令而接受的）。人们认为，归纳自始至终就是堆积事实——堆积一些特别分离出来的信息片段。在这里，人们忽略了一个事实：这些信息和知识之所以有教育意义，只是因为它们暗示了某种包含更大情境的观点，所有特殊的事实及对这些事实的解释都涵盖在这种情境中。在初等教育的实物教学和高等教育的实验教学中，科目经常就是这样被处理的，致使学生经常“只见树木，不见森林”。事物及其特质变成了细枝末节的问题，而未提及它们所代表的和包含的更普遍的特征。在实验室中，学生全神贯注于操作过程，对操作活动背后的原因却不管不顾，没有认识到他们提供的这些合适的方法是为了解决某一典型的问题。只有演绎才能呈现和强调事物之间的连贯关系，只有把这些关系阐释清楚，学习才不会仅仅是包罗万象的资料收集。

没有运用推理

2．另外，人们允许心灵匆忙地将一些片断的事实，组成关于整体的模糊的概念，而没有尝试有意识地了解这些事实是怎样作为整体的一部分而联结在一起的。正如我们所说，学生会觉得，历史或地理课的事实是“以某种普遍的方式”而如此这般地联系起来的。

但是，“以某种普遍的方式”在这里也就是“以某种模糊的方式”，并没有清楚地认识到到底是怎样联系起来的。

教育者鼓励学生在特殊事实的基础上，形成某种普遍的观念，要了解概念之间是怎样关联的，但并没有努力使学生探究这个概念，也没有详细解释这个概念，看看其内涵是如何作用于当前问题或类似问题的。归纳推理、猜测都是学生自己形成的。如果碰巧是对的，那么教师会立刻予以肯定；如果是错的，那么教师就会予以否定。如果要对观念进行详细阐述，那也很可能是由教师来完成的。因此，教师承担了学生理智发展的责任。但是完美、完整的思维活动要求一个人在进行联想（或猜测）时，为自己推测出来的这种联想对当下问题的影响负责，也要求他提出的联想至少能表明其应用的途径，并对其中的具体事实做出解释。经常发生这样的情况：当教师认为课堂教学的目的并不仅仅在于测试学生某一项专门技能的表现，或者学生重复从课本或教师等权威那里接受的知识和原则时，教师就会走向对立的极端——在唤起了学生自发的反思（即学生对事情的猜测或观点）之后，他只是简单地对这些观点表示接受或拒绝，然后自己承担起对观点进行详尽阐释的责任。这样，虽然联想和解释的功能被激发起来了，但没有得到指导和训练。归纳被激励起来了，但没有持续到推理（reasoning）完成的阶段。

在其他一些科目和主题中，演绎阶段是被孤立的。人们认为它自身仿佛就是完美的。这种虚假的独立性可能出现在以下两个点中的一个点（或两个点）上，即采取一般理智活动的开始或结束时。

从一开始就孤立演绎

3．第一种错误的常见形式是从一开始就提出定义、规则、一般原则、类别或其他类似的东西。这种方法遭到了教育改革者一致的反对，因此我们没有必要再对它做进一步的阐释，只应指出从逻辑上来说，这种错误是由于人们在还不熟悉特殊事实的前提下，就试图采用演绎的方法而造成的，而恰恰是这些特殊事实激发了对这些概括性的理性工具的需求。遗憾的是，教育改革者有时候做过头了，或者把反对的目标搞错了，导致他激烈反对所有的定义、系统化、对一般原则的使用，而不是客观地指出，如果没有受到熟悉的、具体经验的恰当激励，那么演绎就是无用的、僵化的。

新的观察结果导致演绎的孤立

4．从另一方面来看，在我们没能成功地验证一般推理过程的结果的地方（一般是通过把这些结果应用于新的具体事例之中），就可以看到演绎的分离。演绎法的最后要点在于，把它们用于同化和理解具体的单个事例。谁也无法完全理解普遍原则——不管他能多么恰当地展示某一原则或者重复它——除非他能把这一原则应用于对新情境的掌握，如果这些情境是新的，那么，在表现上就不同于用来达到概括化的那些事例。然而，教科书或教师经常满足于提供一系列多少有点肤浅的例子和例证，而没有要求学生将明确表述出来的原则更多地运用于他自己经验中的事例。如此一来，学生获得的原则就是呆滞的、死板的。

缺乏实验准备

5．现在我们换一个角度来讨论同一个话题：每一个完整的反思探究行为都会为实验做好准备，即通过将联想到的或被接受的原则运用于对新事例的积极建构，为验证这些原则做好准备，其中会有一些新的性质出现。我们的学校只能缓慢地适应科学方法的普遍进步。从科学的角度来看，现已证明，只有使用了某种形式的实验方法，才有可能形成有效的和完整的思维。在高等研究机构、大学和高中，这一原则已经得到了某种认可。但在初等教育中，大多数人仍然认为，小学生自然的观察范围，加上他所接受的见闻，就足以促进其智力的发展。当然，我们不是要以此为名在小学引入实验室，更不是要对这些实验器材进行详细说明。人类的整个科学发展史表明，要想具备思维活动的完整条件，就必须做好充分的准备来实施可以改善物质条件的活动。如果学生只对书本、图画甚至实物做被动的观察，而不能进行主动的操作，那么这些材料就不可能为促进思维活动提供良好的条件。

第八章　判断：对事实的阐释

一、判断的三个要素

良好的判断

对特定事件具有良好判断力的人一定是一个接受过教育和训练的人，而无论他的读写能力是怎样的。如果我们的学校培养出的学生都有这样的心理态度，对他们遇到的各种事务都有良好的判断力，那么，与有的学校培养出的学生只有大量的知识或在某一方面拥有高超的技能相比，前者要比后者更有意义。要知道什么是好的判断，我们首先要了解什么是判断。

判断和推理

很显然，判断和推理之间有着密切的关系。推理的目标是对某一情境做出恰当的判断。推理的过程是由一系列部分的、尝试性的判断构成。那么推理的要素和与它相关的术语是什么呢？通过考察最初使用“判断”（judgment）这个词的操作活动，我们很容易得出它的主要特征。“判断”最初是指对具有法律争端的事件做出权威的决定——即法官的判决。它有三个主要特征：①存在争端，同一客观情境包含相反的观点；②确定并详尽解释这些诉求，对引证的事实进行筛选，以便给诉求提供支持的过程；③最终做出决定或判决，结束争端事件，也成为判定未来案例的规则或原则。

不确定性是判断的前提

1．除非存在什么可疑的事物，否则我们对情境能了如指掌。只要看一眼就能明白，也就是说，此时人们只有理解、知觉、认识，而没有判断。如果事情自始至终都不能确定、难解和模糊不清，有一种不合理的神秘性，那么也不会产生判断。但是，如果事情暗含着模糊、不同的意义、有多种可能的解释，那么这时就会有**某个争议点**，有一些**利害攸关的事实**。疑惑以争端、争议的形式出现，各方都在为得出一个有利于自己的结论而互相争论。交由法官审判的案例清楚、完整地证明了如何解决这种存在多种解释的争端。任何试图通过理智清除情境中的可疑因素的事例都表现出这些相同的特征。当看到远处有一个模糊不清的物体在移动时，我会自问："那是什么？是一阵被风卷起的尘土吗？是一棵树枝摇曳的树吗？还是有人在向我打招呼？"整个情境中的某一事物都会使人联想到所有这些可能的意义。这些意义中可能只有一个是正确的，也可能都不正确，但这件事情肯定有**某种**意义。在这些联想到的可供选择的意义中，到底哪一种理解是正确的呢？我们知觉到的事物实际上意味着什么呢？怎样来解释、判断、评估和处理这一事件呢？每一种判断都源自诸如此类的情境。

通过判断来确定事件

2．在听取争端和审讯时，即对几种可能的申诉进行权衡时，通常会分为两派。在某一具体情境中，一派可能比另一派更为显著。在考虑法律争端时，这两派均一方面仔细筛查证据，另一方面选择可用的规则——它们是案件的"事实"和"法则"。判断通常包括：①确定既定案件中的重要资料（相当于归纳）；②详细阐释由原始资料联想到的概念或意义（相当于演绎）。我们经常会问下面的问题：①在做出某种解释时，情境中的哪些方面具有重要意义？②作为一种解释方法来使用的概念，其完整的含义和影响是什么？这些问题是紧密相关的，对一个问题的回答有助于解答另一个问题。然而，为方便起见，我们分别来进行讨论。

(1) 通过选择事实作为证据

(1) 在每一个实际发生的事件中，有很多细节属于这个事件的一部分，但与当前的问题没有太大的关系。经验的所有部分都展现出来了，其作为标记或证据的价值却远远不同。事件不会标上"这个很重要"或"这个不重要"的特征标签，也不存在强度、生动程度或显著程度等可靠的标准来表示和证明特征的价值。引人注目的事情在特定情境中可能完全没有意义，对理解整个事件极为关键的因素可能很普通，甚至是隐藏的（参见第61页）。而不重要的特征则会起干扰作用，它们看似为事件的解释提供了线索，而真正有意义的特征从表面根本看不出来。因此，需要对涉及感官的情境或事件进行判断，要进行排除、驳回、选择、发现或阐明。在得出最后的结论之前，所有的驳回和选择都是暂时的或有条件的。我们希望或相信所选择的事情，能为解释事件的意义提供线索。但是，如果这些事情并不能使人联想到某个接受和包括它们的情境（参见第66页），那么我们就要重新组织资料，即案例中的事实。我们理智上所说的“案例中的事实”是指那些在得出结论或做出决定时能作为证据使用的事件特征。

选择证据的专业性

对事实的选择、驳回或者对事实的确定并没有固定的规则可循。正如我们所说，它有赖于判断者良好的判断能力、良好的感觉。要想成为一个好的判断者，就要有一种感觉，知道如何从复杂情境的各种特征中，挑选出相对能标示或预示事件价值的因素；知道如何放弃没有价值的事情；知道要排除哪些无关因素；知道要保留哪些有助于获得结果的因素；知道哪些因素是对困境有帮助的线索。[1] 在普通事件中，这种能力被称为技巧、机警、聪明；在更重要的事件中，这种能力被称为洞察力、敏锐。这种能力在一定程度上是一种本能或是与生俱来的，但它也是过去长期积累类似活动的结果。有了这种能力，就可以抓住可作为证据或有意义的事情，而把其他事情放在一边，这就是专家、内行和法官的特点。

直觉判断

穆勒引用了下面这个值得注意的案例，把它作为极其敏锐和精确的一个例子，据此可以形成从情境中找出具有重要意义的因素的能力。“一位苏格兰制造商以高薪从英格兰聘用了一位染工，这位染

[1] 可以与“分析”进行比较。

工以染色技术精湛而闻名，因此制造商希望他能把这一技术传授给其他工人。这位染工来了，但是，他是用手一把一把抓来对原料进行配比的（他使染色很出彩的秘密就在于此），而不是用称重的方法。这位制造商试图让他改变这种手工的方法，而使用相应的称重的方法，这样，就可以确定他这一独特的加工方式的一般原理。但是染工发现自己根本做不到这一点，因此，他无法将这一技术传授给其他工人。经由这种基于个人的染色经验，精湛的染色效果和他用手把握染料的触知觉之间便建立了一种关系。而且，他能在任何特殊的情况下都能凭直觉推断出应该使用的方法，以及由此会产生的效果。”对各种条件的长期思考、对事物的疯狂迷恋、对丰富经验的完全理解，都能够产生这些判断，我们将之称为直觉。这些判断是真正的判断，因为它们建立在理智的选择和评估的基础之上，以解决问题作为控制的标准。是否具有这种能力是行家能手和仅凭脑力、笨拙而不熟练的人之间的差别所在。

这就是判断能力最完美的形式，它从决定性的材料中得出结论。但是，在任何情境中，这种能力都伴有一定的情感；我们经常暂时性地选择某些特征，看看强调它们会导致什么样的结果；我们做出最后选择的意愿被暂时搁置；如果其他特征能产生有助于解决问题的联想，那么我们就会坚决地否定某些因素，或者作为证据的图式把它们放在一个不同的地方。机敏、灵活、好奇是一些基本的性质，武断、固执、偏见、任性、墨守陈规、愤怒和轻率对判断具有毁灭性的打击。

(2) 通过选择恰当的原则来确定事件

（2）对资料的选择当然是为了控制联想到的意义的形成和解释，根据这种意义，资料才能得到解释（参见第63页）。因此，概念的形成和事实的确定是同时发生的。对所用资料的深思熟虑使脑海里涌现出很多可能的意义，可能的意义发展成为对资料有更多具体意义的内涵，被丢弃或者被暂时接受和应用。我们尝试去解决问题的时候，脑海中并非一片空白。我们用某些习得的习惯性的理解方式，用以前形成的各种意义或至少可以引出意义的经验去解决问题。如果在某些情境中某种习惯反应可以直接发挥作用，那么我们很快就能掌握其意义。如果这种习惯受阻，不能轻易地得到应用，那么存在争议的事实的某种可能的意义就会自行表现出来。没有什么严格和固定的规则能确定联想到的意义，就是我们应该追寻的正确的意义。个体自己的好的（或者坏的）判断就是向导。任何观念或原则都不会自动标上“在这个情境中请使用我”这样的标签——就像《爱丽丝梦游仙境》里的魔术蛋糕上刻着“吃我”一样。思考者必须自己做出选择和决定，而且其中总是存在一定的风险。因此，谨慎的思考者总是小心地选择主题，即通过随后的事件对其进行证实或证伪。如果一个人不能明智地判断哪些因素是对复杂或疑难问题的解释，即使他通过努力学习积累了大量的知识，对解决问题也无济于事。因为学习不代表有智慧，拥有知识也不能保证可以做出良好的判断。记忆如同防腐的冷藏室，里面储存着大量将来可用的意义，但判断只是选择和采用适合某种紧急情况的意义——如果没有紧急情况（某些或轻微、或严重的危机），那么就没有判断的必要。即便是用抽象的方法确立的严密而牢固的概念，最初在解释事物时也只是一个候选者。只有在指明黑暗困境的出路、解决难题、协调差异方面比其对手获得更大的成功时，它才能被选择或者被证明是一个有效的观念，适合于解释这种情境。

判断结束于做出决定或提出声明

3．一个判断形成后，它就是决定。这意味着争议中的问题结束（或得出结论）。这种决定不但能解决特定的问题，而且为将来处理类似事件提供了固定的规则或方法。这就像法庭上的判决不但终止了当下的争端事件，而且为将来解决其他事件确立了范例。如果后来的事件没有对这种已经确定的解释提出异议，在其他情境中的那些特征也没有显著差异，致使这种解释不再适用于此类情境，那么就可以形成有利于解释类似情境的推测。判断的原则就是以这种方式逐渐建立起来的。某种解释方式就被重视起来且获得了权威性。简言之，意义被标准化了，它们变成了逻辑的概念（参见第94页）。

二、观念的起源与性质

概念是运用于判断的推测

我们现在讨论与判断有关的观念(idea)[1]。模糊情境中的事件暗示另外的事件才是其意义。如果我们马上接受了这一意义，那么就不存在反思性思维，也不存在真正的判断。这样，思想之流就被武断地截断了。教条式信念，连同与其相伴的全部危险就会发生。但是，如果我们把联想到的意义暂时搁置起来，进行考察和探究，那么真正的判断便会产生。我们停下来思考，不急于（de-fer）得出结论，只是为了使推理（in-fer）更彻底。在这一过程中，我们只是有条件地接受意义——在考察之后才接受意义，这样，意义就变成了观念。也就是说，观念是根据意义是否适于对某一复杂情境做出决定时所暂时持有、形成和应用的意义，是一种判断的工具。

或解释的工具

我们不妨回想一下前文提到的远处有模糊的东西在动的例子。我们不知道那是什么东西，即我们不知道那个模糊的东西有什么意义。一个人挥舞着手臂、一个朋友向我们挥手示意，这些都暗示着某些可能的意义。马上接受其中任何一种意义都会终止判断。但是，如果我们只是把暗示的意义当成一种联想、一种假设、一种可能，那么它就变成了一种观念，具有以下特征：①只是一种联想、一种推测、一种猜想，或者用更学术化的话语来说，我们称之为假设或理论。也就是说，它是一种可能存在的但还不能确定的解释方式。②虽然不能确定，但它具有操作的空间。也就是说，它具有指引探究和考察的空间。如果模糊不清的事物意味着一个朋友在招手，那么，我们通过仔细的观察就应该发现其他一些特征。如果是一个人在赶一头难以驾驭的牛，那我们应该发现另外一些特征。我们不妨看看是否能找到这些特征。如果只是不能确定，那么这种观念就会

[1] “观念”这个术语常被用来指：①纯粹的幻想；②被接受的信念；③判断本身。但是，从逻辑上讲，正如文中所解释的，它是指判断中的某个因素。

使探究无法进行；如果是确定无疑，那么这种观念也会阻止探究；如果是不能确定的可能性，那么这种观念就会为探究问题提供一种立场、一个平台、一种方法。

虚假观念

因此，只有在倾向于解决问题的反思性考察中，作为工具的观念才是真正的观念。假如我们现在的问题是让学生掌握“地球是球体”这个观念。这和把“地球是球体”的知识（作为一个事实）教给学生是不同的。教师可能向学生展示（或让学生回忆）一个圆球或地球仪，然后一遍遍地告诉学生，地球像这个东西一样是圆的。学生日复一日地重复这种说法，直到能把地球的形状和圆球的形状在心中联系起来。但是，他并没有因此而获得“地球是球体”的任何观念。他最多获得的是某一球体的一种形象，并最终通过与他脑海中球体的形象进行类比而得出地球的形状。要掌握“地球是球体”这一观念，学生首先必须意识到在观察到的事实中，有一些令人感到困惑或混乱不清的特征，使他能够联想到“球形”这个观念，作为解释这种现象的一种可能的方法。只有使用解释资料（事实）的方法，使资料有更丰富的意义，球体才会变成一个真正的观念。有时候形象可能很生动，但这并不等于观念；有时候形象可能模糊、转瞬即逝，但如果能激发和引导对事实的观察，明确事实之间的关系，那么它就是一种观念。

观念提供了唯一的替代方法，即“试错法”

符合逻辑的观念就像是为了开锁而配制的钥匙。用一块玻璃把梭子鱼和它平常捕食的小鱼分隔开来——所以你瞧——梭子鱼会不停地用头撞击玻璃，试图吃到食物，直到把自己弄得筋疲力尽，它才会意识到自己是吃不到食物的。动物是通过这种“尝试法”来学习的（如果它们存在学习的话）。它们随机地先做一件事情，再做另一件事情，然后把那些碰巧成功了的事情保存下来。固执愚蠢的人和善于从代价很高的教师——偶然经验那里学习，用观念（亲自尝试过后接受的联想意义）有意识地指导自己的行动，便成为他们唯一的选择。

它们是间接的攻击方法

值得注意的是，很多形容智力的词语都暗含着迂回、委婉的活动这个观念——常常带有某种道德倾向的暗示性。直率、热忱的人在某些方面会直来直往——暗含着愚笨的意思。聪明的人巧妙、精明（不诚实）、狡猾、敏感、灵巧、滑头滑脑、诡计多端——包含一种间接的观念。[1] 观念是一种通过反思来回避、绕过或越过障碍的方法，使人们免受没有理智的力量的攻击。但是，当观念的使用成为一种习惯之后，它所具备的理智性质就可能会失去。儿童在第一次学习认识猫、狗、房子、大理石、树木、鞋子和其他物体时，会有一些犹豫不决的暂时搁置，此时，观念——有意识的、试探性的意义——就会作为认识事物的方法而参与进来。现在，一般来说，事物与事物的意义完全融合在一起，于是就没有了判断，也没有了观念本身，而只有机械的认识。此外，当那些通常可以直接理解的、熟悉的事物出现在不寻常的情境中时，这些事物就成了判断的主题。当我们尝试把它们描绘出来时，它们就以形式、距离、尺寸、方位呈现了出来。在几何学中，当三角形、正方形和圆出现时，人们不会把它们和熟悉的玩具、工具或器具联系起来，而是把它们视为几何学中的问题。

三、分析与综合

通过判断理清事实就是分析

通过判断，混乱的资料会变得明晰起来，看似没有条理和毫无关联的事实得以联系在一起。我们对事物有一种独特的感受，它们可能会给我们留下某种模糊的印象。我们可能会觉得某个东西是圆的（就是说这个东西呈现出我们后来定义为“圆”的某种特征），某种行为是粗鲁的（或者是我们后来把它归入粗鲁的行为），但是，这种性质可能会在对情境的整体评估中丧失、被同化或变得混杂。当我们需要把原情境作为把握另一种情境中复杂或模糊的事物的工具时，我们便会把这种性质抽象或分离出来，使它变成个体化的东西。只是因为我们需要描绘某个新的物体的形状或某个新的行为的道德

[1] 参见：沃德（Ward），《文明的心理因素》（*Psychic Factors of Civilization*），第 153 页。

性质，我们才会把原来经验中的“圆”或“粗鲁”的因素分离出来，使之成为一种不同的特征而凸显出来。如果这样选择出来的因素能使新情境中原本模糊的东西变得明晰，如果它解决了不确定的问题，那么这个因素本身就获得了积极的、确定的意义。我们在下一章还会讨论这个问题，这里我们只讨论它与分析和综合有关的问题。

心理分析不同于物理分析

虽然我们明确地说明，理智分析和物理分析是两种不同的操作活动，但理智分析常常被类比为物理分析，仿佛它是在心理上而不是在空间中把一个整体分解为所有的组成部分。谁也不可能知道在心理上把整体分解成部分的确切含义是什么，因此这个概念就会导致更深层次的观念，认为逻辑分析只是对我们可以想到的性质和关系进行例举和罗列。这种观念对教育的影响非常大。[1] 我们课程表上的所有科目都经历过（或者仍然停留在）所谓的“解剖学”或“形态学”方法的阶段：在这一阶段，理解一门科目便要提出大量有关性质、形式、关系等方面的特征，并为每一个显著的特征命名。在正常的发展过程中，只有当特征有利于解决当前的困境时，这些特征才会被强调，然后被个体化。只有在对某一特定情境进行判断时触及这些特征时，我们才会产生用它们进行分析的动机，也就是说，用它们来强调某一因素或关系是特别重要的。

教育过程中对分析的误解

不成熟的想法的作用

在初等教育的教学中，有意地用公式来表达程序的做法非常普遍，这种做法其实是本末倒置的，如同将车置于马前，将结果置于过程的前面（参见第52页）。在发现过程中和在反思性探究中所使用的方法，不可能等同于得到发现**之后**形成的方法。在真正的推理活动中，心灵一直处于**探求、搜寻、推测和不断的尝试**中。只有得出了结论，这种追寻才会结束。古希腊人曾经辩论过：“怎么可能有学习（探究）呢？因为：我们要么已经知道要寻求什么，因此我们就不会再去学习或探究了；要么我们不知道要寻求什么，因此我们也无法

[1] 因此产生了地理、阅读、写作、绘画、植物、算术等科目中所有那些假的分析方法，这一点我们已经在其他地方讨论过了。（参见第51页）

进行探究。”这一两难困境富有暗示的意义，因为它指向的是真正可供选择的事物：在探究中对怀疑的使用，对暂时性联想的使用，对实验的使用。在得出结论之后，我们要重新思考解决问题过程中的各个步骤，看看哪些是有帮助的，哪些是有害的，哪些是无用的，这有助于我们在将来更迅速、更有效地处理类似的问题。通过这种方式，我们就会逐步形成比较明确的方法（参照第53页关于心理和逻辑的讨论）。

方法形成于明确的表述之前

然而，人们普遍认为，除非学生从一开始就有意识地认识并清楚地表述他在得到结果的过程中使用的逻辑方法，否则他就找不到方法，他的大脑会处于一片混乱和无秩序的状态中。如果他在探究问题的时候有意识地说明某些程序形式（如提纲、主题分析、列出标题和副标题、统一公式等），那么他的思维就得到了维护和强化。事实上，我们必须先形成无意识的逻辑态度和习惯。从逻辑上来说，只有用无意识的、尝试性的方法取得了成果之后，才有可能形成达到目的所需要的、有意识的方法。同时，只有在对某一具体案例中取得成功的方法进行回顾，有利于解释新的、类似的案例时，有意识的方法才是有价值的。过早地坚持要求学生采用明确的准则，反而会阻碍学生以抽象或分析的方法找出最合乎逻辑的个人经验的特征。某种方法的确定性来自多次的重复使用。假定这一点明确了，那么公式化的说明方式自然就会随之出现。教师们发现他们最熟悉的事物都是以明确的方式区分和界定的，因此，我们的课堂便存在这种错误的看法，认为儿童应该从已经明确固定下来的公式开始进行探究。

综合就是通过判断揭示事实的影响或意义

人们认为分析就是把整体分解成部分，因此综合就被认为是将部分合成整体。这种想法使得这一观念变成了另一个普遍的错误。事实上，只要我们试图理解事实对结论的影响或原则对事实的影响，综合就会发生。分析是强调，综合就是评价。分析使被强调的事实或性质的重要意义凸显出来，综合则为被选择的事物提供了背景关系，或者阐明它和所指事物之间的关系。每一个判断，只要它运用洞察力和辨别力，把重要的和不重要的东西区分开来，把无关的和指向某一结论的东西区分开来，就可以说这个判断是分析性的；每一个判断，只要它在头脑中让被选择出来的事实处于一种包容的情境中，就可以说这个判断是综合性的。

分析和综合是相互关联的

因此，教育中标榜为纯粹分析和纯粹综合（他们总是因此而沾沾自喜）的方法与正常的判断活动是互相排斥的。例如，人们曾经讨论过，地理的教学应该是分析性的还是综合性的。综合的方法认为，应该从学生已经熟悉的地球表面那些部分的、有限的部位开始，然后逐渐扩大到邻近地区（县市、国家、陆地，等等），直到形成关于整个地球，甚至包括太阳系在内的观念。分析的方法则认为，应该从自然界的整体开始，从太阳系或地球开始，然后逐渐缩小，分析当下所处的环境。这两种方法根本的概念是物质整体和物质部分。事实上，我们不能认为儿童已经熟悉地球的某一部分，并且这一部分在他心里有明确的对象，以致他立刻就能开始学习。他对地球的认识实际上是模糊不清的，也是不完整的。因此，心智的发展包括对此进行的分析——强调有意义的特征，以便使这些特征清楚地显现出来。况且，学生所处的地方既没有明确、整齐的界限，也不能准确地进行测量。他对所在地形成的经验包括把太阳、月亮和星星视为他所看到的情景中的一部分，包括他到处走动时地平线的变化。也就是说，即使是比较有限的局部经验也包含着深远的因素，致使他的想象也明显超越了他所处的街道或村庄。这已经触及与更大的整体发生联结的关系。但是，他对这些关系的认识是不充分的、模糊的和不正确的。他需要利用已经理解的局部环境的特征，来澄清和扩展局部环境所属的更大的地理环境的概念。与此同时，直到他理解了更大的地理环境，其环境中最普通的特征才会变得清晰明了。分析导致综合，而综合使分析更加完美。当学生逐步认识到广阔复杂的地球在宇宙中的位置的时候，他也会更确切地了解局部环境里各种熟悉的细节的意义。凡是有反思活动出现的地方，就会存在选择性强调和对所选事物的解释两者之间的密切互动。因此，试图把分析和综合相互对立的做法是愚蠢的。

第九章　意义、概念和理解

一、心理生活中意义的地位

我们在对判断的讨论中，已经详细地了解了推理中包含什么，因此，在关于意义的讨论中，我们只是重新回到所有反思的核心功能这一话题。一个事物意味着、预示着、表明或指向另一事物，我们从一开始就认为，这是思维的基本标志（参见第11页）。找出事实具有的意义，即它们原本指的是什么，这是所有发现的目的。找出哪些事实会实现、证实、支持某一既定的意义，这是所有验证的目的。当推理得出令人满意的结论时，我们就达到了意义的目标。判断行为本身涉及意义的发展和意义的应用。简言之，我们在这一章实际上并没有介绍新的主题，只是对迄今已经讨论过的内容做进一步的探讨。在第一部分，我们将考虑意义和理解的对等关系，以及理解的两种类型，即直接理解和间接理解。

意义是关键

1．意义和理解。如果一个人突然进入你的房间，并大声喊"Paper"，那么这其中可能有多种可供选择的理解。如果你不懂英语，那么它就只是一种噪音，是一种可能起作用也可能不起作用的物理刺激物。但这种噪音肯定不是理智活动的对象，它并没有理智价值（参见第18页）。说你不理解它和说它对你没有意义是一样的。如果这声叫喊通常是晨报送来的信号，那么这个声音就有意义了，就具有了理智活动的内容，你就可以理解它了。如果你正在焦急地等待

理解就是要掌握意义

某个重要的文件，那么你可能认为这声叫喊意味着文件到了。如果（第三种情况）你懂英语，但缺少与你的习惯和预期相关的背景关系，那么这个词语是有意义的，只是你不知道在整个事件中指的是什么。于是，你可能会感到困惑，这会激发你去想、去寻找，并对这个表面上没有意义的词语做出某种解释。如果你找到一些事物能解释这一喊声，那么这个词语就有了意义，你也就理解它了。作为有理智的动物，我们可以预先假定所有事物都是有意义的，没有意义是不正常的。因此，如果调查的结果证明，发出喊声的那个人只是想告诉你路边有一张废纸，或者废纸就存在于宇宙空间的某个地方，那么你肯定会认为这个人疯了，或者觉得自己被别人开了一个无聊的玩笑。因此，掌握某种意义，理解、确定某一事物在某一情境中的重要性，它们都是同义的术语，反映了心理生活的紧张。缺少它们就会缺少理智活动的内容，就会出现理智上的混乱或困惑，出现理智上的反常或颠倒——混乱不堪、精神错乱。

知识和意义

因此，所有的知识、所有的科学都试图掌握物体和事件的意义，而且这个过程总是把物体和事件表面的孤立性去除，把它们与由它们所联想到的更大的整体联系起来，然后反过来对它们进行解释、说明，也就是说，使它们具有意义（参见第62页）。假设我们发现了一块纹路很罕见的石头，那么这些纹路是什么意思呢？就物体迫使我们提出这样的问题而言，我们还没有理解它。但就颜色和形状而言，我们知道这是石头，这意味着我们理解了这个物体。正是这种理解与不理解的特别组合激发我们思考。如果探究的结果表明，这些纹路源自冰河时代，那么原本模糊、令人难以理解的特征就变得容易理解了，即体积庞大的冰块在移动的过程中产生的摩擦力使得一块岩石作用于另一块岩石。在一种情境中已经明白易懂的事情可以被转移和应用于另一种陌生和令人困惑的情境，从而使陌生的情境变得平常和熟悉，即得到解释和理解。这个概括的例证表明，我们有效地思考的能力依赖于对大量意义的占有，在需要的时候我们就能运用这些意义。（参见第76页关于演绎的讨论。）

直接理解和间接理解

2．直接理解和间接理解。上面这个例子展现了对两种类型的意义的理解。一个人懂英语的时候，他马上就能理解“paper”的意义。但是，他可能不理解这个词语在整个事件中是什么含义。同样，一个人一看就知道那个物体是石头，这里根本就没有什么秘密的、神秘的、令人感到困惑的事情。但他不理解上面的纹路是什么。这些纹路是有意义的，它的意义是什么呢？在一种情况下，由于我们很熟悉事物，所以在一定程度上事物及其意义是融合在一起的；在另外一种情况下，事物及其意义是分离的（至少暂时是分离的），为了理解事物，我们必须寻找它的意义。在第一种情况中，意义是直接的、即时的和即刻的；在第二种情况中，意义则是迂回的和延迟的。

两种理解方式的互动

大多数语言都有两种词汇来表达这两种不同的理解模式，一种是直接领会或把握意义，另一种是迂回地理解意义，因此希腊语中的*γνῶναι*和*εἰδέναι*、拉丁语中的*noscere*和*scire*、德语中的*kennen*和*wissen*、法语中的*connaitre*和*sacoir*、英语中的*acquainted with*和*to know of or about*都被认为具有相同的意义。[1] 我们的理智生活就是由这两种理解之间的独特互动构成的。所有的判断和反思性推理都预先假设我们的理解有某种缺失，即一部分意义是缺失的。反思的目的是理解所发生事物的全部的、恰当的意义。然而，我们事先必须对事物有**一定的**了解，我们的心灵必须占有某些已经掌握了的意义，否则，思维就无法进行。思维的目的是掌握意义，知识的每一次拓展却使我们意识到很多盲点和难点。如果我们懂得少一些，那么一切似乎都是显而易见和自然而然的。一个进入某一新领域的科学家会发现很多不理解的事物，而土著人或乡下人从不会注意任何

---

[1] 詹姆斯（James），《心理学原理》（*Principles of Psychology*），第 1 卷，第 221 页。“认识”（to know）和“知道”（to know that）或许是一对更简明的同义词。请比较“我认识他”（I know him）和“我知道他已经回家了”（I know that he has gone home），前一句只是表达了一个事实，而后一句可能需要提供证据来证明。

超出事物表面的意义。一些被带到大城市的印地安人在看到大桥、电车、电话等机械化奇迹时无动于衷，在看到工人爬杆去修电路时却很着迷。头脑中意义的储备量的增加，能使我们意识到更多的新问题，而只有把这些新的困惑转变为我们已经熟悉和明白的东西，我们才能理解或解决这些问题。这便是知识的永恒螺旋式运动。

知识的增长节奏

真正的知识的增长部分在于从原本理所当然地认为很明白、显然的事物中发现一些不能理解的东西，部分在于把未经质疑直接得到的意义作为工具，用于理解模糊的、不能确定的和令人困惑的东西。所有熟悉的、明显的、平常的物体都可能在新的情境中出现某种问题，因而引起人们的反思，以便使人能理解它。所有陌生的、奇怪的、遥远的物体或原则都包含熟悉的因素，使我们能在理解（一看就明白，不需要反思）它之前就对它进行深思。我们可能会领会、感知、再认、理解、抓住和掌握原则、规律和抽象的真理，也就是说，以直接的方式理解它们的意义。正如前文所述，理智的进步就在直接理解（专业上称之为领会，*ap*prehension）和间接的、媒介式的理解（专业上称之为领悟，*com*prehension）的有节奏的运动之中。

二、获得意义的过程

熟悉

与直接理解相关的第一个问题是：大量可直接理解的意义是如何建立起来的？为何我们一看到事物就能把它当成情境中有意义的因素，或理所当然地把它看成是有特定意义的？回答这一问题的主要困难在于，我们对熟悉的事物已经了解得十分透彻。对于思维来说，研究一个未曾探讨过的领域要比破除一个如此熟悉以致形成根深蒂固的、无意识的习惯的东西容易得多。我们对椅子、桌子、书本、树木、马、云朵、星星、雨的理解是如此快速而直接，以致我们几乎意识不到当初习得它们时的意义——而这些意义现在已经成为事物本身的一部分。

困惑先于熟悉度

詹姆斯先生有一段话经常被引用，他说："对于婴儿来说，他们的眼睛看到的、耳朵听到的、鼻子闻到的、皮肤接触到的以及内脏感受到的，完全都是嗡嗡作响的混乱一团。"[1] 詹姆斯先生指出婴儿感受到的世界是一个整体。但是，这种描述也适用于使成人感到震惊的任何新事物，只要这件事确实很新奇、很奇怪。俗话说"猫藏在陌生的阁楼里"，所有的一切都是模糊而混乱的，没有惯用的符号可以给事物贴上标签，以把它们彼此区分开来。如果我们不理解外语，那它必然只是一些莫名奇妙的胡言乱语，人们不可能确定这是一组明确的、清楚的、个性化的声音。乡下人走在拥挤的城市街道、新水手首次入海、一位新手在复杂的运动项目中同老手进行比赛等都是例证。没有经验的人第一次进入工厂，工厂的工作对他来说就是没有意义的一片混乱。众所周知，对于到访的外国人来说，另一个种族的所有陌生人看起来都长得差不多。在外人看来，羊群中的羊可能只有大小或颜色的区别，但对牧羊人来说，每一头羊都有各自的特征。对于我们不理解的东西，我们将其特点扩散成模糊不清的东西和任意加以改变的部分。因此，通过事物来获取意义，或者（用另一种方式来说明）形成简单理解事物之习惯的问题，就是将意义的确定性和区别性及意义的一致性或稳定性，引入模糊不清和摇摆不定的东西之中。

使困惑得以澄清

人们主要通过实践活动来获得意义的确定性和一致性（或恒常性）。儿童通过滚动物体知道这个东西是圆的；通过拍打物体知道这个东西具有弹性；通过扔物体知道重量是这个东西的显著因素。但是，人们不是通过感官，而是借助反应——反应性调节，使这些印象变得与众不同，与那些被称为不相似反应的其他特征区分开来。例如，儿童对颜色之间的差别通常反应很迟钝。对成人来说，颜色的差别是如此明显，以至不可能注意不到这些差异，但对儿童来说，要

[1]《心理学原理》(*Principles of Psychology*)，第 1 卷，第 488 页。

想再认和回忆颜色的差别却非常困难。毫无疑问，他们并没有觉得颜色全都相似，而是对造成这些差异的东西没有产生理智上的认识。红色、绿色或蓝色的物体并没有使人引起独特的反应，可以显著地区分颜色之间的特征。然而，慢慢地，某些独具特色的习惯性反应会与特定的事物联系起来。比如，白色变成了牛奶和糖的标志，儿童对此做出的反应是很喜欢；蓝色变成了他喜欢穿的衣服的标志，等等。这些不同的反应有助于把一些颜色的特征从原本与它们混合在一起的其他事物中区分开来。

我们通过功能的使用来做出区分

再举一个例子，我们很容易区分耙子、锄头、铲车和铲子。它们每一个都有与自己的特征相关的用途和功能。然而我们可能很难区分锯齿状的、牙齿状的、卵形的或倒卵形的叶子，或酸类中的“酸性”和“亚酸性”。我们知道它们肯定是有区别的，但区别到底是什么呢？我们知道差别是存在的，但哪些特征是这个事物具备的，哪些特征又是那个事物具备的？一般我们认为事物的形状、颜色、大小及各部分的排列等差别，与我们有可能认为的那种特征和意义的差别没有多少关系，而事物的用途、功能、目的及其各部分之间的差异则与之有更多的关系。误导我们的是这样一个事实：形状、大小、颜色等属性在当下是如此显著，以致我们未能认识到，问题存在于最初获得事物的确定性和显著性的方式。只要我们被动地看待物体，物体就不会从将其包围其中的模糊不清的事物中区分出来。不同音高和强度的声音会给人留下不同的感受，但是，只有我们对它们形成了不同的态度或者做了一些与其特别相关的事情后，我们才能在理智上理解并记住它们之间的模糊差异。

儿童绘画说明了价值的重要性

儿童的绘画为同样的原则进一步提供了例证。对儿童来说，并不存在什么透视法，因为他们的兴趣不在于绘画的表现方式，而在于被表现的事物本身。虽然透视对绘画的表现很重要，但是它不是事物本身的独特用途和价值的一部分。他们画的房子，墙是透明的，因为房间、椅子、床、里面的人都是“房子”这一意义所包含的重要内容。烟囱中总是冒着烟——要不然要烟囱干什么呢？在圣诞节的时候，装礼物的袜子被画得和房子一样大，甚至大到必须把袜子放到房子外面——在任何情况下，正是使用价值的尺度才决定了其性质的尺度。这些图画通过图解的方式让人想起了这些价值，而不是对物体的物理属性或感觉属性的全面记录。在学习绘画表现艺术的时候，大多数人遇到的最主要的困难之一就是，事物的习惯用途及使用的结果与事物的特征如此紧密地结合在一起，以至几乎不可能将它们随意地区分开来。

作为语言符号的声音也是如此

通过声音获得意义，进而形成词语的过程，也是最显著的例子。从中我们可以看出纯粹的感官刺激是如何获得确定性和恒常性的，它们又是如何明确自身含义并相互联系起来，以便得到认可的。语言之所以是一个特别好的例子，是因为有成千上万的词语，它们的意义已经和它们的物理属性完全结合在了一起，人们可以直接理解这些词语。就词语而言，我们很容易认识到通过辛苦努力，就可以逐渐理解词语的意义和其物理属性之间的关系。就物体而言，像椅子、桌子、扣子、树木、石头、山、花等，它们的理智特征和意义与其物理属性的结合本来如此，是被动地强加给我们的，而不是我们通过主动的探索习得的。而且就词语的意义而言，我们很容易看到，正是通过发出声音，注意由此而产生的后果，通过倾听别人发出的声音，并观察伴随声音而采取的活动，某种既定的声音才最终具有稳定的意义。

总结

因此，对意义的认识意味着在面对物体时，我们能够做出明确的反应，这使我们在没有进行反思性思维时，也能够预测某些可能的后果。这种明确的预见可以确定词语的意义，或者将其从模糊的、混乱的状态中抽离出来。这种习惯性的、反复出现的特征使意义变得恒常、稳定、一致，或者使它摆脱波动性和摇摆不定。

三、概念和意义

概念是确定的意义

意义(meaning)是人们熟悉的一个日常用语；概念(conception)、观念 (notion) 则既是日常用语，又是专业术语。严格来说，它们都不涉及任何新的东西。任何意义只要能被充分地个体化，能被直接理解和运用，并以一个词语固定下来，这就是概念或观念。从语言学的角度来说，每一个普通名词都是一个意义的承载者，而专有名词和普通名词前面加上前缀“这个”或“那个”，特指意义得到例证的事物。因此，说思维使用和拓展了概念和观念，只不过是说我们在推理和判断中使用了意义，而且这种使用也纠正和拓展了意义。

什么是标准化

当许多人在谈论一个不在现场的物体时，每个人都相信他们说的是同一个东西。同一个人在不同时间会经常提到同一个物体或同一类物体。这些感觉经验、物理条件、心理状况各不相同，但同样的意义则被保留了下来。我们在使用英磅称重、使用英尺测量物体时，如果英磅可以随意改变物体的重量，英尺可以随意改变物体的长度，那么很明显，我们不能再用它们来称重或测量。如果意义在各种不同的物理环境和个人变化中不能保持某种稳定性和恒常性，那么我们的理智活动就会陷入某种瘫痪的状态。

通过概念确认未知事物

因此，坚持概念的重要性只不过是重复我们已经说过的内容而已。我们现在可以总结一下，比方说，概念或标准的意义是：①识别的工具；②补充的工具；③在系统中定位的工具。假设我们在天空中发现了一个从未见过的光点，除非我们有大量意义可以作为探究和推理的工具使用，否则，光点就只是光点，它仍然是我们感觉到的那个样子。它最多只是刺激了一下我们的视觉神经。假定我们在过去的经验中储存了大量的意义，这个光点就会在心理上借助某些合适的概念而受到刺激。这个光点是一颗小行星、一颗彗星、一个新形成的太阳，还是由于宇宙碰撞和分离造成的星云？所有这些概念都有特定的、区别性的特征，我们可以通过长期探究来仔细寻找这些特征。最终的研究结果是，这个光点得到了确认。我们可以说，这是一颗彗星。通过某种标准的意义，它的特征就得到了确认，获得了一种稳定性。这时就会发生补充。所有已知的关于彗星的属性都会被赋予这个特殊的物体，尽管这些属性在它身上还没有被观察到。过去所有天文学家发现的关于彗星的运行轨迹和结构的知识，都可以用来解释这个光点。最后，"彗星"本身的意义并不是孤立的，它是整个天文知识系统里的一个相关的部分。太阳、行星、卫星、星云、彗星、流星、星尘——所有这些概念都有一定的相互参照性和作用。当光点被确认为一颗彗星时，它就正式成为这个广阔的天文王国中的一员。

补充感知到的事物

也将事物系统化

达尔文在自传中曾经说过这样一件事情。在他年轻的时候，有一天，他告诉地质学家西奇威克（Sidgwick），他在一个烁石坑发现了一种热带的贝类软体动物。西奇威克立刻回答说："那肯定是被人扔到那里的。"达尔文又补充了一句："如果它真的长在那里，那么这对地质学来说将是最大的不幸，因为它将彻底推翻我们所知的关于内陆中部表层沉淀物的一切。因为这些软体动物是属于冰川时期的。"然后达尔文补充说："西奇威克并没有因为在英格兰中部的地表附近，发现热带软体动物这一令人惊奇的事实而感到高兴，当时我感到十分震惊。之前没有任何事情让我彻底地意识到，**科学就存在于按类别分组的事实当中，一般的规律或结论也是由此而得以产生的。**"这个例子（当然它可能发生在任何科学分支）表明，科学的观念使其系统化倾向变得明确清晰，这涉及所有概念的使用。

系统对知识的重要性

四、什么不是概念

概念是一种意义，是用来识别和确定特定事物的一个标准的规则。我们可以把这个观点与一些流行的对其性质的错误理解做个比较。

概念不是空无内容的残留物

1．概念并不是通过忽略那些不一致的东西，只保留那些一致的东西，而从大量不同的确定物体中派生出来的。概念的起源有时跟孩子开始认识很多特别的事物类似，比方说，某些特别的狗：他自己的那条狗叫费多（Fido），邻居的那条狗叫卡洛（Carlo），表姐的那条狗叫特雷（Tray）。面对所有这些不同的狗，他能从中分析出许多不同的属性，比如颜色、大小、形状、腿的数目、毛发的数量和质量、消化器官，等等，然后把所有不同的属性挑出来（如颜色、大小、形状、毛发），保留所有的狗都普遍具有的特征，诸如四足动物、家养等。

而是一种积极的态度

事实上，儿童是从他看到的、听到的和接触到的那只狗开始，认识狗的意义的。他发现，他可以把具有某些行为方式特征的某些预期，从对这个物体的经验中应用到以后的经验中——甚至在这些行为还没有表现出来之前，就可能会对此有所期待。只要有任何线索或刺激出现，只要这个物体为他提供了期待其出现的任何理由，他就会表现出这种预期的态度。因此，儿童会把猫叫成小狗，或者把马叫成大狗。但是，当他发现其他预期的特征和行为方式没有表现出来时，他会被迫把一些特征从狗的意义中排除出去，转而选择和强调另外一些特征（参见第73页）。当他进一步把狗的意义运用到其他狗身上时，“狗”的意义就得到了进一步的确定和完善。他不是从很多现成的物体中抽取出某种共同的意义，而是将以往经验中获得的一切运用于每一种新的经验，以此来帮助其理解。而且，当这种不变的假设和实验的过程被结果证实或反驳时，他的概念就具有了实体性和清晰性。

概念因其应用而具有普遍性

2. 类似地，概念之所以具有普遍性，是因为对它们的使用和应用，而不是因为其成分。一种观念认为，概念起源于某种不可能的分析；另一种观念认为，概念是在对众多个体进行剖析之后，由保留下来的所有相似的因素构成的，这两种观念极为相似。事实上，当我们获得了意义时，它会成为进一步理解的工具，成为理解其他事物的工具。因此，意义是通过拓展来涵盖新事物的。概念的普遍性体现在理解新事物的应用中，而不是其组成部分之中。特征的集合是从数以百万计的客体的共同遗留物——残渣（caput mortuum）中遗留下来的，这只是一种特征的集合，一份清单的聚集，而不是一种普遍的观念。如果一种经验中被强调的某种突出的特征有助于理解其他的经验，那么从应用的角度来说，它就具有一种普遍性。综合不是一种机械的相加，而是把从一个案例中发现的东西运用到其他案例中去。

五、意义的定义和组织

确定和模糊

一个完全没有理解能力的人至少不会产生错误的认识。但是，借助于推理和解释，通过判断事物之间的关系而获得知识的人，经常会产生错误的领悟、错误的理解、错误的认识——把某件事情搞错。产生误解和错误的常见原因是意义的不确定性。由于意义的模糊，我们会错误地理解其他人、其他事物，也会错误地理解我们自己。由于意义不明确，我们会扭曲和滥用意义。有意识地扭曲意义可能就是在胡说八道；错误的意义，如果足够明确，那么就有可能被进一步消除。但是，模糊的意义太不明确，它无法成为分析的对象，也无法为其他信念提供支持。模糊的意义既没法验证，又没法为此承担责任。模糊的意义掩盖了多种不同意义的无意识的混淆，促使一种意义来代替另一种意义，也掩盖了根本没有掌握任何明确的意义这一事实。这是逻辑的原始错误——大多数理智活动产生不良后果的原因所在。我们不可能完全清除不确定性，即使是把不确定性降到一定范围和强度，也需要我们具备真诚和活力。要想使意义变得清楚或明白，它就必须在某种程度上始终是分离的、唯一的、自足的、同质的。对任何由此而个体化的意义来说，其专门的名称就是内涵(intension)。获得这些意义单元(以及在获得时来这样予以说明)的过程就是定义(definition)。“人”“河流”“种子”“诚实”“资本”“最高法院”，这些术语的内涵与其意义之间的关系具有唯一性和独特性。这种意义在这些词语的定义中得到了详细的解释。验证意义是否具有特殊性的方法，便是看它是否能成功地体现一类事物的意义，并与其他种类的事物区分开来，尤其是与那些表达了类似意义的事物区分开来。“河流”的意义（或特征）必须能指称所有的河流，如罗纳河、莱茵河、密西西比河、哈德逊河、沃巴什河，尽管它们的地点、长度、水质均不相同，而且它必须不是指洋流、池塘或小溪。用意义把各种不同的存在物划分或组合在一起，这就构成了概念的外延（extension）。

在抽象的概念上，意义是内涵

在其用途上，它是外延

定义和分类

定义阐明了内涵，分类（或与分类相反的过程）则说明了外延。很明显，内涵和外延、定义和分类是相互关联的。在以前使用的语言中，内涵是指识别特殊事物的一个原则；外延是指被识别和区分出来的一组特殊事物。就外延来说，如果没有指向某个物体或某类物体，那么意义就是完全不存在的或完全不真实的；如果物体没有按照经常暗示和例证的典型意义而被归入某个群体或类别，那么人们就会在理智上把它们当成孤立的、独立的，正如它们在空间上是独立的一样。总之，定义和分类使我们能够掌握意义的个体性或确定性，明确意义所指的那个群体。定义和分类体现了意义的确定性和组织性。任何一类经验的意义，如果能在一定程度上进行这样的澄清，能作为区分相关经验的准则，那么，这类特殊事物就可以成为一门科学了。也就是说，定义和分类是科学的标志，因为它既区别于大量五花八门的无关信息，又不同于那些习惯的做法，即把一致性引入到我们的经验中，但我们并没有意识到它们是怎样操作的。

定义有指示式、说明式和科学式三种类型。其中第一种和第三种在逻辑上具有重要的意义，而第二种是一种干预的步骤，在社交和教学中具有重要的意义。

我们通过辨别来定义

1．指示式。盲人永远都不可能充分理解颜色和红色的意义，而视力正常的人只要看到以这种方式呈现的物体，并把注意力集中在它们的某些特征上，就可以轻松地理解其意义。这种通过唤起对物体的某一态度来界定意义的方法，被称之为指示法或陈述法。所有的感觉属性——声音、味道、颜色，都是指示性的，同样，所有的情绪和道德属性也具有指示性。要理解“诚实”“同情”“仇恨”“恐惧”等词语的意义，个体就需要得到关于它们的第一手经验。这也是教育改革者在反对纯语言和书呆子式的训练时常常诉诸个人经验的原因。不管一个人的知识有多么的丰富，所受的训练有多么的专业，他对新科目的理解或对旧科目中新的内容的理解，都必须通过直接体验这种存在或这种性质的活动来完成。

也通过结合已知的、明确的事物来定义

2．说明式。如果有一定量的直接选定的或指示选定的意义储备，那么语言就变成了一种资源。我们可以利用这种资源建立意义之间富有想象的结合和变化。某种颜色可以被定义为一种从来没有人体验过的、介于绿色和蓝色之间的颜色。如果给老虎下定义（也就是，使老虎的概念更加明确），那么可以选择一些已知的猫科动物的属性，并且把这些属性与其他对象身上的大小和重量等属性结合起来。举例法就具有说明式定义的性质，词典里给出的解释也具有这种性质。通过选择更为熟知的意义并把这些意义结合起来，一个人就可以随意支配已经获得的、存在于他所生活的社群中的意义了。但这些定义本身都是二手的和约定俗成的，因此存在这样一种危险：不是激励人们努力通过个人经验来例证和证明这些定义，而是将其作为权威的替代物让人们接受。

3．科学式。即使把最流行的定义用作识别和区分个体的准则，

也通过探索产生的方式

这些识别和分类的目的也主要是实用的和社交的，而不是理论上的。把鲸鱼当成鱼并不会影响捕鲸者成功地捕鲸，也不会影响人们对鲸鱼的识别。在看到鲸鱼时，不把它当成鱼，而是当成哺乳动物，这样不仅可以满足实用的目的，而且可以为科学识别和分类提供更有价值的原理。流行的定义往往选择某些显著的特征作为归类的关键。科学的定义则将因果关系、产生和起源的条件作为特征材料。流行的定义所使用的特征并不能帮助我们理解为什么某种物体具有其共同的意义和属性，它们只是简单地陈述了物体具有意义和属性这一事实。因果和起源的定义确立了建构物体的方式，认为这是它之所以成为某类物体的关键，因而可以解释它为什么具有这一类别的特征或共同的特征。

因果性定义和描述性定义的对比

如果问一个有丰富实践经验的门外汉什么是金属，那么他可能会根据以下有用的属性来作答：①可以用来识别任一特定的金属；②可以在艺术中使用。在他的定义中金属很可能具有平滑、坚硬、有光泽、密度大等特征，因为我们在看到或接触到特定事物时就能识别这些特征。在他的定义中金属也可能包括可以被锤打、被拉伸而不会断裂、因受热而变软、因受冷而变硬、保持原有的形状和形式、抗压、抗腐蚀等使用方面的特性——不管他有没有使用“可塑性”或“可锻造性”等术语。而科学的定义除了使用这类特征之外，还依靠另一种基础来确定意义。现在给金属做出的科学定义是这样的：金属是任何化学元素与氧结合形成的盐基，即化学元素与酸结合形成一种盐的复合物。这一科学定义不是以直接感知到的属性为基础，也不是以直接可用的性质为基础，而是以某些事物与其他事物形成因果关系的方式为基础，也就是说，它表示的是一种关系。在构成其他物质的过程中，化学概念越来越多地表达了相互作用关系的概念；物理概念越来越多地表达了运作关系；数学概念表达的是依赖的功能和分类的顺序；生物学概念表达的是通过适应各种不同环境而产生的物种分化关系，还有其他通过科学领域而实现的关系。简言之，

科学是最完美的知识形态，因为它使用的是因果性定义

我们的概念可以获得最大限度的明确的个体性和概括性，在一定程度上显示了事物之间是如何相互依赖和相互影响的，而不是表明事物具有的稳定性质。科学概念系统的完美形式应是：任何事实和意义之间都可以连续、自由、灵活地相互转化。这取决于我们在多大程度上把握事物在连续变化的过程中的动态联结——这一原则可以说明人们对发展或成长方式的深刻洞见。

第十章 具体思维和抽象思维

关于具体和抽象的错误观念

学校要求教师牢记的准则“从具体到抽象”，尽管我们都耳熟能详，但未必真正理解其含义。阅读过和听说过这句话的人很少对“具体”这个出发点有清晰的概念，也很少对“抽象”这个目标的性质有清晰的概念，对从具体到抽象的路径的性质也没有清楚的了解。有时候，人们会对这一说法产生误解，认为它的意思是：教育应该从具体事物开始，逐渐发展到抽象的思想——好像任何不涉及思维的事物都具有教育的意义。如果这样理解，那么这个准则鼓励的是机械的程序或感觉上的刺激，它位于教育标准的低端，而把学术的和非应用性的学习看成教育标准的高端。

在正常情况下，所有探究事物的行为，甚至儿童对事物的探究都充满了推理。事物被它们自身所唤起的许多暗示掩盖，作为对解释的挑战或者作为证实某种信念的证据，事物都具有重要的意义。没有思想参与的教学和没有以感知觉为基础的判断，都是极不自然的现象。如果我们想要获得的抽象意味着把思想和事物分离开，那么我们的目标就会变成一种空洞的形式，因为有效的思想或多或少都会直接指向事物。

又是直接理解和间接理解

然而，如果这个原则得到了人们的理解和补充，那么它在说明逻辑能力的发展脉络方面就具有了某种意义。这一意义是什么呢？“具体”表明了一种和其他意义明确区分开来的意义，这样，通过自身就可以很容易地理解其意义。当我们听到“书桌”“椅子”“炉子”“外衣”这些词语时，我们不必思考就知道这些词语的意思。这些词语传达意义的方法如此直接，因此我们没有必要费力地进行转换。然而，要想把握某些术语和事物的意义，我们首先需要唤起头脑中其他更熟悉的事物，然后把这些熟悉的事物与我们还不理解的事物联系起来。大体上说，前一种意义是具体的，后一种意义是抽象的。

熟悉的东西对我们来说就是具体的

对于擅长物理和化学的人来说，“原子”和“分子”的概念是相当具体的。他们经常使用这些概念，因此不需要耗费任何脑力就能理解其含义。但是，对于外行和科学的初学者来说，他们必须首先使自己回想起已经非常熟悉的事物，然后进行一段缓慢的转换过程。如果熟悉的事物和把熟悉的事物转变为陌生事物的过程出错，那么，好不容易获得的关于“原子”“分子”这些术语的意义也会很容易丢失。任何专业术语都可以例证这种差异：代数中的“系数”和“指数”，几何学中的“三角形”和“正方形”，都与流行的意义不同；政治经济学中使用的“资本”和“价值”，等等。

实用的事物是我们所熟悉的

以上所说的这种差异只是纯粹与个体理智发展的过程相关。在某一个发展阶段抽象的东西，在另一个发展阶段就是具体的了。或者相反，在一个发展阶段具体的东西，在另一个发展阶段反而变得抽象，因为正如人们所发现的，一些原本非常熟悉的事物包含了陌生的因素和没有解决的问题。然而，有一个普遍的划分界限，可以总体上确定哪些事物应归入熟悉的领域，哪些事物应归入不熟悉的领域，这一界限以某种比较稳定的方式把具体和抽象区分开来。这些界限主要是由实践生活的需要决定的。像木棍和石头、肉和土豆、房屋和树木等事物都是我们生活环境中最常见的。为了生存，我们必须考虑这些事物，很快就能学会这些事物的重要意义，并和事物不可分割地联系起来。当我们必须频繁地与某一事物打交道，其中的某些陌生的和出人意料的因素都被消除时，我们就熟悉了该事物（或者说该事物就成为我们熟悉的东西）。社会交流的必要性使得成人对“税收”“选举”“工资”“法律”等术语很熟悉，并对其产生具体的理解。我个人并没有直接领会其意义的事物，例如厨师、木匠或纺织工人等使用的工具，因为它们与我们通常的社会生活有直接的关系，所以也会被我毫不犹豫地划入具体的范围。

理论的或严格意义上需用智力的事物就是抽象的

相对而言，抽象的就是理论的，或者说，与实践的联系不是很紧密。抽象思考者（有时候被称为纯科学研究者）会有意地从生活的应用中抽离出来，也就是说，他不考虑实际用途。然而，这只是一种消极的说法。如果完全排除了实用，那还剩下什么呢？很显然，只有那些必须与认知相关的东西，才会被视为目的本身。很多科学概念之所以是抽象的，不仅因为如果不通过长期的科学方面的学习（艺术领域中的技术问题也同样如此），那么人们就无法理解这些概念，而且因为构建其意义的全部内容，只是为了达到促使人们进一步获取知识、进行探究和思考这一纯粹的目的。当思维是用来达到某种超越其自身的目的、获得好处或价值的手段时，它就是具体的；当思维只是用来进行更深入的思考时，它就是抽象的。对一个理论工作者来说，观念之所以是恰当的、自足的，是因为它与思想有着密切的联系，而且鼓励思想的形成；对于医生、工程师、艺术家、商人和政治家来说，只有当他们把观念应用于生活的某一领域并带来某些利益——健康、财富、美丽、善良、成功或其他你想要的东西——的时候，观念才是完整的。

对理论的轻视

对于生活在日常环境中的绝大多数人来说，实际生活中的需求即便不是非常紧迫的，也几乎是强制性的。他们主要考虑的是对生活中的事情做出恰当的行为。任何只在思维或理论上有意义的东西都是苍白的和遥远的——几乎就是虚假的。因此，务实的、成功的实践者经常对“纯粹的理论家”不屑一顾。他认为有些事情在理论上可能完美无缺，但在实践中则毫无用处。一般来说，实践者经常以蔑视的态度使用“抽象的”“理论的”“理智的”这些术语，与使用“聪明的”一词有所不同。

当然，这种态度在一定情境下是合理的。正如常识和实践意义

但理论具有高度的实践性

上人们所认识到的那样，对理论的轻视并非在任何情境下都是正确的。即使从常识的角度来看，这种说法也“太实用”了，因为人们太注重直接的、现时的实践意义，以致没有远见或者鼠目寸光。这个问题是一个限度问题、程度问题和调节问题，而不是一个绝对独立的问题。真正注重实践的人会让其心灵自由思考某一个主题，而不会为了获益而过于仔细地询问每一个要点。完全专注于实用的问题会使人的视野变得十分狭窄，从长远来看，这样做会使人走向自我毁灭。因此，思想过度囿于实用问题是得不偿失的。行动的力量要求我们的视野有一定的广度和想象力。为了摆脱常规和惯例的束缚，人至少要对为思维而思维产生足够的兴趣。因此，对于知识本身的兴趣，对于为使思想自由发挥而思维的兴趣，是把人们从实践生活中解放出来的必要条件——它使实践生活变得更加丰富和进步。

我们现在回到从具体到抽象的教育格言。

从具体开始意味着从实际操作开始

1.“具体”表示把思维运用到实践性的问题中，以便有效地处理实践中遇到的困难，因此，“从具体开始”意味着我们从一开始就应该多做，特别是在那些非常规和非机械类的工作中，更要多“做”，因而需要对手段和材料进行明智的选择和适应。当我们只是增加感觉或积累实物时，我们并没有“遵循自然的规律”。对数字的教学不会仅仅因为使用了夹板、豆子或圆点就是具体的。如果学生能清楚地感知数字的使用和数字之间的关系，那么即使只是使用了数字，数字这个观念也是具体的。在某一时刻最好使用什么符号——无论是积木、线条还是数字——完全是一件根据具体情境来调节的事情。如果在数学、地理或其他教学中，使用实物并不能使学生掌握实物之外的意义，那么使用实物的教学跟教师把现成的定义和规则一点一点地教给学生一样都是抽象的，因为这种教学只是使学生对实物本身感到兴奋，分散了学生对概念的注意力。

具体思维与脱离感官思维的混淆

有一种观念认为，只要我们用感官去感知某些特定物体，就可以对某些观念留下印象，这种观念几乎发展成了一种迷信。与之前纯粹使用语言符号的教学方法相比，采用实物教学和感官训练的教学方法具有明显的优势，但是这种优势容易使教育者忽略这个事实：这只是完成了学习的一半。实物和感觉确实能促进儿童的发展，但那只是因为儿童使用这些实物和感觉来掌握自己的身体，并将其运用于活动之中。适当的、持续性的关注和活动，包括对自然材料、工具、各种能力的使用。这种做事方式可以促使儿童思考事物的意义是什么，事物之间是怎样相互联系的，活动目标是怎样实现的。而仅仅被孤立呈现出来的事物就会变得空洞，没有活力。好几十年前，小学教育改革遇到的最大障碍是，人们相信语言符号（包括数字）对儿童的心理训练具有魔力般的效果。而现在，对实物的迷信则成了教育改革的绊脚石。正如经常发生的那样，如果你总想把事情做得更好，那么你永远也做不到最好。

将兴趣转移到智力方面的探究上

2．对活动结果的兴趣、对成功完成活动的兴趣都应逐步转移到对学习物体本身的兴趣中，包括物体的性质、结果、结构、原因和效果，等等。成人在职业生活中很少有时间和精力去学习和研究他们要处理的事物——除非他有必要直接采取行动（参见第39页）。我们应该这样安排儿童的教育活动：活动的直接兴趣和活动结果要求儿童必须关注那些与最初活动有着越来越间接和遥远的关系的事物。做木工或手工的直接兴趣应该有组织地、逐渐地转变为对几何学和机械问题的兴趣。烹饪的兴趣应该发展成为对化学实验和身体成长的生理学、卫生学的兴趣。绘画的兴趣应该转变为对表现手法和美学欣赏的兴趣，等等。这种发展才是格言“从具体发展到抽象”中“到”的含义，它代表了这一过程中动态的和真实的教育因素。

思维活动中的乐趣的发展

3．教育结果，即教育所寻求的抽象，是因理智活动本身而对理智活动感兴趣，因思维本身而对思维感兴趣。长久以来，人们都认为，行为和过程在开始的时候要依附其他事物，然后形成和保留它们自己的价值。因此，思维和知识就是这样发展的：最初依附于超出其自身之外的结果和调节，渐渐地它们吸引了越来越多的注意力，直到它们成为目的本身，而不再是工具。儿童持续而又无拘无束地进行反思性检查和验证，以便确认他们自己感兴趣的事情是否做得成功。由此而产生的思维习惯可能会大量而广泛地增长，最终这种思维习惯本身会变得很重要。

转变的例子

第六章里引用的三个例子体现了从实践到理论的逐步上升的过程。使思想集中在如期赴约上很显然是一个具体的事例。努力弄明白船上某个部位的意义是一种中间状态的例子。对长杆的存在和位置的推理是出于实用的理由，因此，对于建筑师而言，这一问题就是纯粹具象的——只是保持某种行动方式。但对于船上的乘客而言，这就是一个理论问题，需要进行一定的推理。他是否能想出长杆的意义，这对他达到目的并没有任何影响。第三个关于气泡的出现和运动的例子是严格意义上的理论或抽象的事例。这里不需要克服物理上的困难，也不需要调节外在手段以实现目的。一件看似不太正常的事情激发了好奇心——理智上的好奇心。思维只是试图根据公认的原则来解释某种明显的例外情况。

理论知识从来都不是全部目的

（1）我们应该注意到，抽象思维只是教育的**目的之一**，而不是其**全部目的**。对非直接使用的事物进行持续的思考，体现了实践的、直接的思维方式的发展，而不是这种思维方式的替代品。教育的目的并不是破坏思维能力，以便克服障碍，使手段和目的相适应。教育的目的也不是用抽象思维取代具体思维。理论思维并不是比实践思维更高级的思维形式。拥有这两种类型的思维能力的人比只拥有一种思维能力的人水平更高。有些方法在发展抽象理智能力的同时，会弱化实践思维或具体思维的习惯。另外一些方法则在培养计划、发明、安排、预测能力的同时，不考虑思维的实践后果，从而丧失了思维的乐趣。这两种方法都不能充分实现教育的理想。

大多数小学生并不是性格相似的

（2）教育者应该注意个体之间存在的巨大差异，不应该把一种模式和模型强加给所有人。对于许多人来说（也许是大多数人），执行的倾向，即以行为和成就为目的的思维习惯占据了主要的目标导向，而不仅仅是知道而已。成为工程师、律师、医生、商人的人比成为学者、科学家和哲学家的人要多得多。然而，教育应该努力促使人具备学者、哲学家和科学家的精神，不论他们的专业兴趣和目的有多么突出，但是我们没有理由认为，教育应该假设某一种思维习惯比另一种思维习惯更优秀，并且有意地把实践的思维方式转变为理论的思维方式。我们的学校不正是（正如第44页提到的那样）片面地强调抽象的思维方式，因此对绝大多数学生不公平吗？难道“自由”“仁爱”的教育理念不是由于在实践中过度的专业化，才培育出了技术类的思想家吗？

教育的目标是动态的平衡

教育的目标应该保证这两种思维习惯之间的平衡互动，充分关注个体的先天倾向，不要束缚或削弱个体身上天生拥有的强大力量。不要将个体强烈的、具体的爱好限制在狭小的范围内。应该抓住实践活动中出现的每一个机会，使个体形成对理智问题的好奇心和敏感性。不能依靠暴力来抑制人的自然天性，而要让这种天性得到提升。对于少数对抽象的、纯粹理智的主题感兴趣的人，我们应努力为他们提供运用理念的机会，把象征性的真理运用到社会生活及其目的中去。每个人都拥有这两种能力，如果这两种能力能在发展中保持自由而紧密的互动，那么，每个人的生活都会变得更高效，也会更快乐。

第十一章　经验思维和科学思维

一、经验思维

经验思维依靠过去的习惯

除了科学方法的发展之外，还有很多推理依赖已经形成的习惯，这些习惯是在大量特殊经验的影响下形成的，其本身的安排并非出于逻辑的目的。A 说："明天很可能会下雨。"B 问："你为什么这么认为？"A 回答说："因为日落的时候云层很低。"B 又问："云层低和下雨有什么关系？"A 回答说："我不知道，但一般来说日落的时候出现这种情况就会下雨。"A 根本不理解云层低和下雨之间存在什么关联，他也没有意识到这些事实本身的任何连续性——正如我们通常所说的那样，有任何规律或原理。他只是把这些反复出现的、已经建立联结的事件联系在一起。这样一来，当他看到某一件事发生的时候，就会想到另一件事。一件事可以暗示另一件事，或者一件事与另一件事相关联。一个人可能因为看了晴雨表而相信明天会下雨。但是，如果他对水银柱的高度（或者某一指数升降移动的位置）和气压的变化之间的关系一无所知，也不知道这些是怎样与空气湿度联系在一起的，那么，他相信明天会下雨就是纯粹经验性的。当人类生活在野外，以狩猎、捕鱼或放牧为生时，观察天气变化的迹象或征兆就是一件非常重要的事情。大量与天气相关的谚语和格言就是这样形成的，它构成了传统民间传说的重要内容。但是，只要人们没有理解为什么某些事件是天气变化的迹象，以及这些事件是怎样影响天气的，只要人们对天气的预测和天气的灵活变化完全是以事实的重复发生为依据的，这些对天气变化的信念就完全是经验性的。

在有些情况下经验思维很有效

同样，学识渊博的东方人在完全不理解天体运动的任何规律时，也就是说，对事实本身之间的持续存在并没有形成某种观念时，就学会了准确地预测行星、太阳和月亮的周期位置，学会了预测日食和月食的时间。他们通过多次的观察知道事情会按照这样的方式发生。在近代之前，医学的原理基本上也是经验性的。经验表明，“总体而言”“一般来说”“通常来说”，当出现某种症状时，使用一定的治疗方法就会出现一定的结果。我们对个体（心理学）和群体（社会学）中表现出来的人类本性的理解，在很大程度上仍然是纯粹经验性的。即使是现在经常被奉为经典的理性科学的几何学，刚开始的时候也是埃及人多次测量土地面积之后，累计、记录观察的结果，后来希腊人才慢慢地使其具有了科学的形式。

纯粹经验思维的不足之处是显然易见的。

但它很容易导致错误的信念

1．粗略地说，虽然经验性的结论很多都是正确的，虽然它们对实际生活有很大的帮助，虽然善于预测天气的水手或猎人对天气的预测在一定范围内，比完全依靠科学观察和测验的科学家的预测更准确，虽然经验性的观察和记录确实为科学知识提供了初步的或原始的材料，但是经验性方法无法辨别结论的正确和错误，因而导致了大量错误的信念的出现。其中最常见的谬论之一，用专业名称来说就是后此谬误（post hoc ergo proper hoc），即认为一件事情发生在另一件事情之后，那么后者就是由前者所致。现在，这一谬论已成为得出经验性结论极有活力的原则，即使有时能得出正确的结论——其运气的成分也大于方法的使用。土豆只应在出现新月的时候种植；住在海边的人在涨潮时出生，在潮落时死亡；彗星是危险的预兆；打碎镜子会带来厄运；灵丹妙药可以治疗某种疾病——所有这些以及其他数以千计的类似观念，都是以经验性的巧合和推测为基础的。

而且，除了大量类似的例子重复发生之外，人们还会形成一种期待和相信的习惯。

也使我们无法应付新的情况

2．人们经历过的事件越多，越关注这些事件，就越能证明这些事件之间确实存在一种持久不变的联系。我们很多重要的信念仍然仅仅以此作为保证。没有人能够明确地讲清楚衰老或死亡，即那些从经验上讲所有预期中最为肯定的事件的必然原因。即使最可靠的信念在遇到新情况的时候，也会失去作用。因为它们依赖过去经验的一致性。当更多的经验在很大程度上与过去发生的事件及先前的惯例相悖离的时候，这类信念就变得毫无用处了。经验推理遵循的是习俗所保持的确定规范和惯例，一旦确定的规范消失，推理也就无迹可循了。这个方面十分重要，克利福德（Clifford）就在这里发现了一般技能与科学思维之间的差异，他说："技能使人能应付以前遇到过的相同的情境，而科学思维则使人能应对他以前从未遇到过的不同的情境。"而且，他还进一步把科学思维定义为"旧的经验在新的情境中的应用"。

而且会导致懒惰和傲慢

3．我们还没有了解经验主义方法的有害的特征。它极有可能带来心理惰性、懒惰、不合理的保守主义。它对心理态度的普遍影响甚至比由它导致的某些错误结论的影响更加严重。如果推理主要依据的是从过去经验中观察到的联结关系，那么与通常的顺序不符合的现象和事件都会被忽略，而那些能被成功证实的事件则会被夸大。因为我们的心灵天然地需要一条持续性原则，需要在不相关的事实和原因之间建立某种联系，为了实现这个目的就会人为地创造一些有说服力的理由。为了把缺失的联系补上，就要诉诸一些幻想的和虚构的解释。水管之所以能把水吸上来是因为自然憎恶真空；鸦片之所以使人嗜睡是因为它具有催眠的效果；我们之所以想起过去的事情是因为我们有记忆的官能。在人类知识进步的历史过程中，经验主义的初始阶段充满了各种不折不扣的神话，而经验主义的第二阶段则以"隐藏的本质"和"神秘的力量"为标志。由于其特有的性质，这些“原因”都无法观察，所以对它们的解释价值既不能被进一步的观察或经验证实，也不能因此而予以否认。这样对它们的信赖也就变成了一种纯粹的传统。这些传统会产生信条，经过反复灌输和代代相传，就会成为教条。后来的探究和反思实际上都被无情地扼杀了（参见第23页）。

也会导致教条主义

某些人或某一阶层的人逐渐成为已确立之教条或信条的公认的保卫者和传播者——教育者。对这些信条提出质疑就是对权威提出质疑；接受这些信条就表明对权威的忠诚，证明你是一个好公民。不抵抗、不质疑、顺从，成为主要的理智的美德。表现出新颖、多样的事实和事件或者被忽略，或者被强行剥夺，直到与习惯的信条——“普罗克斯泰斯之床”（Procrustean[1] bed）达成一致。一味地引用各种过时的规则和五花八门的、未加筛选的案例，而忽视了对问题的探究和怀疑，这种心理态度使人不喜欢变化，使人对新事物感到厌恶和反感，而这对社会的进步是致命的打击。所有与已确立的信条不符合的东西都被认为是不合法的，发现新事物的人成为被怀疑的对象，甚至成为被迫害的对象。这样，原本建立在相当广泛的仔细观察的基础之上的信念，变成固定的传统和半神化的教条，被当作权威刻板地接受，并且与那些恰好被权威接受的不切实际的观念混杂在了一起。

---

[1] Procrustes（普罗克斯泰斯）是希腊神话中海神波塞冬的儿子，是一个专门抢劫旅人的巨人。他每次抢劫旅人后，硬要他们适合他设计的一张床的长度——长者截短，短者拉长，使他们痛苦不堪，人称“铁床匪”。后来，希腊著名英雄提修斯在寻父途中遇上了“铁床匪”，击败了这个拦路大盗。提修斯以其人之道还治其人之身，强令身材魁梧的普罗克斯泰斯躺在短床上，一刀砍掉“铁床匪”伸出床外的下半肢，除了这一祸害。因此，Procrustean 就表示“削足适履”“不惜一切代价确保符合某种标准”。——译者注

二、科学方法

科学方法与经验方法是相对的。科学方法通过发现一个单一的综合性事实，来代替彼此分离的事实之间的重复联结或巧合。为了实现这个目的，必须把观察得来的粗糙的原始事实，分解成多个不能直接被感知的、更加微小的过程。

运用科学思维分析当下的案例

如果问一个门外汉，为什么用普通的水泵可以把水从水池里吸上来，他会毫不犹豫地回答："因为水泵有吸力。"他认为吸力是一种和热力或压力一样的力。假如这个人面对以下事实：一个吸水管只能把水吸到大约10米的高度，他很容易找出理由来解释这个难题。他依据的原理是：所有的力强度都不同，并且在到达一定极限后，力就不起作用了。由于海拔高度的不同，水泵吸水的高度也会随之变化。人们要么注意不到这种现象，要么即使注意到了，也会把它当成自然界经常出现的奇特的异象之一而加以忽略。

经验方法的例子——吸力

现在科学家的认识进步了，认为观察到的单一的事实实际上可能很复杂。因此，科学家尝试把"水在管子里上升"这一单独的事实分解为很多更小的事实。他采用的方法是尽可能多地、一个一个地变换条件，观察某一个条件被排除之后会发生什么。变换条件有两种方法。[1] 第一种方法是对经验观察法的拓展。它包括仔细地比较在不同的自然条件下形成的大量观察结果。在不同的海拔高度，水上升的高度不同。当提升的高度大于10米时，即使是在海平面上，水也不能再被吸上来。这些观察结果不再被当成反常现象而被忽略掉，而是会得到特别的重视。其目的是找出发生这种作用的特定条件是什么，没有发生这种作用的特定条件又是什么。然后用这些特定条件来取代粗糙的事实，或者将这些特定条件视为其原理——这

科学方法的例子

依赖于差别

[1] 为了现在的讨论，我们在接下来的两段会重复已经在不同的章节中讨论过的内容。参见第 71 页和第 79 页。

是理解事物的关键所在。

可以创造差别

然而，这种比较不同案例的分析方法有严重的缺陷。除非有一定数量的、多样的案例，否则这种比较就无法进行。即使手头上有不同的案例，它们在某些方面产生的变化、对于理解所讨论的问题是否具有重要的意义，依然是令人怀疑的。这种方法比较被动，而且依赖外在的偶然性事件。因此主动的方法或实验法的优势便在于不依赖外在的偶然性事件。即使是少量的观察，也可能暗示着对问题的某种解释——一个假设或理论。根据这种暗示，科学家就可以**有意识地**改变条件，看看会发生什么。如果经验的观察向他做出暗示，空气对水的压力和水管中水的上升之间可能存在某种关系，是水管中空气压力的消失导致了水的上升，那么科学家就可以有意识地抽出装水容器的空气，并且注意到吸力的消失；或者他可以有意识地增加水面的空气压力，看看会有什么结果。他可以做一系列的实验，计算在海平面及海平面以上不同高度的空气重量，然后根据这些不同的重量作用于一定水量的空气压力，把这些实验结果和通过观察而获得的结果进行比较。**以一定的观念或理论为基础，通过改变条件而进行观察的过程就是实验**。实验是科学推理的主要来源，因为它有助于从粗糙、模糊的整体中挑出有重要意义的因素。

还是分析和综合

因此，实验思维或科学推理就是**分析与综合**相结合的过程，或者，用不太专业的话语来说，就是区分和同化（认同）的过程。真空阀起作用的时候水就会上升，这个粗略的事实被分解或区分为很多独立的变量——有些变量之前可能没有被观察到，甚至没有被想到会与这个事实相关。这些事实中的一个——空气的重量，就被选择性地提取出来，成为解释整个现象的关键因素。这种分解的过程就构成了**分析**。但是，大气及其压力或重量这个事实并非仅限于这一个案例。它是人们熟悉的事实，至少在其他很多事件中我们可以发现它在发挥作用。把大气压力这一不易觉察的、细微的事实，作为解释水泵抽水高度的本质或关键，其实是把这个事实与其他普通的事实同化，使之前孤立存在的很多事实和现象联系起来。这种同化的过程就是综合。而且，大气压力这个事实本身是所有事实——重力或万有引力——中最普遍的一种现象。因此，通常适用于重力事实的结论都可以被用来思考和解释相对罕见的和例外的“水的吸力”这一事例。抽水机就被当作同类事物——如虹吸管、气压计、气球上升以及其他许多初看毫无关系的事物——中的一种。这是科学思维综合或同化阶段的又一个例子。

如果我们现在回过头来探讨科学思维相对于经验思维的优势，那么我们就会发现有以下几点：

降低犯错的可能性

（1）由于大气压力这个详细而又具体的事实，取代了吸力这个粗糙的、完整的却相对杂乱的事实，所以提高了科学方法的可靠性，也增加了确定性因素或证据。吸力这一事实是复杂的，其复杂性归因于它包含很多不可知的和没有详细说明的因素。因此，任何有关这一事实的阐释在一定程度上都带有随意性，而且很有可能会被没有预料到的环境的变化推翻。相比较而言，大气压力这个细微而又详细的事实是一个可以测量的和确定的事实，是一个可以被挑选出来，并且完全有把握掌控的事实。

应付新情况的能力

（2）分析可以说明可靠性的增加，综合可以说明为什么其应对新情况和变化的能力会增强。重力是比大气压力更为普遍的事实，而大气压力又是一个比抽水机的工作原理更为普遍的事实。能够以普遍的和频繁出现的事实取代那些相对罕见的和特殊的事实，实际上就是将表面新颖的和例外的情况还原到符合一般的和熟悉的原则的案例之中，这样一来就可以使它们变得容易解释和预测了。

詹姆斯教授曾说：“如果把热看成一种运动，那么凡是适用于运动的东西也都适用于热。但是，我们有关运动的经验是有关热的经验的一百倍。如果把穿过这个透镜的光线想象成其偏向垂直线的情况，那么你就可以用非常熟悉的线路方向发生改变的特定情况，来代替相对不熟悉的透镜，前面这种情况在我们的日常生活中数不胜数。”[1]

对未来或进步感兴趣

（3）从保守地依赖过去、依赖常规和惯例，转变为相信通过巧妙地调控现有条件就可以有所进步，这种态度的转变当然就是科学的实验方法的反映。经验的方法不可避免地会夸大过去经验的影响，实验的方法则会使将来的可能性明晰可见。经验的方法告诉我们：“在没有足够多的事实之前要一直等待。”实验的方法则告诉我们：“要创造事实。”经验的方法依赖自然偶然呈现给我们的某些情境的结合，而实验的方法则有意地、有目的地努力促使这种结合的发生。通过这种方法，进步的观念就保证了科学的正当性。

自然的力量和逻辑的力量

一般的经验主要受各种事件本身的直接力量和强度的控制。那些鲜明的、突然发生的、喧闹的事情都能吸引人们的注意力，而且会得到明显的评价。而那些模糊的、微弱的和持续出现的事情则往往被忽略，或被认为是不重要的。习惯性的经验倾向于通过考量直接的和即刻的力量来控制思维，而不考虑从长远来说有重要意义的事件。总体而言，没有预测和计划能力的动物必须对当前最紧急的刺激马上做出反应，否则它们将无法生存。当思维能力得到发展之后，这些刺激仍然具有直接的、紧急的、要求立刻处理的性质。但是，思维要求这种直接的刺激服从将来和遥远的事情。那些微弱的和细小的事情可能比那些显眼的和重大的事情要重要得多。后者可能是某种力量本身已经耗尽的标志，而前者则可能预示着包括个体全部发展过程在内的开端。科学思维需要思维者首先从感官刺激和习惯的束缚中解放出来，而且这种解放也是进步的必要条件。

流动的水的例子

我们来看看下面这段引文：“当一个善于思考的人第一次认识到流动的水与人力或动物的力量具有同样的性质时，也就是说，克服惰性和阻力，能使别的物质运动的能力时；当他看到河流，并通过类似的方面联想到动物的力量时，他就会把这种力量作为一种新的成

[1]《心理学》（*Psychology*），第 2 卷，第 342 页。

分添加到原动力的类别之中。而且当环境允许的时候，这种力量就可以代替其他力量。对于熟悉水车和漂流筏的现代人来说，这种相似性是极其明显的。但是，如果我们把自己想象成远古时代的人，那时水给人的印象是强大凶猛、咆哮怒号、不时地毁坏家园，那么我们就很容易推测出，把水的力量等同于动物的肌肉力量，绝不是一件轻而易举就能想到的事情。”[1]

抽象的价值

如果我们把决定个体态度的各种社会习俗和期望，附加到这些明显的感官特征上，那么我们就能够清楚地看到，自由、丰富的联想受制于经验的思考是非常有害的。如果人类想获得解放，以坚持那些最终会给我们带来丰富成果的联想，那就必须具备一定的抽象能力，能有意地避免对某一情境做出习惯性的反应。

包含思维的经验

简言之，对经验（experience）这个术语的解释要么参照经验性的心理态度，要么参照实验性的心理态度。经验并不是一种固化的和封闭的东西，它是充满活力的，因而处于成长之中。当经验被过去、惯例和常规支配的时候，它经常会与理性和思想针锋相对。但是，经验也包括反思性思维，它使我们从感觉、欲望和传统的限制性影响中获得解放。经验也能采纳和吸收所有那些最精准的和最具洞察力的思想发现。确实，教育这项事业可以被界定为经验的解放与扩大。在个体具备可塑性的时候，在他的心理被孤立的经验固化，以致形成不可救药的经验的心理习惯之前，我们就应该对他进行教育。儿童期的态度是天真的、好奇的、实验性的，人类世界和自然世界对儿童来说都是全新的。正确的教育方法应该保持和完善这种态度，使得个体从人类整体的缓慢发展的进程中找到一条捷径，消除由于惰性的常规程序而造成的浪费。

---

[1] 培因（Bain），《感觉与理智》（*The Senses and Intellect*），美国，第三版，1879 年，第 492 页。

第三部分　思维的训练

第十二章　活动和思维训练

在这一章，我们将把已经提出的思考集中在一起并详细地加以论述。在本章前几页的各个段落中，我们关注的是行动与思维的关系问题。我们将遵循人类发展呈现出来的顺序来展开讨论，尽管这种遵循并没有那么严格。

一、活动的早期阶段

1．婴儿的问题决定了他的思维

每当我们看到一个婴儿时都会产生这样的问题：“你认为他在想什么呢？”按理说，这个问题是无法详细回答的，但是，我们必然可以确定一个婴儿最感兴趣的是什么。他的主要问题是要控制自己的身体，使之成为可以确保他充分、有效地适应周围的自然环境和社会环境的工具。婴儿不得不学着去做几乎每一件事情，像看、听、触摸、抓握、保持身体平衡、爬行、走路，等等。与低等动物相比，人类具有更多的本能反应，但是即便如此，人类的本能倾向也并不那么完善。而且，除非这些本能倾向能与理智结合起来，并得到理智的指导，否则大多数本能倾向都将毫无用处。一只刚出壳的小鸡在经过几次尝试之后，就能用嘴啄食并且吃到谷粒，而且它长大之后依然会这样进食。这种行为需要眼睛和头部进行复杂的配合。一个婴儿长到几个月大的时候，甚至都不能确切地抓到他的眼睛看到的东西。他甚至要花费好几个星期的时间来练习手眼协调，在抓握时才不会把手伸得太远，或者伸得太近。虽然儿童不可能真的想要够着月亮，但他确实需要经过大量的实践活动，然后才能判断一个物体是否能被抓到。眼睛一看到刺激物，胳膊就会本能地伸出去做出反应，这种倾向是确切而又快速地够到和抓住物体这种能力的根源。但是，最终掌握这一技能还需要进行观察，需要选择有效的动作，并且根据目的来做出动作。这些有意识的选择和安排操作活动就构成了思维，尽管这只是一种尚未充分发展的思维类型。

掌控身体是一个智力问题

既然掌控身体器官是以后所有发展之必需，那么这些问题就有趣而且十分重要了，解决这些问题也为培养思维能力提供了真正的训练。儿童乐于学习使用其四肢，乐于把看到的东西转换为他能把玩的东西，乐于把听到的声音和看到的东西联系起来，乐于把看到的东西和品尝到的、触摸到的东西联系起来，而且儿童在出生后一年半内（在这段时间内，怎样使用身体这个基本的问题已经被儿童掌握了），其智力水平会有快速的发展。所有这些都足以证明，身体控制能力的发展不仅是一种身体的成就，而且是一种理智的成就。

2．社会适应和社会交往的问题

虽然在最初的几个月里，儿童主要致力于学习使用他的身体，以便使自己以某种舒适的方式来适应物质条件，并且学习熟练且有效地使用物品，然而，社会适应仍然是非常重要的。儿童在与父母、保姆、兄弟和姐妹的联系中，学会了满足饥饿的需求，要求消除不适，想要适宜的光线、颜色、声音，等等的示意方法。他与自然物品的联系是通过人来调节的，因此，他很快就能分辨出人才是所有事物中他必须利用的、最重要的和最有趣的对象。语言是舌头和口唇部位的动作与所听到的声音的精确适应，它是最重要的社会适应的工具。而且，随着语言的发展（通常在第二年），婴儿对活动的适应及其与他人相处的适应就为他的心理生活奠定了基调。当他观察到其他人所做的事情时，当他力图理解并且尝试去做人们鼓励他做的事情时，他可能的活动范围就无限地扩大了。因此，心理生活的整体模式是在一个人出生后的4 ～ 5年内确定下来的。经年累月、几个世纪、几代人的发明创造和计划，已经使成年人的行为和职业获得了发展，儿童便处在这样的环境中。但是，对儿童来说，成年人的活动就是直接的刺激物，这些活动是其自然环境的一部分，它们是自然进行的，而且吸引着儿童的眼睛、耳朵和触觉。当然，他不可能直接通过感觉就能理解活动的意义。但是，它们提供了使他可以做出反应的刺激，这样，他的注意力就集中在那些更高级的材料和问题上了。上一代人的成就形成了可以指导下一代人的活动的刺激，如果没有这一过程，那么人类文明就会如昙花一现。而且，每一代人只能千辛万苦地自己寻找（如果可能的话）走出蛮荒状态的道路。

社会适应引发模仿，但并不是由模仿引起的

模仿是成人的活动提供刺激的手段之一（参见第42页），这些刺激是如此有趣、多变、复杂和新颖，以至会使思维得到快速的发展。但是，单纯的模仿并不会引起思维。如果我们像鹦鹉学舌那样，只是简单地重复他人的外部动作，那么我们就绝对不会进行思维。即使我们掌握了这种重复的动作，我们也无法知道我们所做的事情究竟有什么意义。教育家（以及心理学家）经常假定，重现他人行为的活动只是通过模仿而习得的。但是，一个儿童很少是通过有意识的模仿来学习的。而且，他的模仿是无意识的，也就是说，从儿童的立场来看，这根本不是模仿。别人的话语、姿态、动作、职业与已经很活跃的某种冲动相一致，能够使人联想到某种令人满意的表达方式，某种可以使人获得满足的目的。怀着这样一种目的，此时儿童就会像他注意自然事件一样，去注意其他人，以便获得更多的联想，找到实现这种目的的手段。他会选择他所观察到的手段，对这些手段进行尝试，看看它们是否能成功地达到目的，增强或减弱他对其价值的信念，从而继续选择、安排、适应、检验，直到他能够如愿以偿。旁观者会观察到这种行为和成人的某种行为之间的相似性，并且得出这是通过模仿而习得的结论。实际上这是通过注意、观察、选择、实验和对结果的证实而习得的。正是因为使用了这种方法，才有了理智的训练和教育的结果。在儿童的理智成长中，成人活动的表现之所以发挥了某种重大的作用，是因为这些活动将新的刺激物添加到了自然的刺激物之中。这些新的刺激物更准确地适应了人类的需要，它们更丰富，有更好的组织，在范围上更加复杂，使人能够更灵活地予以适应，并且能够引起新奇的反应。但是，当儿童为了控制自己的身体而被迫进行思维时，他在利用这些刺激物的时候，就要遵循他使用过的同样的方法。

二、游戏、工作和相关的活动形式

游戏表明活动被意义或观念支配

当事物变成了符号，获得了可以代表其他事物的代表性能力时，游戏就从纯粹充满自然乐趣的活动变成包含心理因素在内的一种活动。人们可以看到，一个小女孩把她的洋娃娃摔坏了，她拿着洋娃娃的腿进行各种游戏，比如为它洗刷，把它放在床上并且对它进行爱抚等。要知道她过去一直习惯于拿着整个洋娃娃来玩。此时这个部分就代表整体。她不是对呈现出来的刺激物做出敏感的反应，而是对这个感知客体使人联想到的意义做出反应。所以，儿童可以把石头当作餐桌，把树叶当作盘子，把橡树果当作茶杯。所以，他们摆弄着他们的洋娃娃、火车、积木和其他玩具。在摆弄这些玩具的时候，他们不是生活在自然的事物中，而是生活在由这些事物引起的多种意义的大世界中，其中包括自然的意义和社会的意义。所以，当儿童在玩骑马游戏、开商店游戏、过家家游戏或打电话游戏时，总是使自然呈现的事物附属于他们理想中想要表达的东西。一个有意义的世界、一个概念的储存库（对获得理智的成就如此重要）便是以这种方式被确定和建立起来的。由此，儿童不仅熟悉了种种意义，而且把意义组织起来，以分组的形式进行安排，使之以相互关联的方式保持一致。游戏和故事会不知不觉地相互融合在一起。最富于幻想的儿童游戏都会呈现出相互适切性和各种意义之间的关联性。即使

游戏涉及观念的组织

是“最自由的”游戏，也要遵循某些一致性和统一性的原则。它们都会有一个开端、中间阶段和结尾。在游戏比赛中，顺序规则贯穿于各种精细动作中，并且使它们结合成为一个有机联系的整体。大多数游戏和比赛都包含韵律、竞争和合作，需要对其进行组织。因此，由柏拉图提出、福禄培尔[1]重新论述的学说中均提及，游戏是对婴幼儿后期的儿童进行教育的主要方式，几乎可以说是唯一的方式，这并不是什么神秘的和新奇的发现。

游戏的态度

玩兴（playfulness）是比游戏更值得考虑的重要内容。前者是一种心理态度，后者则是这种态度当下的外部表现。当事物只被看作联想的媒介物时，联想到的事物就会超越这个事物本身。因此，游戏的态度是一种自由的态度。人不一定必然表现出事物的自然特征，也无须关心一个事物是否真的意味着（正如我们所说的那样）它代表的那个事物。当儿童用扫帚玩骑马游戏，用椅子玩开车游戏时，扫帚并不真的代表马，椅子也并不真的代表汽车，这个事实被认为是无关紧要的。因此，为了使游戏的态度不终止于随意的幻想，不终止于沿着现实事物的世界建构一个想象的世界，那就有必要使游戏的态度逐渐转变为一种工作的态度。

工作的态度就是对手段和目的感兴趣

什么是工作？这里所说的工作不仅是一种外部的表现，而且是一种心理态度。它表示这个人不再满足于接受并按照事物暗示的意义去行动，而是要求使意义与事物本身相一致。在自然成长的过程中，儿童发现不负责任的假扮游戏是不合适的。虚构是一种轻而易举就能解决困境的方法，因而无法令人满意。它没有足够的刺激物，以引起令人满意的心理反应。想到这一点时，他就必须把事物所暗示的观念恰如其分地运用到与之相关的事物中去。一辆玩具小车有“真正的”轮子、车的辕杆和车身，很像是一辆“真正的”车，与只是假装认为任何拿到手的东西都是小车相比，玩具小车更能满足心

[1] 福禄培尔（Fredrich Froebel，1782—1852），德国教育家，在教育史上最早把自然哲学中的“进化”概念引入人的生命和教育中。代表作有《人的教育》。——译者注

理的需求。和永远只是假装相信一块平整的石头就是一张餐桌，树叶就是餐盘相比，参与用“真正的”餐盘摆放在“真正的”餐桌上这样的活动，有时会有更多的收获。这时兴趣可能仍然集中在意义上，但事情因为扩展了某种意义而会变得更为重要。这种态度就是游戏的态度。但是，现在意义具有了这样的特点：它必须具体化为真实的事物。

按照字典上的说法，我们不能把这类活动称为工作。但是，这种活动代表把真正的游戏融入工作的过程。因为工作（作为一种心理态度，而不仅仅是一种外部表现）意味着，通过使用适当的材料和器械，对以客观形式表现出来的某种意义（某种联想、目标、目的）的具体化感兴趣。这种态度利用了在自由的游戏中被唤醒和建立起来的意义，但它控制着意义的发展，使它们以与可观察到的事物本身的结构相一致的方式而被应用到事物中去。

因关注过程的结果而关注过程

游戏和工作之间的不同点，或许可以通过将其与较常见的阐明差异的方式做比较而得以澄清。人们通常认为，在游戏活动中，兴趣点就是这种活动本身；而在工作中，兴趣点却是这种活动终止后的结果。因此，游戏是纯粹自由的，而工作是和最终获得的成果联系在一起的。当人们用明确的方式阐明这种差异时，几乎必然会在过程与结果之间、在活动与其所获得的成果之间产生一种错误的、不自然的分离。真正的区别并不在于对活动本身感兴趣，还是对该活动的外部结果感兴趣，而在于以下两种兴趣：一种是对处在不断变动中的某种活动感兴趣，另一种是对为了达到高潮，获得某种成果，因而需要某种持续性的线索，将各个阶段联系在一起的活动感兴趣。这两者可能同样例证了对某种活动“本身”感兴趣。但是，在一种情况下，人们感兴趣的活动多少都有点偶然性，是环境中的偶发事件所致和一时的心血来潮，或者只是口头上说说而已；而在另一种情况下，这种活动因指向某处，意味着某件事情而具有丰富的意义。

把游戏和工作截然分开的后果

假如游戏与工作态度之间虚假的关系理论，没有与令人遗憾的学校教育活动联系在一起，坚持更真实的观点就可能是一种毫无必要的提炼。但是，令人遗憾的是，在幼儿园和小学各年级中把游戏和工作截然分开的现象非常流行，这就证明了进行理论上的区分对实践是有影响的。在“游戏”的名义之下，幼儿园被弄得过分象征性、幻想性、感情化和任意性；而在与前者相对立的“工作”的名义下，小学则包含着许多外部指派的任务。前者没有目的，而后者的目的又太遥远，以至只有教育者才能认识到这种目的，孩子则无法理解。

儿童到了一定时期，必须扩展他们对现存事物的熟悉性，并且形成准确的认识；必须足够明确地对目的和后果进行设想，以便以此来指导他们的行动；必须获得某种技巧来选择和安排各种方法，以便实现这些目的。上述这些因素在较早的游戏期就应被逐渐引入，否则到后来突然地、任意地引入这些因素，对儿童的早期和后期阶段都会造成明显不利的影响。

想象和功用的错误观念

游戏与工作的尖锐对立，通常与功用和想象这些错误的观念联系在一起。关于家人和邻居感兴趣的事物的活动，因为只有功利性而受到人们的轻视。让儿童清洗餐盘、摆放餐桌、参与做饭、裁剪和缝补洋娃娃的衣服、制作一些可以存放“真正物品”的小盒子、用锤子和钉子自制玩具，这些活动可以（据说是如此）排除那种审美的和赞赏的因素，消除想象的作用，使儿童的发展从属于对材料和实际活动的关注。然而让儿童象征性地再现鸟和其他动物的关系，父亲、母亲和孩子的家庭关系，工人和商人的关系，骑士、士兵和地方行政官员的关系，可以（据说是如此）使心灵得到自由的锻炼，使伟大的道德和理智价值得到自由的锻炼。有人甚至这样说，如果让儿童在幼儿园种下种子并且照料成长中的植物，那么就有点太物质和功利了。而像做游戏似的再现种植、栽培、收割等活动，要么没有物质材料，要么只有一些象征性的类似物品，这对培养想象力和审美能力具有重要的教育意义。玩具娃娃、汽车、轮船和火车被严格地禁止使用，却向儿童推荐立方体、球和其他代表这些社会活动的象征物。越是不适合于想象这个目的的物体，比如，用立方体代表小船，就越认为其发展想象力的可能性更大。

这种思维方式中有很多的谬误。

想象是连接非真实事物和真实事物的中介

（1）健康的想象应对的不是非真实的事物，而是使联想到的事物在心理上得到实现。进行想象练习并不是在纯粹的幻想和空想中任意驰骋，而是一种用来扩展和充实真实事物的方法。对儿童来说，发生在他身边的各种家庭活动，并不是用来实现物质目的的功利性手段。这些活动为儿童展示了一个奇妙的世界——一个充满神秘和希望的世界，儿童还无法理解其深奥之处，成人所做的所有活动都让儿童感到羡慕不已。在这个世界上，成人如果发现其职责都是些日常事务，可能会感到十分单调乏味，但对孩子来说，它充满了社会意义。参与这种活动就是用想象来建构一种具有更大价值的经验，这种经验比儿童已经掌握的任何经验的价值都要大。

只有体验过的东西才能象征化

(2)儿童的反应主要是身体反应和感觉反应，但教育工作者有时候会认为，儿童是对某种伟大的道德或精神真理做出反应。儿童有很强的戏剧模仿能力，他们的身体姿态（对于具备某种哲学理论的成年人来说）似乎表明，他们对骑士精神、奉献精神或崇高品质的某种典范非常欣赏，而儿童本身只不过专注于短暂的身体兴奋。要在儿童的实际经验范围，把伟大的真理象征化，这是不可能的事情，而尝试这样去做也只不过是引起儿童喜悦的、短暂的刺激。

有用的工作不一定是必需的劳动

（3）在教育中反对游戏的人，必然把游戏想象为单纯的娱乐，而对直接和有用的活动持反对态度的人，则把工作和劳动混为一谈。重大的经济成果有赖于负责任的劳动，成人对此应十分熟悉。因此，他要寻求消遣、放松和娱乐。如果儿童还没有成熟就参加了雇佣劳动，如果他们遭受了童工劳动的摧残，那么，对他们来说就不会存在这样的划分。凡是能引起儿童兴趣的事物，都是因为这些事物本身直接吸引了儿童。这样，在为功利而做事和为娱乐而做事之间就不存在任何差别。他们的生活就更为一致，也更有益于健康。如果认为成人只是迫于功利性的压力才习惯于去做一些活动，由此认为儿童不可能完全自由和快乐地从事这些活动，那么这种设想是缺乏想象力的。确定什么是功利主义、什么是不受限制的和有教育意义的，不是做过的事情，而是做事情时的投入程度和心理态度。

三、有教育意义的职业

科学富有历史意义的发展源自职业

文明的历史表明，人类的科学知识和技术能力的发展都源于生活的基本问题，尤其是在发展的早期阶段。解剖学和生理学源于保持健康和生命活力的实际需要；几何学和力学源于丈量土地、建造房屋和制作节省劳力的机器的需要；天文学与航行、记录航行时间有密切的关系；植物学源于医药和农艺学的需要；化学则与染色、冶金和其他工业上的需求有关。反过来讲，现代工业几乎完全是一个应用科学的问题。常规而又粗放的经验主义的用武之地正在逐渐缩小，科学的发现正逐渐地转换为工业的发明创造。电车、电话、电灯、蒸汽机，以及所有有助于社会交往和管理的革命性成果，都是科学结出的丰硕果实。

学校活动在理智方面的可能性

上述事实具有丰富的教育意义。大多数儿童都有卓越的主动倾向。学校也已经开展了——主要是出于功利主义，而不是出于严格的教育理由——大量的主动性的活动，通常是以手工训练的名义进行分组，包括学校园艺、短途旅行和各种绘画艺术。或许当下最紧迫的教育问题是如何把这些科目组织和联系起来，以便使之成为形成警觉、坚持和富有成果的理智习惯的工具。人们普遍认为，这些科目抓住了儿童更主要的、固有的特征（诉诸他们要这样做的欲望）。这些科目能提供很好的机会，使儿童在自力更生和有效地为社会服务方面获得训练，这一点也得到了人们的认可。但是，这些科目也有可能被用来解决一些典型的问题，即要靠个人的反思和实验的方法，要靠获得一些明确的知识体系，以便日后获得更专门化的科学知识来解决这个问题。仅凭身体活动或熟练灵巧的操作就能获得理智的结果，这确实有些不可思议（参见第39页）。手工科目可以像书本科目一样，通过常规活动、口授或者惯例来进行教学。但是，在园艺、烹饪、编织或基本的木工和铁艺中，连续的理智性劳动要做好教学计划，这样必然会使学生不仅积累了植物学、动物学、化学、物理学和其他学科中具有实践和重要科学性的知识，而且（这一点更为重要）熟练地掌握了进行科学探究和证明的方法。

重新组织学习课程

基础教育阶段的课程因负担过重而受到普遍的非议。要想回到过去的教育传统，唯一的出路在于，找到存在于各种艺术、手工和职业活动中的理智的可能性，并且相应地对课程进行重新组织。在这里比在任何地方都更为紧迫的是，要寻找能够把盲目的和因循守旧的某一群体的经验，转化为具有启发意义的、使人获得自由的实验的方法。

第十三章　语言和思维训练

一、语言是思维的工具

语言的地位不明确

语言和思维有一种十分密切的联系，因此我们需要对此进行特别的讨论。虽然“逻辑”(logic)这个词来源于“逻各斯”(logos)(λσγοζ)，通常意味着词语或语言，也指思维和理性，但是“从词语到词语”意味着理智的贫乏和思维的虚假。虽然学校教育把语言作为学习的主要工具（而且常常作为学习的主题），但是几个世纪以来，教育改革者们对目前学校中流行的语言的用法提出了最严厉的批评。语言是思维所必需的（语言与思维甚至是等同的），这种信念遭到了语言是对思想的滥用和隐瞒这一论点的反驳。

语言是思维的必要工具

思维和语言的关系有三种典型的观点：第一，思维和语言二者是等同的；第二，词语是思维的外表或服饰，不是思维的必需品，只是在传递思维时才需要；第三（我们在这里坚持的就是这种观点），虽然语言并不是思维，但它是思维及沟通所必需的。然而，当有人说没有语言就不可能进行思维时，我们必须记住，语言所包含的东西远远超出口头语言和书面语言。从逻辑上讲，手势、图画、碑文、视觉形象、手指动作——有意识地作为某种符号来使用的任何东西都是语言。所谓语言是思维所必需的，就是说符号是必需的。思维面对的并不是空洞无物的东西，而是事物的意义（meanings）以及引发的联想。意义只有在敏感而特殊的存在中得到具体体现，才能够被人理解。如果事物没有意义，那它就只不过是一种盲目的刺激物，是快乐和痛苦的偶然来源。由于意义本身并不是可触知的事物，所以它们必定与某种物质的存在产生固定的联系。专门用来固定和传达意义的存在物就是符号或象征。如果一个人走向另一个人，并把他推出了房间，那么他的这一动作并不是符号。但是，如果这个人用手指着门，或者发出“出去”的声音，那么他的动作就可以被还原为意义的一种媒介物：这就是一种符号或象征。在使用符号的例子中，我们关心的并不是它们本身是什么，而是它们所表示和代表的一切事物。canis（犬属）、hund（德语的“狗”）、chien（法语的“狗”）、dog（英语的“狗”），只要这几个词把意义呈现出来，不论这个东西从外部来看是什么，那都没有什么差别。

因为语言能单独确定意义

自然符号的局限

自然界的物体是其他物体和事件的符号。云团代表雨；脚印代表猎物或敌人；一块凸起的岩石可用来表示地表下的矿藏。然而，自然符号有很大的局限性。①身体的或直接的感觉刺激倾向于分散人的注意力，使人不去关注符号象征的事物。[1] 几乎每个人都能回想起，在给小猫或小狗指明某种食物时，结果这只动物只是关注手指的动作，而不关注手指向的那个东西。②如果单独依靠自然符号，那么我们只能听从外部事件的支配。我们不得不等待自然事件表现出来，向我们警告或预示某种事件发生的可能性。③自然符号最初并不是有意作为符号的，所以它们都是累赘的、庞大的、不方便的、难以运用的。

人工符号克服了这些局限

因此，要想使思维得到高度的发展，有必要有意地设计一些符号。语言便可以满足这种要求。手势、声音、书面或印刷的文字都是严格意义的物质实体，但它们的原生价值有意地从属于它们表示意义的价值。①微弱的声音、细小的书面或印刷文字，它们直接感知到的价值是微不足道的。因此，它们并没有因其所代表的功能而分散人的注意力。②它们是在我们的直接控制下制作出来的，这样

[1] 请比较引自培因（Bain）在第 125 页上的引文。

我们有需要的时候，就可以把它们制作出来。当我们创造出“雨”这个词时，我们就不必等待雨的某种自然先兆出现，才把我们的思维引向那个方向。我们无法创造云，但我们可以发出声音，作为意义的一种象征，它既可以用作目的，也可以用来表示云。③语言学符号都便于和易于掌握。它们很紧凑、轻便而又精巧。只要我们活着，我们就要呼吸。喉部和口腔肌肉的变化、音量大小的变化、语气的变化都是简单、容易和明确可控的。身体的姿态、手与胳膊的姿势也可以用作符号，但与由呼吸的变化产生声音相比，它们是比较粗糙和难以掌握的。难怪人们要把口头语言作为有意的理智符号的主要素材。虽然声音很微妙、精练而且容易变化，但它是转瞬即逝的。这个缺陷可以用诉诸眼睛的书面或印刷文字系统来弥补。白纸黑字永远存在（*Litera scripta manet*）。

请牢记意义与符号（或语言）的密切联系，我们会更为详细地阐述：①语言与特定意义的关系；②语言与意义组织的关系。

1．个别的意义。一个语言符号的作用是：①选择某种意义，把某种意义与原本有某种微弱变化的、模糊不清的东西区分开来（参见第97页）；②保存、记录和储存某种意义；③在需要的时候用它来理解其他的事物。如果把这些不同的功能结合起来，那么我们就可以得出这样一个比喻：语言符号就像一堵围墙、一个标签和一种媒介，集多种功能于一体。

符号使意义更加明确

(1) 每个人都有这样的经验，当模糊、不明确的东西获得某个适当的名称时，整个事情就变得清晰、明确了。有些意义似乎触手可及，但又捉摸不定，它没有凝缩成明确的形式。只要为一个东西命名，就会（几乎不可能说出究竟使用了什么方法）对其意义加以限定，使它不再是空洞的，而成为一个自主的实体凸显出来。爱默生[1]

[1] 拉尔夫·沃尔多·爱默生（Ralph Waldo Emerson，1803—1882），美国思想家、文学家、诗人。他是确立美国文化精神的代表人物。美国前总统林肯称他为“美国文明之父”。——译者注

说，他宁愿知道一个事物的真实名称、诗人的名字，也不愿意知道事物本身。这么说时，他心里想的很可能就是语言的这种熠熠生辉而又光芒四射的功能。儿童在掌握和学会他周围一切事物的名称时所感受到的快乐表明，对于他们来说，意义正在变成具体的个别事物，这样他们与事物之间的交流就从物质的水平转向了理智的水平。未开化的野蛮人认为文字具有某种不可思议的功能，也就不足为怪了。给任何事物起名就是给它一个称号，就是将某种明确和永恒的意义赋予纯粹自然出现的事物，使之有了尊严和荣耀。在野蛮人的口头传说中，知道人和事物的名称并且能够使用这些名称，意味着拥有了它们的尊严和价值，意味着掌握了它们。

符号保留了意义

(2) 事物变化不定，或者我们变化不定，在其中任何一种情况下，某些事情都可能不会引起我们的注意。我们与事物直接的感觉联系是非常有限的。自然符号所暗含的意义仅限于能直接接触或眼睛所见的偶然事件。但是，由某种语言符号所固定下来的意义则被保存了下来，以备将来使用。即便代表某种意义的事物并不在眼前，我们也可以制造词语，使其具备某种意义。理智的生活必须依靠拥有大量的意义，因此语言作为保存意义的工具，其重要性无论怎么强调都不会过分。当然，语言储存意义的方式并非完美无缺、无懈可击。词语经常会错误百出，改变其理应保持的本初意义。但是，这种不利的影响是每一种生物为了生存都要付出的代价。

符号传递了意义

(3) 当意义被某种符号分离和固定下来时，它就有可能被用在某种新的语境和情境中。意义的这种迁移和重新应用是所有判断和推理的关键。一个人能认识到，某一种特殊的云是一场特定的暴风雨的预兆，如果他的认知就终止于此，那么这种认识对他来说就不会有多少好处。因为，下一片云和下一场雨都是截然不同的事件，所以他需要一遍又一遍地去学习。这样也就不会出现理智的累积性发展。经验可能会形成自然适应的习惯，但是，这并没有任何教益，因为我们不可能利用以前的经验有意识地预测和调节下一次经验。

能够利用过去的事件来判断和推断新的、未知的事件意味着，虽然过去的事情已经过去了，但其意义可以以这样一种方式保留下来，以便用来决定新事物的特征。语言这种形式是我们伟大的运载工具，它就像平滑运行的车辆，将意义从那些与我们没有任何关系的经验中，运输到那些依然模糊的、不确定的经验中去。

2. 意义的组织。我们在强调与特定意义有关的符号的重要性时，忽略了另一个方面，这个方面同样是有价值的。符号不仅可以区分特定的或个别的意义，而且是对相互关联的意义进行分组的工具。词语不仅具有单一意义的名称或称谓，还可以按照意义之间的相互关联而组织形成句子（sentence）。当我们说“那本书是一本词典”或者“天空划过的那道模糊不清的亮光是哈雷彗星”时，我们表达的是一种逻辑的（logical）关系——一种分类和确定的行为。这种行为超越了自然事物，进入了属和种、事物和属性这一逻辑领域。命题、句子承载着和判断相同的关系，主要是通过分析各种类型的命题，而建立起不同的词语，以承载意义或概念。正如词语隐含着一个句子一样，一个句子也隐含着一个更加完整的、与它融为一体的连贯语篇。正如人们经常说的，语法表达的是大众心理的无意识逻辑。对我们来说，构成思维活动的资本的主要的理智分类，便是通过母语建构起来的。在使用语言时我们并没有明确地意识到，我们是在使用本民族的理智系统化方式。这表明，我们已经完全习惯于这种逻辑的区别和分类了。

符合逻辑的组织有赖于符号

二、语言学方法在教育中的误用

从字面上来看，“教人做事而不教人识字”或者“在教人识字之前先教人做事”这样的格言是对教育的否定。因为它把心理生活缩减为单纯的身体和感觉适应。从恰当的意义上说，学习并不是学习事物，而是学习事物的意义，而且这个过程包括符号的使用，或者从一般意

只教授事物，并不具有教育意义

义来说，包括语言的使用。同样，有些教育改革者竭力反对符号教学，如果走向极端，那么就会使理智生活遭到破坏，因为这种理智生活及其活动就是存在于定义、抽象、概括和分类的过程中，而这些过程只有通过使用符号才能进行。但是，这些教育改革者的观点也是必要的。滥用某一事物而造成的不利影响与正确使用这一事物而得到的价值是成正比的。

正如前面所指出的，和任何其他事物一样，符号本身是特殊的、物质的、可感知的存在物，只是因为它们所暗示和代表的东西，即意义，才成为符号。

但脱离了事物的词语并不是真正的符号

(1) 任何一个人，只有当他已经产生了与意义有实际联系的某种情境的经验时，他才能掌握符号的意义。只有当意义被包含在我们与事物的直接联系中时，词语才能被分离和保持某种意义。如果尝试通过一个词语本身就给出某种意义，而和某一事物没有任何关联，那么就会使这个词语失去清楚明白的含义。这种尝试是教育中普遍存在的一种倾向，也是教育改革者们所反对的。另外，还有一种倾向认为，只要有明确的词语或言语形式，就必然会有某种明确的观念。事实上，虽然成人和儿童都能使用简明的语言规则，但这些规则所代表的意义则是最模糊、最混乱的。真正的无知可能更加有益，因为这其中伴随着谦恭、好奇和开放的心态。而重复一些流行的警句、行业术语、熟悉的命题，具备这种能力就以为自己学富五车，这样反而给心灵披上了一件涂了清漆的外衣，将新观念挡在了外面。

语言可能会阻止个体的探究和反思

(2) 虽然没有外部事物的干预而产生的词语的新结合会提供一些新的观念，但是，这种可能性也有一定的局限性。惰性会使人们接受流行的观念，而不对这些观念进行个人的探究和验证。一个人或许可以通过思维发现其他人所相信的东西，然后就止步不前了。在语言中具体体现出来的他人的观念，就成了一个人自己观念的替代物。使用语言学的研究方法使得人们的思想停留在过去所达到的水平上，阻碍了新的探究和发现。用传统的权威取代了自然事实和法则的权威，把个体贬低为一个依靠别人的二手经验来生存的寄生虫——所有这些事情就是改革者们反对将学校的卓越性归功于语言的根源。

（3）由于重复使用，原先代表观念的词语就会变成单纯的筹码。它们变成了根据某些规则进行操作的外部事物，或者只是按照某些操作活动来进行反应，而根本意识不到自身的意义。斯图尔特（Stout）先生（他把这些术语称为“替代符号”）说：“在很大程度上，代数和算术符号是作为单纯的替代符号来使用的……如果固定而又明确的操作规则能够从它们所代表的事物的本质中派生出来，那么我们就可以利用这些符号，此时就可以不必进一步参照它们的含义，来使用这些符号。一个单词只是对它所表达的意义进行思考的工具，而一个替代符号则是一种手段，不需要思考它所象征的意义。”这条原则既可用于普通的词语，也可用于代数符号。这些符号也能使我们无须思维就能使用意义，以便获得结果。作为手段而无须思维的符号在许多方面具有优势。因为它代表了那些熟悉的事物，使注意力集中于那些新颖的、需要有意识地进行解释的意义上。但是，学校课堂更加重视获得技术能力，获得能够产生外部结果的技能（参见第45页），这种倾向常常把这种优势变成实际上的危害。学生使用符号只是为了很好地背诵和得出正确的答案，遵循规定的分析公式，这样学生的态度就会变得机械，而不是深思熟虑。语言的记忆代替了对事物意义的探究。这种危险或许是语言的教育方法受到攻击的最主要的问题。

词语只是刺激物

三、语言在教育方面的使用

语言与教育有着双重的关系。一方面，语言持续不断地在所有的研究以及学校所有的社会学科中得到应用；另一方面，语言又是独特的研究对象。我们将只考虑语言的通常用途，因为它对思维习惯的影响远远大于对其有意识的研究。

语言的主要目的并不是理智

“语言是思想的表现”，这种常见的论点只传达了一半的真理，它有可能导致实际的错误。语言确实可以传达思想，但这不是其主要的任务，最初并不是传达思想，甚至也不是有意识的。语言的主要动机是去（通过表达欲望、情绪和思想）影响他人的活动；语言的第二种用途是通过语言建立更加亲密的社会关系；语言的第三种用途是用来作为一种有意识的思想和知识媒介，它形成于相对较晚的时期。约翰·洛克对词语的双重用途——“社会用途”和“哲学用途”——做了很好的对比，他说：“所谓词语的社会用途，我指的是利用词语来进行这样一种思想和观念的沟通，可以用来维持平常的谈话，就日常事务和社会生活的便利进行交流……所谓词语的哲学用途，我指的是利用词语来传达关于事物的精确观点，以及在普遍的命题中表达某些确定无疑的真理。”

因此，教育必须把语言转变成一种理智工具

把语言的实际用途、社会用途与其理智用途区分开来，为学校中关于语言的问题提供了很大的启示。这个问题就是指导学生的口头语言和书面语言，使过去主要用于实践目的和社会目的的语言逐渐转变为有意识地传递知识和促进思想的一种工具。如果不抑制这些自发的、自然的动机——语言的生命活力、力量、生动性和多样性都归功于这些动机，那么我们怎么能够改变语言习惯，以便使它们成为精确的和灵活的理智工具呢？鼓励学生自发语言的流畅，而不是使语言成为反思性思维的仆人，这是相对比较容易做到的。抑制甚至破坏（这是当前学校所关心的）自然的目的和兴趣，在某些被分离出来的、专业性的领域，建立一些人为的、正式的表达方式，这也是比较容易做到的。困难在于，如何把与“日常事务和便利”有关的习惯转变为与“精确的概念”有关的习惯。成功地完成这种转换就需要：①扩充学生的词汇量；②更加准确、精确地表达术语；③养成连贯叙述的习惯。

1．扩充词汇量。要做到这一点，当然就需要与事物和人建立更加广泛的理智联系，而且可以采取替代的方法，通过从听到或阅读到的语境中来收集词语的意义。无论采用哪一种方法来把握词语及其意义，都是在进行智力活动，都是在进行一种明智的选择和分析活动，而且这也是在扩充意义或概念的储备，使之便于在今后的理智事业中得到应用（参见第100页）。人们通常会对一个人所掌握的主动词汇和被动词汇做出区分，后者是由在听到或看到时就可以被理解的词语组成，而前者则是由明智使用的词语组成。被动词汇通常要远远多于主动词汇，这个事实表明，存在一定量的不受个体自由控制的惰性能量和力量。未能使用那些仍然可以理解的意义，便只能依赖外部的刺激，这种做法缺乏理智的主动性。在一定程度上，这种心理的惰性是由教育人为导致的结果。幼小的儿童通常会尝试把他们掌握的每一个新的单词用于实践，但是，当他们学会阅读之后，他们接受了大量各种各样的术语，因此再也没有机会使用这些词语了。即使没有让儿童感到窒息，其结果也会导致某种心理的压抑。另外，如果不能主动地用词语来建构和传达观念，那么词语的意义就不会是清晰的和完整的。

为了扩充词汇量，必须增加概念的积累

词汇量的有限可能归咎于经验范围的狭窄，即与人和事物的接触面如此狭窄，以致无法联想到或不需要大量的词语，此外还要归咎于漫不经心和模糊不清。某种乐天派的心境会使个体不愿意进行清晰的区分，无论是在知觉上还是在他自己的言语上。词语是在与事物有某种不明确的关系时使用的，而且心理会处于这样一种状态，即实际上一切都只不过是一件事情而已，或者只是你所指称的那件事情而已。与儿童存在联系的人词汇量十分贫乏，儿童读物（甚至在学校读本和教科书中也常见）中存在琐碎和模糊不清的词语，这些都会把儿童心理视野的领域封闭起来。

与有限的词汇相随的是不严谨的思维

我们还必须注意到，词语表述的流畅和语言的掌握之间存在巨大的差异。流畅性并不一定标志着一个人的词汇量很大。我们完全可以把滔滔不绝或者即兴演讲比作绕着一个中等半径的圆圈，一圈又一圈地走动。除了书本之外，大多数教室都缺乏材料和器械设备，

对语言的掌握涉及对事物的掌握

甚至这些书本也是“写下来”给那些假定有能力或者无能的孩子看的。因此，他们掌握丰富词汇的场合和要求便受到了限制。在教室里学到的词汇在很大程度上是孤立的，而且这种词汇本身与在学校外面流行的理念和词语并没有任何有机的联系。因此，词汇量扩充常常是有名无实的，即便有所扩充，也只是增加一些没有活力的意义和术语，而不是增加积极的意义和术语。

2．词汇的精确性。要增加词语和概念的储备，一种方式是发现并说明意义中模糊的部分，也就是说，使词汇变得更加精确。确定性的增加就像词汇量的绝对增长一样，都是比较重要的。

一般的意义是模糊的，只是区分类别

术语的最初意义归因于对表面事物的熟悉，因此它们通常都比较模糊。幼小的儿童会把所有的男人都叫作爸爸；他在熟悉了一条狗之后，可能会把他看到的第一匹马叫作大狗。虽然儿童注意到了数量和强度的差异，但是他对基本意义的理解依然模糊，以致它涵盖了一些并无关联的事物。对许多人来说，树就是树，或者他们仅仅把树分为落叶树和常青树，只认识其中的一两种树。如果这种模糊性倾向持续存在，那么它会成为思维发展的一大障碍。范围混杂的术语充其量不过是一些笨拙的工具。此外，这些术语常常是不可信的，因为模糊地参考这些术语，会让我们混淆本应该区分清楚的事物。

词汇的意义或重要性这两方面的增长

准确的术语来自原初的模糊性，在正常情况下是朝两个方向发展的：第一，发展为代表关系的词语；第二，发展为代表高度个体化特质的词语（可与意义的发展进行比较，参见第97页）。第一种词语与抽象思维有关，第二种词语与具体思维有关。据说有些澳大利亚土著部落没有“**动物**”和“**植物**”这两个词语，但生长在他们附近的每一种植物和动物都有具体的名称。这种词汇的细微性代表着朝向明确性的进步，但这只是一个方面。一些事物的具体性质可以区分出来，但事物之间的关系并没有区分出来。[1] 此外，学哲学的学生和学习一般的自然科学和社会科学的学生，很容易习得大量的表示关系的术语，但与表示具体的个别事物和特征的术语比起来，二者是不相称的。通常对诸如“因果关系”“法律”“社会”“个体”“资本”之类术语的使用便说明了这种倾向性。

词语通过改变意义而改变其逻辑功能

在语言的发展史上，就词语意义的改变来说，我们发现了词汇发展的以下两个方面：有一些词语最初的使用范围很广，后来这一范围变窄，仅指意义的模糊部分；另一些词语最初表示某种特殊意义，后来扩展成用来表示事物之间的关系。“白话”（vernacular）这个词语，现在指的是母语，是从“verna”这个单词发展而来。“verna”是指在主人的房子里出生的奴隶。“出版”（publication）这个词借助于印刷，通过限定早期的任何一种沟通交流的意义，而使其沟通交流的意义得到了演化——虽然在法律程序中保留了更广泛的意义，例如进行诽谤。“平均”（average）一词的意义已经被泛化了，其最初的用途与由于船只失事而导致的某一企业的不同责任者按比例承担遭受的损失有关。[2]

类似的变化发生在每个学生的词汇量中

这些词语的历史变化有助于教育者理解随着理智资源的发展，个别事物所发生的这些变化。在学习几何学时，对于“线段”“平面”“角”“方”“圆”这类熟悉的词语，学生必须学会其狭义和广义两方面的意义。狭义是指在几何证明中涉及的精确的意义；广义是指普通用途之外的、一般的关系。颜色和大小一定不要包括在内，而方向关系、方向变化、限定关系则必须明确地掌握。当然，类似的变化在每门学科中都会发生。正如上文提到的，只是在共同的意义

[1] “普遍的”(general)这个术语本身就是一个模糊的术语，是指(在主要的逻辑意义上)有关系的，也可以指（在其自然的用途上）不明确的、模糊的。在第一种意义上，“普遍的”是指对某种原则或一般关系的区分；在第二种意义上，“普遍的”是指无法分辨具体的或个别的属性。

[2] 词语在这种意义上发生的两种变化，可以从杰文斯（Jevons）的《逻辑学教程》（*Lessons in Logic*）中找到大量材料。

之外添加新的和孤立的意义，而不是把真正具有普遍和实践意义的处理模式（working-over）转化为恰当的逻辑工具，这是很危险的。

专业术语的价值

有意地使用正确的术语来表达某种意义、全部的意义和唯一的意义，这样的词语就被称为专业术语。出于教育的目的，某个专业术语表示某种相对的事物，而非绝对的事物。某个术语之所以是专业术语，不是因为其语言形式或其不同寻常性，而是因为它可以用来表达某种明确的意义。当普通的词语有意地用来达到这个目的时，那么普通的词语就获得了专业的特质。每当思维变得更加精确时，某种（相对）专业性的词汇就会应运而生。教师很容易在与专业术语有关的两个极端之间摇摆不定。一方面，这些术语在每一个方面都有所增加，似乎是基于这样的假设：学习一套新的术语，再加上语言的描述或界定，就等于掌握了一种新的观念。另一方面，人们发现，积累了一系列孤立的词语、一种行话或学术上的虚假术语，这样做的结果在一定程度上会阻碍自然的判断力的发展，因而就会走向相反的另一个极端。技术的术语被排除后，“名称词语”即使存在，也不是名词了；“动作词语”即使存在，也不是动词了；学生可以学会“减去”，但不会减法；他们可以说出4个5是多少，但不知道4乘以5是多少，等等。对那些假装有意义但实际上没有意义的词语表示厌恶，这是一种正常的本能反应。但是，根本的难题并不在于词语，而在于观念。如果没有掌握观念，那么只使用比较熟悉的词语将一无所获；如果理解了观念，那么就可以用确切命名的术语将这种观念固定下来。在使用表示高度准确意义的术语时，应采用节约的原则，也就是说，每次只用几个，应当逐渐地使用这些术语，而且应当付出巨大的努力去保护那些对意义的精确性至关重要的环境。

3．连贯的叙述。正如我们所知，语言既能对意义进行联系和组织，也能对意义进行选择并使之固定下来。由于每一种意义都是在某种情境中体现出来的，所以（它本身可能也代表一个缩短了的句子）每一个单词的具体用法都属于某个句子，句子又属于某个更大的故事、描述或推理的过程。我们没有必要重复前文已经说过的意义的连贯和有序的重要性。不过，我们要注意以下几种方式——学校的教学实践通过这种方式阻碍了语言的连贯性，并对系统的反思造成了有害的干扰。

连贯叙述的重要性

（1）教师有一种垄断连贯叙述的习惯。如果将教师全天讲话的时间与任何一个学生说话的时间进行对比，那么许多教师（即便不是大多数教师）都会感到惊讶。学生说的话常常仅限于用简单的短语或者单一的、没有联系的语句回答问题。详细的说明和解释都留给了教师——他们常常在学生做出回答时随意给予暗示，然后对他认为学生应当表达的意思予以详述。因此学生便形成了零星地、不连贯地叙述的习惯，这将不可避免地导致其理智的瓦解。

过于琐碎的问题

（2）给太简短的课程布置作业（通常是为了度过背诵的时间），而且伴有琐碎的“分析式的”提问，这也会造成同样的结果。在诸如历史和文学这类科目中，这样做的坏处通常达到顶点。在这些科目中常见的做法是，对材料进行细致的划分，以致打破了属于事物某一部分的意义的统一性，破坏了远景，结果将整个主题简化为处于同一水平的、一些毫无联系的细节的积累。教师往往没有意识到，他的头脑所携带和提供给学生的是统一的意义，但学生实际得到的只是一些支离破碎的残渣碎片。

把避免错误当成目的

（3）强调避免错误而不注重获得能力，这种倾向也会阻碍连贯的叙述和思维。开始学说话的儿童，以及怀着理智的渴望想要说话的儿童，有时会有意识地犯一些实质性的和形式上的小错误，致使本来应该用于建设性思维的精力，却被用在如何避免犯错误的焦虑上，甚至在极端情况下，用消极的静止状态作为减少犯错误的最好方法。在与作文、论文和主题写作有关的活动中，这种倾向表现得特别明显。有人甚至严肃地建议，幼小的儿童应该以一些琐细的主题为题目来写作，并且用简短的句子书写，因为这样做他们就有可能少犯错误。而对中学生和大学生的写作教学有时会降低为一种发现和标明错误的技巧。由此，学生就会出现害羞和局促不安的状态，而这只是因某种消极的设想而产生的弊端的一部分。

第十四章　心智训练中的观察和知识

思维就是根据已经发现的素材所代表或表示的意义而对其进行的整理。缺少对素材进行的这种安排，思维就不复存在，这就如同缺少对食物的吸收，消化就无从谈起一样。因此，安排素材的方式就成为一个基本的要点。如果所提供的素材不足或过多，如果它是以无序排列或者孤立碎片的方式存在的，那么它就会对思维习惯产生不良的影响。如果个人的观察和通过他人（通过书本或口头语言）而进行的知识沟通都能正确进行，那么这场逻辑之战就取得了一半的胜利，因为它们是获得素材的途径。

不熟悉事实就无法进行思维

一、观察的本质和价值

上一章已经提到，教育改革者们反对夸大语言的用途，以及错误地使用语言，主张把个人和直接的观察作为可供选择的适当过程。这些教育改革者认为，现在对语言学因素的过分强调，剥夺了人们直接认识真实事物的所有机会。因此，他们呼吁要从感知觉入手来弥补这种缺陷。他们满腔热情，却常常不去询问怎样观察，以及为什么观察会有教育的意义，因而陷入了将观察本身作为目的的错误之中，并且对于在任何一种条件下获得的任何一种材料都感到满足。他们的这些做法一点都不足为奇。这种把观察分离出来的做法还表现在，认为这种官能是首先发展的，然后是记忆力和想象力的发展，

把“事实”当成自身目的的谬论

最后才是思维这种官能的发展。从这种观点来看，观察被视为为以后的反思过程提供了一大堆粗糙的原材料。我们在前面已经明确阐述了这种观点的谬误，因为事实上即使是简单的、具体的思维，也伴随着我们与事物的交往关系，这种思维不是建立在纯粹物质的水平上。

扩展熟人的共鸣动机

1．所有人都有一种自然的欲望——类似于好奇心，那就是扩展他们与人和事物的认识范围。艺术画廊里贴有禁止携带手杖和雨伞进入的标志，很明显，这一事实证明，对许多人来说，仅仅观看是不够的，只有进行直接的接触，才能消除这种缺乏熟悉性的感受。这种更全面、更接近知识的要求，与为观察而观察的有意识的兴趣截然不同。对扩展的需要、对自我实现的需要，是它的动机。这种兴趣会产生共鸣，是社会的和审美意义上的共鸣，而不是认知上的共鸣。这种兴趣在儿童身上表现得最强烈（因为他们的实际经验非常之少，而他们可能获得的经验又如此之多）。如果成人的兴趣还没有因常规管理而变得迟钝，那么他也具有这样的特点。这种富有共鸣的兴趣提供了一种媒介，即把那些本来大不相同、毫无联系和没有任何理智用途的大量事物集中起来并联系在一起。当然，这是一个社会的和美学的系统，而不是有意识的、理智的系统。但是，它为更加有意识的理智探索提供了自然的媒介。有些教育者建议，小学阶段的自然学习应该培养儿童热爱大自然，培养儿童的审美欣赏能力，而不是培养某种纯粹的分析精神。还有一些人极力主张要多关爱动物和植物。这些重要的建议都源于经验，而不是源于理论，为我们刚才提出的理论观点提供了极好的例证。

为了做事情而进行分析和观察

2．在正常的发展中，具体的分析和观察最初与在活动中指出手段和目的这种迫切的需要完全相关。当一个人在做某件事情的时候，如果想要使这项工作取得成功（纯粹常规的事情除外），那么他必定要使用眼睛、耳朵和触觉器官作为对行动的指导。如果这些感觉没有得到持续的、敏锐的练习，那么即使是游戏和比赛，也都无法进行下去。在任何形式的工作中，对材料、障碍、器械、失败和成功都必须有意地予以关注。感知觉不会自行出现或者为了训练的目的而出现，但是当一个人在做感兴趣的事情时，它是不可或缺的因素。虽然这种方法并不是为感觉训练而设计的，但它会以最经济和最彻底的方式，对感觉训练产生影响。教师们制订了各种计划，用来培养学生敏锐而快捷的观察力，例如通过写字（甚至写那些他们不理解的专门术语），对数字和几何图形进行排列，让学生在短暂地看过一眼之后，就把它们复述出来。儿童在迅速地看到和充分复述那些复杂的、毫无意义和联系的事物时，常常能够获得一些重要的技能。这种训练方法作为偶然的游戏和消遣是有价值的，但是，它与在使用木制或金属制作的工具进行工作时，或者在从事园艺、烹饪或关爱动物的事情时所产生的眼睛和手的训练比起来，就大不相同了。通过单独练习而进行的训练不会得到什么结果，即使由此获得了某种技能，这种技能也不会展现出什么力量或者可迁移的价值。有人对观察训练提出了批评，其根据是认为许多人不能正确地记忆他们的手表表盘上数字的形式和排列。这种批评并没有抓住要领，因为人们看手表并不是为了查看4点钟是用 IIII 还是用 IV 来表示的，而是为了确定时间。如果观察确定了这件事情，那么注意与此无关的其他细节就纯属浪费时间了。在观察训练中，目的和动机是至关重要的问题。

直接和间接的感官训练

3．观察的更进一步、更理智或更科学的发展，遵循的是前已述及的从实践反思向理论反思发展的路线（参见第十章）。当问题出现并且对其进行仔细研究时，就要求观察较少地指向与实际目的有关的事实，而较多地指向与这类问题有关的事实。在学校中，观察常常在理智上毫无效果，其原因在于（比其他任何事情有过之而无不及），它们在确定问题或者帮助解决问题时，常常不依赖问题而独立进行。这种分离带来的坏处贯穿于整个教育体系，从幼儿园、小学、中学，一直到大学。有时，几乎随时随地都要依赖观察，似乎观

科学的观察是与问题相关的

察本身便是完整的和最终的价值所在，而不是把它当成获取材料、解决某种困难或问题的手段。幼儿园里堆积着很多与几何图形、线段、平面、立方体、颜色等有关的观察材料。在小学，在“实物教学”的名义下，随机选取的物体（苹果、橘子、粉笔）的形式和属性，几乎都有详细的记录，而在“自然研究”的名义下，对树叶、石头、昆虫也会进行类似的观察，这些观察材料同样也是以人为的方式选取的。在高中和大学里进行的是实验室观察和显微镜观察，仿佛积累观察的事实和习得操作技能本身就是教育的目的。

“实物教学”几乎没有提供问题

我们可以把这些孤立的观察方法和科学家使用的观察方法进行一番比较。杰文斯指出，“只有当由于希望验证某种理论，并因此使人感到兴奋和受到指导时”，这样的科学观察才是有效的。他还说：“能够观察到的和进行实验的事物是无限的，如果我们没有任何明确的目的，只是着手记录事实，那么，我们的记录将毫无价值。”严格地说，杰文斯提出的第一种观点过于狭窄。科学家进行观察不仅是为了验证某种观点（或者提出某种解释的意义），而且是为了对问题的性质进行定位，从而以此为指导形成某种假设。但是，杰文斯阐述的原则，即科学家绝不会把观察的积累本身作为一种目的，而是把它作为获得某种普遍的理智结论的手段，这一原则是绝对正确的。如果在教育工作中这条原则的力量没有得到恰当的认识，那么所谓的观察就大体上是一项毫无意义的呆板的工作，或者是获得各种技能的形式。作为理智的资源，这种技能并没有任何用处。

二、学校里的观察方法和材料

学校里使用的一些最好的方法，为我们在心智训练中如何将观察放在正确的位置，提供了许多建议。

观察应该包括发现

1. 这些方法建立在合理假设的基础之上，即认为观察是一个主动的过程。观察就是探索，是为了发现以前被隐藏的、不为人知的事物，以达到某种实践的或理论的目的而进行的活动。观察不同于再认或者知觉已经熟悉的事物。对已经理解的某一事物予以认同，对于进一步的探究有十分重要的作用（参见第96页）。但是，这种认同是相对机械的和被动的，而观察本身则要求目光敏锐和深思熟虑。再认针对的是已经掌握的事物，而观察关注的则是还未掌握的事物。有一种普遍的看法，认为知觉就像是在一张白纸上写字，就像把印章印在蜡上，或者就像在照片底版上形成一张图片，这些观念（在教育方法上造成了灾难性的后果）源于人们没有在自动再认和由真正的观察而引发的探索态度之间做出区分。

在发展变化中让人产生悬念

2．选择适当的材料之所以有助于观察，可能是因为人们会对故事或戏剧的发展产生紧追不舍的渴望情绪。凡是在有“情节趣味”的地方，观察的敏捷性就能达到高潮。为什么呢？因为旧事物和新事物、熟悉的事物和未曾预料的事物和谐地组合在了一起。由于心理悬念的作用，我们会期待讲故事的人继续讲故事。讲故事的人为我们提供了一些选择，但我们依然会感到有些模糊不清，这样我们整个人就会询问：下一步将会发生什么事情呢？事情的最终结果会以什么方式出现呢？儿童很容易注意到一个故事所具有的全部突出的特点，但儿童在观察某个没有生命而又静止的事物时，要付出巨大的努力，而且观察结果不一定确切，因为在这种观察中没有任何东西可以让他提出问题或者联想到一些可供选择的结果，这两种方法形成了鲜明的对照。

活动中表现出的“情节趣味”

当一个人在做某件事或制作某个东西时（这种活动不具有机械性和习惯性的特征，事先也不知道其结果），也会出现类似的情况。某种已经感觉到的事物已经呈现出来了，但依然难以确定。一些情节正在向成功或失败的方面发展，但什么时候或者怎样发展还不确定。因此，类似建造的手工操作会使儿童对条件和结果进行敏锐而紧张的观察。对于和个人没有太大关系的素材，同样可以运用这种指向一定结局的原则。移动的东西会吸引人的注意力，而当它处于静止的状态时则容易被忽略，这种现象司空见惯。但是，经常遇到的情况是，人们花费很多心血，好像要让学校里的观察材料失去生命力，剥夺其引人注目的特质，使观察沦为一种呆板的和迟缓的形式。当然，仅有变化是不够的。变迁、改变和移动都会激发人们去进行观察。但是，如果仅仅是激发观察，那也不会引起思维。变化（像精心安排的故事或情节中的偶然事件一样）必须发生在某种不断增加的顺序中。要想使我们对变化的观察结出符合逻辑的丰硕成果，那么，每一次连续的变化都必须同时使我们想到原先的东西，并且唤起我们对以后会出现的东西的兴趣。

也包含发展的周期

对植物和动物这类有生命的生物进行观察，可以最大限度地满足上述两方面的要求。有生长的地方，就会有移动、变化的过程，也会有周期性的变化和安排。第一个过程会唤起观察，第二个过程会对观察加以组织。儿童对种下种子并且观察其生长阶段会表现出超乎寻常的兴趣，这主要归因于以下事实：有一些事情正在发生，这就像在他们眼前表演的一幕戏剧，生长的每一步对植物的命运都是至关重要的。近年来，植物学和动物学的教学中出现了重大且有实际效果的改善，究其原因，是由于把植物和动物看作可以动的、可以做事情的生命，而不是把它们看作没有生命力的标本，只具备可以编目、命名和登记的静止属性。如果用后一种方式来看待动植物，那么观察就会不可避免地沦为错误的“分析式的”观察（参见第89页），简化为单纯的解剖和计数。

对结构的观察来自对功能的注意

当然，对物体纯粹静止的属性进行观察也有作用，而且有非常重要的作用。然而，如果人们感兴趣的主要是功能，是物体所做的事情，那么就会产生某种想要进行更细致的分析研究、想要对结构进行观察的动机。注意某种活动的兴趣会不知不觉地逐渐转变为注意活动是怎样进行的兴趣；对已经完成的动作的兴趣会逐渐转变为对完成这种动作的器官的兴趣。但是，一开始就按照形态学和解剖学的要求进行活动时，观察各个部分的形状、大小、颜色的特质，就会使材料和意义割裂开来，致使其成为没有生命的、枯燥乏味的东西。一旦儿童对植物的呼吸功能产生兴趣，那么他们自然就会专心地去寻找植物的气孔。如果把这些气孔视为结构中被分离出来的独特属性，那么让他们对此进行细微的观察就是一件令人厌恶的事情。

科学观察

3．当观察兴趣的核心变得不太与个人有关，不会作为一种手段对自身的目的产生影响，不是审美的事情，不是各个部分对整个情感效应的贡献问题时，观察在性质上就会非常有意识地变成理智的。学生学习观察是为了：①发现他们所面临的困惑；②对观察到的一些令人费解的特征进行推测，并提出一些假设性的解释；③验证由此而联想到的观念。

应该是广泛的

也应该是精细的

简言之，观察应具有科学的性质。我们或许可以这样说，这种观察应该遵循广泛的观察和精细的观察之间的某种节律。对广泛的和多少有点松散的相关事实的吸收，以及对少数被选择出来的事实进行细致的精确研究，通过这二者之间产生的更迭，就会使问题变得明确，所提出的解释就变得有意义了。比较广泛的、不太确切的观察是必要的，因为这可以让学生感受到他要探究的领域的事物，使他意识到事物之间的关系和可能性，使他的头脑中吸收可以将想象转化为联想的种种材料。精细的研究也是必要的，因为它可以限定问题，可以确保实验测试的条件。后者本身由于太强调专业化和技术性，所以无法唤起学生的理智的成长，而前者本身由于太表面化和分散，所以无助于控制学生理智的发展。生命科学、实地研究和短途旅行都是在自然环境中认识各种生物，这种方式可以和显微镜观察及实验室观察交替进行。在物理科学中，光、热、电、水蒸气、地心引力等现象（在自然环境、地理环境中广泛存在），应当在实验控制的条件下，从中选择一些事实为精确研究做好准备。通过这种方式，学生就可以获得发现和验证这一科学方法的好处，并且能够领会实验室里的能量方式与野外实际存在的现实之间具有一致性，从而避免给人留下这样的印象（人们经常会产生这种印象）：所研究的事实是实验室里独有的。

三、知识的传授

传授知识的重要性

当我们把所有的事实都说完和做完时，任何一位观察者自身所能达到的事实领域都会变得十分狭窄。许多东西都是在不知不觉中，从我们所听到或者读到的他人的观察和得出结论的东西中，进入我们的每一种信念中，甚至进入我们在完全靠个人亲自了解的情况下所得出的那些信念中。尽管在我们的学校里直接观察已经得到了很大的扩展，但大量的教育素材还是从教科书、讲座和口头交流中获得的。怎样从他人传授的知识中获得最符合逻辑的益处，这是一个最重要的教育问题。

毫无疑问，“教学”（instruction）这个单词的主要意义就是对他人观察和推理的结果所做的传递和灌输。毋庸置疑，在教育中过分强调积累知识这种理想（参见第46页），其根源在于突出了向他人学习。那么，问题的关键在于怎样传递知识才能使之成为理智的财富。

从逻辑上来说，这种类别只是作为证据或证言

用逻辑学的术语来说，由他人的经验所提供的材料就是证言，也就是说，利用他人提供的证据做出自己的判断，从而得出某种结论。我们应该怎样对待由教科书和教师所提供的素材，使之成为反思性探究的材料，而不是作为仓库提供的现成的精神食粮，直接拿来并吞下去呢？

在回答这个问题时，我们可以说：

观察不应被由他人传授的知识侵占

（1）传授的材料应该是必需的。也就是说，传授的材料应该是个人通过观察不易获得的。通过教师或书本，用事实来填满学生的头脑，而学生稍加思索，通过直接探究便能发现，这种做法侵犯了学生的理智完整性，是在培养一种心智的奴性。这并不意味着他人传授所提供的材料就一定是贫瘠的或不足的。我们的感觉范围几乎是无限的，自然和历史的世界几乎可以无限超越地伸展开来。但是，对于可以进行直接观察的领域，我们应该小心地加以选择，并对其

予以神圣的保护。

(2) 所提供的材料应该是一种刺激物，而不是带有教条式的权威和僵化的性质。如果学生认为所有学科都已经得到了明确的研究，该领域的知识均已详尽无遗，并且形成了最终的定论，那么他们可能仍然是一些可教导的学生，但他们不再是学者或研究者了。任何思维——只要它是思维——都包含一个原创性阶段。这种原创性并不意味着学生的结论与他人的结论不同，更不意味着它是一种全新的结论。学生的原创性与大量地使用他人贡献的材料和建议并非互不相容。“原创性”意味着个人对这个问题感兴趣，对他人提出的建议能够主动地反复思考，并且真心实意地贯彻并执行这些建议，最后得出某种经过检验的结论。从字面上来看，“亲自去思维”(Think for yourself)这个短语是同义反复的，因为任何思维都是一个人的自我思维。

也不应在语气上教条化

(3) 传授知识所提供的材料应当与学生经验中某个至关重要的问题有关。我们曾经说过，把观察本身当作开端和目的会带来很多弊病，而且这些弊病可能会毫无变化地迁移到学习中去。对学科内容的教学，如果不涉及任何学生自己的经验中已经唤起的问题，如果没有以这种方式呈现出来，从而提出某个问题，那么，这种教学比丝毫无助于理智目的的教学更糟糕。这种教学根本没有考虑反思的过程，因而是毫无用处的。这种教学给学生的心灵留下的是大量的废物和残渣，一旦出现问题，它就成了妨碍有效思维的一个障碍物。

应该与个人问题相关

换言之，这一原则是指，传授知识所提供的材料应当纳入现存的体系或经验组织中。所有学习心理学的学生都熟悉统觉原则——我们将新的材料与已经消化吸收和保留下来的旧的经验相融合。现在，由教师和教科书所提供的材料，应该尽可能地将学生从他自己经验的直接形式中获得的东西作为“统觉的基础”。学校中存在这样一种倾向，即把从课堂里学到的材料和先前课程中学到的材料简单地联系起来，而不是把从课堂里学到的材料和学生在校外经验中习得的东西联系起来。教师会说：“你难道不记得上周我们从书本上

也应该先于之前的经验系统

学过的东西吗？”他不会说：“你难道想不起来曾经看到过或者听到过类似的事情吗？”其结果是，学生建构起来的是分离的而又独立的学校知识体系，这些知识体系毫无生气地覆盖了日常的经验体系，而不是对日常的经验体系做出反应，并去扩展和改善它。学校教导学生生活在两个分离的世界中：一个是校外的、经验的世界，另一个是书本的、课程的世界。

第十五章　讲课和思维训练

讲课的重要性

在讲课的过程中，教师与学生形成了最紧密的联系。在讲课时，关注的焦点集中在指导学生的活动、影响他们的语言习惯和指导他们观察这些可能的事情上。我们在把讲课作为教育手段而讨论其意义的时候，只是进一步论证前面三章所提出的观点，而不是提出新的论题。讲课的方法是对教师技能的严峻考验，包括判断学生的理智状态的能力、为唤起学生有用的心理反应而提供种种条件的能力，总之，是对教师教学艺术的严峻考验。

讲课和反思

“讲课”（recitation）一词表示在一段时间内，教师与学生以及学生与学生之间最亲密的理智接触这一具有决定意义的事实。“复述”（recite）一词指的是再次引用、重复、一遍又一遍地讲述。如果我们把这段时间称为“重述”（reiteration），那么，这个词就不如“讲课”一词表达得更清楚，“讲课”意指教师复述间接知识，学生为了在将来适当的时候正确回答问题而记忆这些知识，这个完整的教学控制过程。讲课为激发和指导学生进行反思提供了场所和时间，而再现出记住的事情虽然是不可或缺的，但它只是在培养深思熟虑的态度过程中的一个偶然条件。因此与上述基本的事实比起来，我们在这一章所讲述的每一点都是无关紧要的。

一、教学的正式步骤

赫尔巴特对教学方法的分析

有少数人以普遍原则为基础形成了一种方法，尝试对讲课进行指导。其中具有重要意义的一种尝试就是，赫尔巴特（Herbart）把讲课分为五个连续的步骤，这一分析对“课堂听讲”的影响很可能比其他所有尝试加起来的总和还要大。赫尔巴特提出的步骤被称为“教学的正规步骤”，其潜在的意思是，无论教学内容在范围和细节上怎样变化，掌握这些内容的最好方式都只有一种，因为大脑在有效地应对各种教学内容时，一律遵循单一的“普遍方法”。不管是一年级学生掌握数字的基本原理，还是语法学校的学生学习历史，或者大学生探讨哲学问题，在每一种情况下，第一个步骤都是准备，第二个步骤是呈现，随后紧跟着的是比较和概括，最后是把经过概括的东西应用到具体的、新的事例中。

对方法的具体说明

所谓准备，意思就是提出问题，使学生联想到他们熟悉的经验，这有助于学习新的话题。已经知道的事物为一个人理解未知事物提供了手段。因此，如果学生心灵中被唤醒的观念与实际活动联系在一起——位于意识最突出的位置，那么学习新事物的过程就会变得比较容易。当学生学习河流时，他们首先要被问到他们已经熟悉的小河或小溪。如果他们从未见过任何溪流，那么，他们可能会被问到排水沟里流淌的水。“统觉团”（apperceptive masses）以某种方式被唤醒，这将有助于掌握新的科目。准备阶段在提出课堂学习目标后结束。旧的知识变得活跃起来，新的材料也“呈现”在了学生面前。教师向学生展示河流的图片和地形模型，做出生动的口头描述，若有可能的话，带学生去看真实的河流。这两个步骤结束之后，学生就可以获得特定的事实。

后两个步骤旨在获得某个普遍的原则或概念。可能会拿当地的河流与亚马逊河、圣劳伦斯河、莱茵河做比较。通过这种比较，一些偶然和非本质的特征被消除了，这样就形成了河流的概念：河流的意义中包含的元素被收集在一起，并得到了确切的阐述。这样，最终的原则就在心灵中被固定下来，并且通过把它应用于其他河流（比如，泰晤士河、波河[1]、康涅狄格河）而得以澄清。

与我们之前对反思的分析进行比较

如果我们把对教学方法的分析与我们对完整的思维活动的分析进行比较，那么我们会对它们之间明显的相似性感到惊讶。我们所知的（与第六章比较）“阶段”首先是某一问题或某一令人困惑的现象的出现；其次是观察、审视事实，找出问题在哪里，解决问题；再次是形成某种假设或者对某一可能的解决方法的建议，运用推理对其进行详细的阐释；最后用它来指导新的观察和实验，检验精心阐述的观点。每一个过程都可分为：①具体的事实和事件；②理念和推理；③将结果运用到具体的事实之中。每一种情况运用的都是归纳—演绎的方法。我们也会对其中的一种差异感到震惊。赫尔巴特的方法没有提到困难和差异，例如，整个过程的起因和促进因素，因而导致赫尔巴特的方法在获得知识的过程中，常常把思维作为一种偶然事件来处理，而不是在形成思维的过程中，把知识作为一种偶然事件来处理。

与教师准备有关，而不是与讲课有关的正式阶段

在更详细地进行比较之前，我们可能会提出这个问题：讲课是否要在所有情况下都遵从一系列统一规定的步骤——尽管人们承认这一系列步骤是正式的、符合逻辑顺序的。在回答这个问题的时候，人们可能会说，正是因为这个顺序是符合逻辑的，所以它表达的是已经理解了这个主题的人对此做出的调查，而不是学习过程中心理所遵从的发展道路。前者描述了一种统一的、直接的过程，而后者则是一系列的方法，以及来来回回的曲折的活动。简言之，正规的步骤指出了教师在备课过程中应该涉及的一些要点，而不是提前预设教学的实际过程。

[1] 波河（Po），意大利最长的一条河流。——译者注

教师的问题

当然，如果教师缺乏准备，那么就会导致某种随机的、任意的讲课。这种讲课要想获得成功，只能依赖当时的灵感（这种灵感可能会出现，也可能不会出现）。仅仅在课程主题方面做好准备，则会形成一种僵化的程序，教师考察的是学生对课本上的知识的精确掌握。但是，教师的问题——作为一个教师——并不在于掌握某一主题，而在于对某个主题进行调整，使之适合于思维的培养。现在，前面提到的正式步骤很好地指出了教师在针对一个主题进行教学时应该提出的问题。学生针对这个主题已经做了什么准备呢？他们的哪些熟悉的经验是可以被利用的？他们学过的哪些知识会对他们有所帮助呢？我应该怎样陈述这件事情，才能与他们当前的知识素养相适应呢？我应该展示什么样的图画呢？我应该将他们的注意力引到什么主题上呢？我应该联系什么样的事件呢？我应该引导他们做什么样的比较，使他们认识到什么样的相似之处呢？指导整个讨论并得出结论的普遍原则是什么呢？我应该怎样运用这个普遍原则，并使之固定下来，得到澄清，从而帮助学生真正掌握这个普遍原则呢？学生的哪些活动可以帮助他们了解真正的、有意义的原则呢？

只有步骤的灵活性才能保证讲课的生动性

如果教师系统地考虑了上述问题，那么没有一个教师会教不好课。当教师能够按照前面提到的五个正式步骤，更多地根据学生对各种观点做出的理智反应来进行反思时，他就能以更加灵活而自由的方式讲课，而不会让主题变得支离破碎，也不会让学生的注意力分散。他就会发现，为了保持一种理智的顺序，没有必要遵循始终如一的计划。他准备利用任何重要反应显示出来的迹象，无论其来自哪个方面。一个学生可能已经对普遍原则有了自己的想法——很可能是错误的。那么，从一开始就应该运用这个原则，以便证明这个原则是行不通的，由此引导学生寻找新的事实，并概括出新的原则。或者，突然呈现某一事实或对象，这可能会对学生的心灵产生一定的激发

任何一步都可能先行

作用，致使任何初期的准备都是相当多余的。如果学生的大脑一直在思考，那么他们不可能等到教师细致地完成准备、呈现和比较这些步

骤之后，才形成某种假设或概括。再者，除非从一开始就对熟悉的和不熟悉的事物进行比较，否则，准备和呈现就是没有目的的、没有逻辑动机的、孤立的，而且迄今为止也是没有意义的。

学生的心灵不可能得到充分的准备，而只能为某一具体的事物做好准备。呈现通常是激发事物之间各种联系的最好的方式。重点在于依据熟悉的概念来掌握新的概念，在于利用新的事实来表达问题。但是，在任何情况下，都要对问题的两个方面进行比较和对比，这两个方面是互相支撑的。简言之，在讲课的过程中，教师把逻辑步骤从之前考虑的那些要点，转化为统一而又连续的步骤，这样做就是把已经理解这一科目的某个人的逻辑论点，强加给还不理解这一科目的人，阻碍了学生自身逻辑的发展。

二、讲课涉及的因素

请记住，这些正规步骤代表的是学生进步过程中出现的相互交织的因素，它们不是繁忙的高速公路上的里程标志，因此，我们应区别对待。这样我们就很容易理解赫尔巴特引用的许多例子，并把这些步骤精简为三个：第一，对具体的或特殊事实的理解；第二，理性的概括；第三，应用和证实。

准备就是明白问题在哪里

1．与具体事实有关的过程就是准备和呈现。最好的，实际上是唯一的准备，就是唤起对于需要解释的、未曾预料到的、具体的、独特的事物的感性认识。当人的心灵中产生某种真正困惑的感受时（无论这种感受是怎样产生的），心灵都会处于警觉和探究的状态，因为这是从内部发出的刺激。某个问题给人带来的冲击和刺激，将迫使心灵尽可能地进行探究。如果没有这种心理的热忱，那么最巧妙的教学设计也不会好到哪里去。正是这种问题感才迫使心灵对过去进行探究和回顾，以发现这个问题意味着什么，以及处理问题的方法。

教师有意识地唤起学生经验中那些熟悉的因素，并使之发挥作

准备中会犯的错误

用时，一定要预防几种危险的发生。①准备的步骤一定不要持续太长时间，或者让人疲惫不堪，否则就会事与愿违。当学生直入本题地全身心投入所有的准备时，他就会失去兴趣并且感到厌烦。有些负责任的教师在讲课过程中所做的准备，使我们想起这样一个男孩：他为了跳远而跑了很长一段距离，以致当他到达起跳线时，由于过于疲劳而不能跳得很远。②我们依靠习惯来理解新材料。过分拘泥于把习惯性的先天倾向转变为有意识的理念，这样反而会妨碍它们发挥最好的作用。熟悉的经验中的某些因素确实有必要得到有意识的再认，这正像为了使某种植物生长得最好，有必要进行移植一样。但是，不断地挖掘经验或移植，以便看一看他们生长得怎样，这样做是致命的。进行限制，使人感到害羞、难堪，这是有意识地对熟悉的经验进行过度挖掘的结果。

教学目的的说明

严格遵循赫尔巴特学说的教育家们认为，教师对某一堂课的教学目的所做的说明，是准备过程中不可或缺的组成部分。但是，与打铃或者发出任何要求学生集中注意力的信号，以及把思维从一些有趣的科目中迁移出来相比，对教学目的所做的初步说明在性质上似乎更不理智。对于教师来说，对目的进行说明是很重要的，因为它具有指导的意义；对于学生来说，对他将要学习的东西进行说明，简直就是一种自相矛盾的做法。如果教师过分严肃地看待教学目的，认为其意义远远大于一个要求注意的信号，那么这样做的后果就是：预先阻止学生自己的反应，使学生摆脱提出问题的责任，抑制其思维的主动性。

教师应该讲述或展现多少

我们没有必要详细地讨论“呈现”——教学中的一个步骤，因为我们在上一章已经把这个主题涵盖在对观察、交流的说明中了。

呈现的功能就是提供一些材料，使问题的本质一目了然，并为解决问题提出建议。教师在实践中的问题就是如何能够保持平衡，如果展示和讲述得太少，就无法激发学生进行反思；如果展示和讲述得太多，又会阻止学生的思维。假定学生真正专注于某一主题，假定教师愿意为学生留下可供消化和吸收的余地（而不是僵化地要求学生必须掌握或者能够再现一切），那么相比较而言，危险就会小得多。一个人即便对某一主题做了很多的沟通交流，他也照样热情不减。

学生有责任证明某一情况的合理性

2．正如我们所看到的那样，理性分析的反思阶段的显著特点，就在于对某一观念进行详细阐释，提出假设，通过相互比较和对照，得出定义和公式。

(1) 就复习课而言，主要的要求就是，学生要了解所提出的每一条理论原则的本质，可以搞清楚得出这条原则的事实依据，以及事实是如何得出结论的。除非学生能够对他自己提出的猜想的合理性负责，否则，复习课在理性能力的训练中没有任何意义。一个聪明的教师在避开学生的那些笨拙的和无意义的表述方面，在选择和强调那些与他希望得出的结果相一致的表述方面，很容易习得一些很好的技巧。但是，这种方法（有时被称为“暗示性提问”）除了使学生像杂技演员那样灵巧地遵循教师的教导之外，往往会使学生难以做出理智的反应。

精神得到休闲的必要性

(2) 如果没有短暂的停顿、没有放松时的自由，就想把某种模糊的和多少有点随意的观念转换为一致而又明确的形式，那是不可能的。我们经常会说“停下来想一想”。所有的反思在某种程度上都需要暂停外部的观察和思考，这样才能让某种观点成熟。沉思，暂停对感觉的狂轰滥炸，暂不理会公开行动的要求，与在其他阶段需要进行观察和实验一样，都是推理阶段必要的行为。把消化吸收比喻为同化（只要与理性的精心阐述相联系，同化很快就会在心灵中出现），是有教育意义的。通过比较和强调一些可供选择的建议，而对深思熟虑的事情默默地进行不受干扰的转化，是得出一致的、严密的结论所不可或缺的。推理不等同于辩论或争论，也不等同于突然抓住和放弃某些联想，正如消化吸收不等同于大嚼大咽一样。教师必须保证学生有悠闲地消化吸收的机会。

有典型的核心客体的重要性

(3) 在比较的过程中，教师尽量不要提出具有同样重要性的诸多事实，以免分散学生的注意力。因为注意力是有选择性的，所以在正常情况下某一客体需要成为思维的对象，并且成为出发点和参照点。影响教学方法成功与否的一个重要事实是，教师力图把具有同样重要性的一系列客体，摆在学生面前进行比较。在比较的过程中，思维当然不会自然而然地从 a、b、c、d 这些客体开始，并且努力发现它们一致的方面。它是从某一个或多或少在意义上有些模糊和不成熟的单一客体或情境开始，然后深入探讨其他客体，以便使对核心客体的理解一致而清晰。单纯地增加比较的客体并不利于成功地进行推理。用于比较的每一个事实都应该能厘清主要客体的某一模糊特征，或者能补充说明主要客体不完整的特征。

类型的重要性

简言之，应当花费点力气去理解，思维活动集中关注的那个客体是**典型的**（typical）：当材料可以迅速而富有成效地使人联想到一系列事实的原理时，尽管材料是个别的或具体的，但是这种材料仍然是典型的。

任何一个神智正常的人在思考河流时，都不会一开始就从整体上或普遍意义上进行思考。他会从一条表现出某种令人困惑的特征的河流开始，然后研究其他河流，以便弄清楚之前那条河流存在的让人感到疑惑的特征。与此同时，他会用最初那条河流的典型特征，把它所表现出来的与其他河流有关的许多细节进行有序的排列。这种反复进行的比较既保持了意义的统一性，又可以防止其变得单调乏味和狭隘。对不相同的地方进行对比，才能使重要的特征更加鲜明，同时才能使不相似的特征结合在一起，形成一种有组织的或具有一致性意义的工具。思维要避免孤立的特殊事物带来毁灭性的影响，也要防止某一纯粹正规的原则导致的毫无效果的情况发生。一些特殊的案例和属性具有侧重性和明确性，普遍原则则要把特殊性转化为单一的体系。

(4) 因此，概括并不是一种孤立的和单一的行为。相反，它是整个讨论或讲课过程中一种持续的倾向和功能。每得出一个概念，都能够使人理解那些孤立的且使人感到困惑的东西，对其做出解释，并使其整合在一起，因此也进一步形成了概括。很小的孩子与青少年和成人一样，也能够进行概括，只不过他们得到的概括不一样而已。如果他正在学习一个河流流域，那么依据其自身的知识储备，他会这样进行概括：搜集一系列事实，找出某种单一力量的作用，例如，在地心引力的作用下水会向下流，或者被看作某一历史阶段作用的结果。虽然结论来自某一条河流，但是在这种情况下得出的河流的知识具有概括性。

对意义的理解会影响概括

在概括中所包含的表述、有意识的说明等因素，并不是一种简单的形式上的行为，而是一种持续的功能。下定义，本质上指的就是使意义从模糊变得确定。最终形成的用语言表述的一个定义，就是这种确定性逐步增加的最终结果。即使反对现成的语言定义和规则，钟摆也不应该摆向对立的一端，即忽略从应对特殊事实中产生出来的纯粹意义的总结。只有不断地进行概括性的总结，思维才能得出某种结论，或者找到固定的结果；只有得出结论，现有的理智的储备才能用于未来的理解中。

对意义的理解需要构想

3．正如上面所说，应用和概括是密切联系在一起的。机械技能运用到新的情境中时，无须明确理解某一原则。不仅如此，有意识的表述可能会阻碍常规的、精确的技术问题的应用。但是，如果对某一原则没有理解、没有概括，那么获得的技能就不可能迁移到新的、不同的问题上。概括的内在意义就是，它可以把某种意义从局部的限制中解放出来，概括就是已经被解放出来的意义。它是从偶然的特征中解放出来的，可以在新情境中运用的意义。检验某种概括是否是假的（一种语言形式的概括，但没有意义识别的说明），最保险的方法是，看它是否可以自发地使用所谓的原则来扩充自己。概括的本质就是应用。（参见第29页）

概括意味着在新情境中应用的能力

使用规则和原则进行练习，其真实的目的与其说是驱使或训练

固化和灵活的原则

学生，倒不如说是获得关于某种观念或原则的适当的洞见。把应用当作独立的最后步骤是具有灾难性的。在每一次判断中，某种意义都会被用来评估和解释某一事实。通过这种应用，意义本身得到了扩充和检验。这种普遍意义通常被认为是很完善的，应用则被认为是外部的、非理智的，只有为了实际的目的，把意义付诸使用才是很明智的。原则是一个独立的事物，对它的使用则是另一件独立的事情。当二者相脱离的时候，原则就会变得僵化和死板，失去其内在固有的生机与活力，失去其自我驱动的力量。

自我应用是真正的原则的标志

一个正确的概念是一种可迁移的（moving）理念，它会寻找可用之处，或者用来解释某些特殊事物和指导行动，就像水向山下流动那样自然。准确地说，正如反思性思维需要从观察特殊的事实和行为事件开始一样，概念也需要特殊的事实和行为来使其达到完美的境地。“泛泛的赞誉”（glittering generalities）是毫无生气的，因为它们是虚假的。就像敏锐的观察或推理一样，应用是真正的反思性探究内在固有的一部分。真正的普遍原则倾向于得到应用。教师需要提供一些适合使用和练习的条件。但是，如果为了保证原理的应用而随意提出人为的任务，那么这其中就包含某种错误了。

第十六章　一些普遍结论

一些本应在思维过程中相互平衡的因素，实际上却经常倾向于彼此孤立，以致变得相互抵触，而不是相互合作，形成富有成效的反思性探究。本章我们将提出这几个思维的因素，对我们如何思维，以及我们应该怎样思维这一研究进行总结。

一、无意识的和有意识的

理解是无意识的假设

“理解了”（understood）这个术语的一种重要的意义是，彻底掌握了某件事情，完全地赞同，以至可以得出假设了。这就是说，把它当作一件理所当然的事情，无须再有明确的说明。人们所熟悉的那句话“众所周知”的意思是“某事已经理解了”。如果两个人能够理智地相互交谈，那是因为他们有共同的经验，可以为相互理解提供背景，以便将各自的论点都投射到这个背景上。探讨和系统地阐述这个共同的背景是很愚笨的。这一背景是“被理解了”的，也就是说，它默默地提供了一种理所当然的媒介，使得观念可以通过这一媒介进行理智的交流。

探究是有意识的构想

但是，如果两个人发现他们各自的目标相反，那么就有必要以各自讲的话为基础，挖掘和比较预先的假设和隐含的背景。这样，内隐的东西就会变成外显的，曾被无意识假定的东西就可以暴露在意识的日光下。用这种方式，可以消除产生误解的根源。所有富有成效的思维都包含这种无意识的和有意识的节律。一个正在追求对思维进行连续训练的人，就像他在与他人交谈时那样，会认为某种观念体系是理所当然的（因此，他没有表达出来的东西就是“无意识的”）。某种背景、某种情境和某种控制性目标都会如此彻底地支配其外显的思维，以至不需要进行有意识的详细阐述和解释。外显的思维继续在被隐含或被理解的事物的限度内活动着。但是，反思源于某个问题，在某些方面，这一事实有必要对熟悉的背景进行有意识的检查和核实。我们不得不依赖某种无意识的假设，并且使之更加明确。

不能为了获得平衡而赋予规则

人们不可能制定出任何规则，来保证心理生活的两个方面达到应有的平衡和节律。除非我们把其中内隐的东西变成外显的，否则任何条例都不可能规定，某种无意识的态度和习惯的自发活动达到何种程度就应该受到核查。没有人能够详细地讲述，这种分析式的检查和详尽的阐述究竟能走多远。我们只能说，它们一定会长远地走下去，即足以使个体知道他打算怎么做，以便能够指导他的思维。但是，在某一特定情况下，这样做究竟能达到什么程度呢？我们只能说，它们一定会坚持下去，来发现和预防某种错误的感觉或推理，并且对调查研究产生某种影响。但是，这种做法只不过是重申了最初的困难而已。因为在面对特殊情况时，我们必须依靠个人的倾向和机智，而且检验一种教育成功与否，最重要的是看这种教育在一定程度上是否可以培养出一种心智能力，能够在无意识和意识之间保持平衡的关系。

要避免过度分析

我们在前文批评了错误的、“分析式的”教学方法（参见第89页），这种教学方法的错误在于：对那些原本在某种无意识的态度或工作假设下，可以产生更好效果的东西，给予了明确的关注和说明。只是为了使之成为有意识的，只是为了对其进行详尽的阐释，就把眼睛盯在那些熟悉的、一般的、机械的内容上。这种做法既是一种不合理的干涉，又是让人产生厌倦的根源。被迫有意识地详细论述那些习以为常的东西，这是厌倦的本质。使用具有这种倾向的教学方法，会直接导致学生缺乏兴趣。

发现错误和坚持真理都需要有意识的陈述

此外，我们已经批评过单纯的、机械的技能形式。我们也说过，提出真正的问题、引入新颖的事物、获得一定的概括意义，其重要性也应该纳入考虑的范围。没有让学生意识到某种错误或失败的永久根源，就像毫无必要地盯住那些顺利进行的事情一样，对良好的思维都具有毁灭性的作用。为了快速形成技能而过分简化、排除新的事物，为了防止犯错误而避开障碍，这和试图让学生阐述他们知道的每一件事情，说明他们在获得某一结果时所使用的每一个步骤一样，都是有害的。哪里出现问题，就表明哪里需要进行分析式的探究。解决了一个问题后，就应该把与这个问题有关的知识储存起来，使之成为解决其他问题的有效资源。因此，有意识的提炼和总结是必不可少的。在学习某一学科的早期阶段，大量不受限制的、无意识的心理活动可能会获得准许，甚至会冒着进行某种随机实验的危险。在以后的各个阶段，就应该鼓励学生有意识地详尽阐述和复习。推测和反思、取得进展和回顾检查，应该交替出现。无意识为我们提供了自发性和新鲜感，而意识则为我们提供了确信和控制思维的能力。

二、过程和结果

再论游戏和工作

在心理生活中，过程和结果也同样具有平衡的特点。在对游戏和工作进行思考时，我们就可以发现调节这一过程的一个重要方面。在游戏中，兴趣集中在活动上，与结果没有太大的关系。连续产生的行为、印象、情绪都可以自行得到满足。在工作中，目的抓住了人的注意力，并且控制着手段。二者只是兴趣的方向有所不同，强调的重点有所差异，并不存在根本的分裂。如果把活动或结果中比较突出的方面有意识地转换为相互之间的隔离，那么游戏就会退化成为一种戏谑，工作则会退化成为一种苦役。

游戏不应该成为戏谑

所谓“戏谑”(fooling)，我们理解为，由于一时的兴致和偶然事件，使精力得以释放的一系列毫无关联的即时活动。如果把与结果有关的所有参照，都从构成游戏的、连续的观念和行为中排除出去，那么连续的观念和行为就会相互摆脱约束，变成幻想的、任意的、毫无目的的，剩下来的只有戏谑了。儿童和动物身上有一种根深蒂固的戏谑的倾向，但这种倾向并不是完全坏的，因为它至少能防止人们陷入常规老套。但是，如果这种倾向超过一定的限度，那么就会损耗我们的精力，让我们变得崩溃。唯一可以防止这种后果出现的方式是，即使是在最自由的游戏活动中，也要使儿童能够预测活动的结果。

工作也不应该成为苦役

如果把兴趣完全集中在结果上，那么工作就会变成一种苦役。所谓的苦役，意思是指在这些活动中只对结果感兴趣，而对获得结果的手段并没有任何兴趣。每当某种工作变成苦役的时候，对做事情的人来说，做事情的过程也就失去了其全部价值。他只关心最终能得到什么。工作本身需要付出能量，这是令人生厌的。但这又是必要的，因为若没有它，某些重要的目标就无法实现。众所周知，全世界有许多必须要去做的工作，对此，人们并没有从内心产生兴趣。但是，有一种观点认为，儿童应该坚持完成一些苦役般的任务，因为由此他们才可以获得力量，以便忠实地履行那些令人不愉快的职责，这种观点是完全错误的。强制儿童去做那些令人厌恶的事情，结果会导致对职责的厌恶、逃避和推诿，而不是对职责的忠诚和热爱。如果活动本身并不吸引人，那么使儿童愿意从事这些工作的最保险的方法是，让他理解工作结果的价值，使其对价值的意识转移到获得结果的手段上。儿童对工作本身并没有兴趣，而是借用了对工作结果的兴趣，将工作过程与结果联系起来。

最理想的是游戏性与严肃性之间的平衡

工作和游戏的分离、结果和过程的分离，造成了对理智的伤害，这可以在下面这个谚语中得到证实——“只工作，不玩耍，聪明的孩子也变傻”。反之亦然，在以下事实中或许也可以得到足够的表现：戏谑几近于愚弄。既爱游戏，又很严肃是可以做到的，而且这正是理想的心理状态。没有教条主义和偏见，只有理智的好奇心和灵活性，这可以在心灵针对某一主题的自由游戏中表现出来。为心灵提供这种自由游戏，并不是鼓励儿童把某一主题拿来玩弄，而是要脱离成见和习惯的目的，对主题的自行发展感兴趣。需要使用脑力的游戏是没有偏见的，忠诚于思想的力量，能够保持自己的整体性而无须外部的支持和人为的限制。因此，自由的、需要使用脑力的游戏包含着严肃性，认真地遵从主题的发展。它与漫不经心或油嘴滑舌不相容，因为它要求对所获得的每一个结果都进行精确的解释，以便使每一个结论都有长远的用途。所谓"为了真理而对真理感兴趣"，当然是一个严肃的问题，但是，这种对真理的纯粹兴趣与对自由游戏的热爱是一致的。

心灵自由的游戏

在童年时期很普遍

尽管会显露出许多相反的表面迹象——通常是由社会条件所致，要么是因为不适当的多余物品引起了毫无意义的戏谑，要么是因为不适当的经济压力迫使人们去做苦差事——但是，通常情况下，把自由的心理游戏和思考结合起来的理想，是能够实现的。对儿童成功的描述总是会突显他们专心致志地沉思，以及对未来的无忧无虑。生活在当下与提炼当下生活的深远意义，这二者之间并不矛盾。这种生活在当下的丰富和充实，恰恰是童年时代的继承物，也是他们未来成长最好的保障。儿童在还不成熟的时候就被迫关注间接的实用后果，虽然在某一特殊的方面可以锻炼他们的才智，但是这种早熟的专注必然会以后来的冷漠和迟钝为代价。

艺术家的态度

艺术起源于游戏，这是一种普遍的说法。无论这种说法从历史上看是否正确，它都说明了心理上的爱玩和严肃可以和谐相处，这就是对艺术理想的描述。当艺术家过多地专注于手段和材料时，他可能会获得绝妙的技巧，但不会获得出类拔萃的艺术精神。相反，当生动活泼的理念超过了已经掌握的方法时，虽然可以表现审美的情感，但是，这种表现艺术由于存在很多瑕疵，所以无法彻底地表现情感。当对目的的思考变得如此恰当，以至必须使之转换成得到具体表现的手段时，或者，当人对手段的注意，由于认识到它们为之服务的目的而受到激励时，我们就拥有了艺术家所特有的那种态度。这种态度可以在所有的活动中表现出来，尽管不是传统上所指的那种艺术活动。

教学的艺术就是要培养这种态度

教学是一门艺术，而真正的教师就是艺术家，这是人们所熟知的一种说法。现在，教师声称要加入艺术家的行列，对教师的衡量标准是看他是否有能力培养跟随他学习的人也具有艺术家的态度，无论这些人是青年人还是幼小的儿童。有些教师能够唤起学生的热情，与之交流大量的思想，激发其能量……到此为止，一切都进展得很顺利。但是，最终的检验还要看他是否能够把这种刺激成功地转换为力量，以达到更加广阔的目的，也就是说，他是否能让学生注意细节，以保证掌握执行的手段。如果做不到，那么，学生的热情就会减少，兴趣就会消失，而理想也只会变成模糊的记忆。另有一些教师能够成功地训练学生的灵巧、技能以及对学科知识的掌握。达到这种程度，目前来看是好的。但是，如果不能扩展心理的视野，提高对最终价值的分辨能力，以及增强伴随这种训练的对理念和原则的感受，那么，可能导致的结果就是，即使掌握了各种形式的技能，也往往与目的相差甚远。这些不同形式的技能随着情境的不同，既可以表现为聪明地服务于自我兴趣，也可以俯首帖耳地执行他人的意志，或者还可以毫无想象力地循规蹈矩。如何促进鼓舞人心的目的和执行手段二者之间的和谐一致，这既是教师面临的难题，又是对教师的回报。

三、远和近

“亲不敬，熟生厌”

有些教师会注意避免引入与学生的经验毫不相关的事物，但是他们经常会惊讶地发现，当引入一些超出学生理解范围的事物时，学生就会振奋起来，而对于那些熟悉的事物，他们却了无兴趣。在地理课上，身处平原地区的儿童对当地环境中那些有理智魅力的东西，竟然毫无异常的反应，但是，对于与高山或大海有关的东西则痴迷不已。教师竭力想从学生的作文中提取出对他们非常熟悉的事物的细节所做的描述，但收效甚微。有时教师发现，学生渴望写的都是一些崇高的或幻想的主题。一个受过教育的妇女，把她当工厂工人的经历记录了下来，并在工作期间给一些女工讲述《小妇人》(*Little Women*)[1]的故事。但这些女工对此毫无兴趣，她们说，“那些女孩子的经历，还不如我们的经历有趣呢。”而且，她们想听的是百万富翁和社会领袖的故事。一个对从事常规劳动的人的心理状况感兴趣的人，曾经问过一个在棉纺织厂工作的苏格兰女孩，她一天都在想什么。她回答说，一旦她不需要再发动机器，心灵空闲下来时，她就会想自己和一位公爵结婚，而且在这一天的其他时间里，他们两人的幸福生活始终萦绕在她的心头。

因为只有新鲜的事物才需要关注

诚然，我们讲述这些偶然的事件，并不是要鼓励教师采用耸人听闻的、异乎寻常的或不可理解的教学方法。我们讲述这些偶然事件旨在强调这种论点：熟悉的和近似的事物不会自行引起思维，或者使思维得到补偿，而只有用它们来掌握那些陌生的和遥远的事物时，才能做到。心理学常识告诉我们，人并不会注意旧的东西，也不会有意识地在意已经习以为常的东西。因此，我们完全有理由认为：如果新的环境经常出现，需要我们做出调整，我们却专注于那些旧的东西，那么就会浪费精力，而且是很危险的。思维必须用来应对新的事物、不确定的事物、有问题的事物。因此，如果要求学生把他们的思维集中在已经熟悉的事物上，那么心理上的限制、失落感就会在学生心头油然而生。旧的、相似的、习以为常的事物并不是我

[1]《小妇人》（*Little Women*）一书是美国作家露易莎·梅·奥尔科特（Louisa May Alcott，1832—1888）所著。这是一部以美国南北战争为背景，以19世纪美国新英格兰地区的一个普通家庭中四姐妹之间的生活琐事为蓝本的，带有自传色彩的家庭伦理小说。这本小说深受当时大思想家爱默生的影响，强调个人尊严与自立自律的观念，内容平实而又细腻，结构简单而又寓意深远，富有强烈的感染力。——译者注

们注意的事物，而是我们要处理的事物。它提供的不是关于某一问题的材料，而是提供解决问题的材料。

反过来，新事物只有通过旧事物才能被接受

前面提到的内容，引出了要在新和旧之间、远和近之间保持平衡的问题，这种平衡包含在反思活动中。比较遥远的事物会提供刺激和动机，而近在手边的事物则提供观点和可用的材料。这条原则也可以变换一种说法：只有当容易和困难之间的比例适当时，才会出现最好的思维。容易而又熟悉的事物，就像陌生和困难的事物一样，二者是等同的。事情太容易了，就不会为探究留下余地；事情太困难了，就会使探究毫无希望。

已知的和联想到的

近处的事物和遥远的事物发生交互作用是必要的，这是由思维的本质直接决定的。只要有思维的存在，那么当下在场的东西就会使人联想到不在场的东西。同样，除非熟悉的东西是在不同寻常的状况下表现出来，否则它对思维不会有任何推动作用，它也不会为了使不在场的东西得到理解，而对其提出要求。另外，如果所提供的主题是完全陌生的，那么就失去了有助于理解事物暗示的基础。例如，当一个人第一次解决分数问题的时候，如果没有向他指出这些分数问题与他已经掌握了的整数问题之间的关系，那么这些分数会让他感到十分困惑。当他彻底熟悉了这些分数时，他对分数的认识就成为做某些事情的单纯的符号了。它们是一种“替代性的符号”，他不用思维，当下就可以对这些符号做出反应（参见第143页）。不过，如果整体的情境中出现某种新颖而不确定的事物，那么全部的反应就不是机械式的，因为这种机械式的操作活动用于解决某一问题。这个螺旋式上升的过程是没有止境的：通过思维把不熟悉的主题转换成熟悉的、已经掌握的事物，然后又以此来判断和同化其他不熟悉的主题，这样循环往复。

观察提供熟悉的事物，想象提供未知的事物

每一次心智活动都需要进行想象和观察，这种必要性可以说明上述原则的另一个方面。尝试进行传统的实物教学的教师，通常会发现，当这些课程很新颖时，学生就会被吸引，并把这些课程当作一种消遣。但是，一旦这些课程变成了理所当然的事情，他们就像以前机械地学习那些纯粹的符号一样，对这些课程感到无趣和厌倦。想象不能仅仅围着实物转，而应使之变得丰富起来。那种“从事实到事实”的教学方式会把学生培养成一种狭隘的葛擂梗式的人。这不是因为事实本身有局限性，而是因为事实被分成不可否认而又快速现成的条目，没有给想象留下任何空间。如果以刺激想象的方式呈现事实，那么教化自然就会变得丰富起来。反之亦然。富于想象力并不一定就是虚幻的，也就是说，并不一定就是不真实的。恰当的想象的功能在于，发现在现有的感知觉条件下不可能显示出来的现实性。想象的目的是对遥远的、不存在的、模糊的事物产生清晰的洞见。历史、文学、地理、自然科学，甚至几何和数学都包含大量材料，要想完全理解，就必须对其进行想象。想象可以补充和深化观察。它一旦变成幻想，就会成为观察的代替品，并且失去逻辑的力量。

通过与他人交流而获得的经验

最后要说明的是，个体需要在近和远之间保持平衡，这可以在以下两者之间的关系中得到证明：一方面，个体通过与人和事物相接触而获得狭窄的经验领域；另一方面，个体通过交流而获得广阔的种族经验领域。在大量知识需要传授的情况下，教学必然冒着这样的危险，即可能会淹没学生个人的、充满活力的经验（尽管这种经验是狭窄的）。在传播知识这个关键点上，教师会激励学生通过感知觉和肌肉活动这个径直而狭窄的大门，过上更丰富和更有意义的生活。而教书匠只会止步不前。真正的交流包含着思想的传播，如果沟通交流不能使儿童和以他作为继承人的民族之间产生共同的思想和目的，那么所谓的交流就不过是徒有虚名而已。

HOW WE THINK

我们如何思维

（英文版）

John Dewey

PREFACE

Our schools are troubled with a multiplication of studies, each in turn having its own multiplication of materials and principles. Our teachers find their tasks made heavier in that they have come to deal with pupils individually and not merely in mass. Unless these steps in advance are to end in distraction, some clew of unity, some principle that makes for simplification, must be found. This book represents the conviction that the needed steadying and centralizing factor is found in adopting as the end of endeavor that attitude of mind, that habit of thought, which we call scientific. This scientific attitude of mind might, conceivably, be quite irrelevant to teaching children and youth. But this book also represents the conviction that such is not the case; that the native and unspoiled attitude of childhood, marked by ardent curiosity, fertile imagination, and love of experimental inquiry, is near, very near, to the attitude of the scientific mind. If these pages assist any to appreciate this kinship and to consider seriously how its recognition in educational practice would make for individual happiness and the reduction of social waste, the book will amply have served its purpose.

It is hardly necessary to enumerate the authors to whom I am indebted. My fundamental indebtedness is to my wife, by whom the ideas of this book were inspired, and through whose work in connection with the Laboratory School, existing in Chicago between 1896 and 1903, the ideas attained such concreteness as comes from embodiment and testing in practice. It is a pleasure, also, to acknowledge indebtedness to the intelligence and sympathy of those who cooperated as teachers and supervisors in the conduct of that school, and especially to Mrs. Ella Flagg Young, then a colleague in the University, and now Superintendent of the Schools of Chicago.

John Dewey

NEW YORK CITY, December, 1909.

PART ONE
THE PROBLEM OF TRAINING THOUGHT

CHAPTER 1 WHAT IS THOUGHT?

§ 1. Varied Senses of the Term

No words are oftener on our lips than *thinking* and *thought*. So profuse and varied, indeed, is our use of these words that it is not easy to define just what we mean by them. The aim of this chapter is to find a single consistent meaning. Assistance may be had by considering some typical ways in which the terms are employed. In the first place *thought* is used broadly, not to say loosely. Everything that comes to mind, that "goes through our heads," is called a thought. To think of a thing is just to be conscious of it in any way whatsoever. Second, the term is restricted by excluding whatever is directly presented; we think (or think of) only such things as we do not directly see, hear, smell, or taste. Then, third, the meaning is further limited to beliefs that rest upon some kind of evidence or testimony. Of this third type, two kinds — or, rather, two degrees — must be discriminated. In some cases, a belief is accepted with slight or almost no attempt to state the grounds that support it. In other cases, the ground or basis for a belief is deliberately sought and its adequacy to support the belief examined. This process is called reflective thought; it alone is truly educative in value, and it forms, accordingly, the principal subject of this volume. We shall now briefly describe each of the four senses.

Four senses of thought, from the wider to the limited

I. In its loosest sense, thinking signifies everything that, as we say, is "in our heads" or that "goes through our minds." He who offers "a penny for

Chance and idle thinking

your thoughts" does not expect to drive any great bargain. In calling the objects of his demand *thoughts*, he does not intend to ascribe to them dignity, consecutiveness, or truth. Any idle fancy, trivial recollection, or flitting impression will satisfy his demand. Daydreaming, building of castles in the air, that loose flux of casual and disconnected material that floats through our minds in relaxed moments are, in this random sense, *thinking*. More of our waking life than we should care to admit, even to ourselves, is likely to be whiled away in this inconsequential trifling with idle fancy and unsubstantial hope.

Reflective thought is consecutive, not merely a sequence

In this sense, silly folk and dullards *think*. The story is told of a man in slight repute for intelligence, who, desiring to be chosen selectman in his New England town, addressed a knot of neighbors in this wise: "I hear you don't believe I know enough to hold office. I wish you to understand that I am thinking about something or other most of the time." Now reflective thought is like this random coursing of things through the mind in that it consists of a succession of things thought of; but it is unlike, in that the mere chance occurrence of any chance "something or other" in an irregular sequence does not suffice. Reflection involves not simply a sequence of ideas, but a *con*sequence — a consecutive ordering in such a way that each determines the next as its proper outcome, while each in turn leans back on its predecessors. The successive portions of the reflective thought grow out of one another and support one another; they do not come and go in a medley. Each phase is a step from something to something — technically speaking, it is a term of thought. Each term leaves a deposit which is utilized in the next term. The stream or flow becomes a train, chain, or thread.

The restriction of *thinking* to what goes beyond direct observation

II. Even when thinking is used in a broad sense, it is usually restricted to matters not directly perceived: to what we do not see, smell, hear, or touch. We ask the man telling a story if he saw a certain incident happen, and his reply may be, "No, I only thought of it." A note of invention, as distinct from faithful record of observation, is present. Most important in this class are successions of imaginative incidents and episodes which, having a certain coherence, hanging together on a continuous thread, lie between kaleidoscopic flights of fancy and considerations deliberately employed to establish a conclusion. The imaginative stories poured forth by children possess all degrees of internal congruity; some are disjointed, some are articulated. When connected, they simulate reflective thought; indeed, they usually occur in minds of logical capacity. These imaginative enterprises often precede thinking of the close-knit type and prepare the way for it. But *they do not aim at knowledge, at belief about facts or in truths*; and thereby they are marked off from reflective thought even when they most resemble it. Those who express such thoughts do not expect credence, but rather credit for a well-constructed plot or a well-arranged climax. They produce good stories, not — unless by chance — knowledge. Such thoughts are an efflorescence of feeling; the enhancement of a mood or sentiment is their aim; congruity of emotion, their binding tie.

Reflective thought aims, however, at belief

III. In its next sense, thought denotes belief resting upon some basis, that is, real or supposed knowledge going beyond what is directly present. It is marked by *acceptance or rejection of something as reasonably probable or improbable.* This phase of thought, however, includes two such distinct types of belief that, even though their difference is strictly one of degree, not of kind, it becomes practically important to consider them separately. Some beliefs are accepted when their grounds have not themselves been considered, others are accepted because their grounds have been examined.

Thought induces belief in two ways

When we say, "Men used to think the world was flat," or, "I thought you went by the house," we express belief: something is accepted, held to, acquiesced in, or affirmed. But such thoughts may mean a supposition accepted without reference to its real grounds. These may be adequate, they may not; but their value with reference to the support they afford the belief has not been considered.

Such thoughts grow up unconsciously and without reference to the attainment of correct belief. They are picked up — we know not how. From obscure sources and by unnoticed channels they insinuate themselves into acceptance and become unconsciously a part of our mental furniture. Tradition, instruction, imitation — all of which depend upon authority in some form, or appeal to our own advantage, or fall in with a strong passion — are responsible for them. Such thoughts are prejudices, that is, prejudgments, not judgments proper that rest upon a survey of evidence.[1]

Thinking in its best sense is that which considers the basis and consequences of beliefs

IV. Thoughts that result in belief have an importance attached to them which leads to reflective thought, to conscious inquiry into the nature, conditions, and bearings of the belief. To *think* of whales and camels in the clouds is to entertain ourselves with fancies, terminable at our pleasure, which do not lead to any belief in particular. But to think of the world as flat is to ascribe a quality to a real thing as its real property. This conclusion denotes a connection among things and hence is not, like imaginative thought, plastic to our mood. Belief in the world's flatness commits him who holds it to thinking in certain specific ways of other objects, such as the heavenly bodies, antipodes, the possibility of navigation. It prescribes to him actions in accordance with his conception of these objects.

The consequences of a belief upon other beliefs and upon behavior may be so important, then, that men are forced to consider the grounds or reasons of their belief and its logical consequences. This means reflective thought — thought in its eulogistic and emphatic sense.

Men *thought* the world was flat until Columbus *thought* it to be round. The earlier thought was a belief held because men had not the energy or the courage to question what those about them accepted and taught, especially as it was suggested and seemingly

---

[1] This mode of thinking in its contrast with thoughtful inquiry receives special notice in the next chapter.

confirmed by obvious sensible facts. The thought of Columbus was a *reasoned conclusion*. It marked the close of study into facts, of scrutiny and revision of evidence, of working out the implications of various hypotheses, and of comparing these theoretical results with one another and with known facts. Because Columbus did not accept unhesitatingly the current traditional theory, because he doubted and inquired, he arrived at his thought. Skeptical of what, from long habit, seemed most certain, and credulous of what seemed impossible, he went on thinking until he could produce evidence for both his confidence and his disbelief. Even if his conclusion had finally turned out wrong, it would have been a different sort of belief from those it antagonized, because it was reached by a different method. *Active, persistent, and careful consideration of any belief or supposed form of knowledge in the light of the grounds that support it, and the further conclusions to which it tends*, constitutes reflective thought. Any one of the first three kinds of thought may elicit this type; but once begun, it is a conscious and voluntary effort to establish belief upon a firm basis of reasons.

Reflective thought defined

§ 2. The Central Factor in Thinking

There are, however, no sharp lines of demarcation between the various operations just outlined. The problem of attaining correct habits of reflection would be much easier than it is, did not the different modes of thinking blend insensibly into one another. So far, we have considered rather extreme instances of each kind in order to get the field clearly before us. Let us now reverse this operation; let us consider a rudimentary case of thinking, lying between careful examination of evidence and a mere irresponsible stream of fancies. A man is walking on a warm day. The sky was clear the last time he observed it; but presently he notes, while occupied primarily with other things, that the air is cooler. It occurs to him that it is probably going to rain; looking up, he sees a dark cloud between him and

There is a common element in all types of thought:

the sun, and he then quickens his steps. What, if anything, in such a situation can be called thought? Neither the act of walking nor the noting of the cold is a thought. Walking is one direction of activity; looking and noting are other modes of activity. The likelihood that it will rain is, however, something *suggested*. The pedestrian *feels* the cold; he *thinks of* clouds and a coming shower.

viz. suggestion of something not observed

So far there is the same sort of situation as when one looking at a cloud is reminded of a human figure and face. Thinking in both of these cases (the cases of belief and of fancy) involves a noted or perceived fact, followed by something else which is not observed but which is brought to mind, suggested by the thing seen. One reminds us, as we say, of the other. Side by side, however, with this factor of agreement in the two cases of suggestion is a factor of marked disagreement. We do not *believe* in the face suggested by the cloud; we do not consider at all the probability of its being a fact. There is no *reflective* thought. The danger of rain, on the contrary, presents itself to us as a genuine possibility — as a possible fact of the same nature as the observed coolness. Put differently, we do not regard the cloud as meaning or indicating a face, but merely as suggesting it, while we do consider that the coolness may mean rain. In the first case, seeing an object, we just happen, as we say, to think of something else; in the second, we consider the *possibility and nature of the connection between the object seen and the object suggested.* The seen thing is regarded as in some way *the ground or basis of belief* in the suggested thing; it possesses the quality of *evidence.*

But reflection involves also the relation of signifying

Various synonymous expressions for the function of signifying

This function by which one thing signifies or indicates another, and thereby leads us to consider how far one may be regarded as warrant for belief in the other, is, then, the central factor in all reflective or distinctively intellectual thinking. By calling up various situations to which such terms as *signifies* and *indicates* apply, the student will best realize for himself the actual facts denoted by the words *reflective thought.* Synonyms for these terms are: points to, tells of, betokens, prognosticates, represents, stands for, implies.[1] We also say one thing portends another; is ominous of another, or a symptom of it, or a key to it, or (if the connection is quite obscure) that it gives a hint, clue, or intimation.

Reflection and belief on evidence

Reflection thus implies that something is believed in (or disbelieved in), not on its own direct account, but through something else which stands as witness, evidence, proof, voucher, warrant; that is, as *ground of belief.* At one time, rain is actually felt or directly experienced; at another time, we infer that it has rained from the looks of the grass and trees, or that it is going to rain because of the condition of the air or the state of the barometer. At one time, we see a man (or suppose we do) without any intermediary fact; at another time, we are not quite sure what we see, and hunt for accompanying facts that will serve as signs, indications, tokens of what is to be believed.

Thinking, for the purposes of this inquiry, is defined accordingly as *that operation in which present facts suggest other facts (or truths) in such a way as to induce belief in the latter upon the ground or warrant of the former.* We do not put beliefs that rest simply on inference on the surest level of assurance. To say "I think so" implies that I do not as yet *know* so. The inferential belief may later be confirmed and come to stand as sure, but in itself it always has a certain element of supposition.

§ 3. Elements in Reflective Thinking

So much for the description of the more external and obvious aspects of the fact called *thinking.* Further consideration at once reveals certain subprocesses which are involved in every reflective operation. These are: (*a*) a state of perplexity, hesitation, doubt; and (*b*) an act of search or investigation directed toward bringing to light

[1] *Implies* is more often used when a principle or general truth brings about belief in some other truth; the other phrases are more frequently used to denote the cases in which one fact or event leads us to believe in something else.

further facts which serve to corroborate or to nullify the suggested belief.

The importance of uncertainty

(*i*) In our illustration, the shock of coolness generated confusion and suspended belief, at least momentarily. Because it was unexpected, it was a shock or an interruption needing to be accounted for, identified, or placed. To say that the abrupt occurrence of the change of temperature constitutes a problem may sound forced and artificial; but if we are willing to extend the meaning of the word *problem* to whatever — no matter how slight and commonplace in character — perplexes and challenges the mind so that it makes belief at all uncertain, there is a genuine problem or question involved in this experience of sudden change.

and of inquiry in order to test

(*ii*) The turning of the head, the lifting of the eyes, the scanning of the heavens, are activities adapted to bring to recognition facts that will answer the question presented by the sudden coolness. The facts as they first presented themselves were perplexing; they suggested, however, clouds. The act of looking was an act to discover if this suggested explanation held good. It may again seem forced to speak of this looking, almost automatic, as an act of research or inquiry. But once more, if we are willing to generalize our conceptions of our mental operations to include the trivial and ordinary as well as the technical and recondite, there is no good reason for refusing to give such a title to the act of looking. The purport of this act of inquiry is to confirm or to refute the suggested belief. New facts are brought to perception, which either corroborate the idea that a change of weather is imminent, or negate it.

Finding one's way an illustration of reflection

Another instance, commonplace also, yet not quite so trivial, may enforce this lesson. A man traveling in an unfamiliar region comes to a branching of the roads. Having no sure knowledge to fall back upon, he is brought to a standstill of hesitation and suspense. Which road is right? And how shall perplexity be resolved? There are but two alternatives: he must either blindly and arbitrarily take his course, trusting to luck for the outcome, or he must discover grounds for the conclusion that a given road is right. Any attempt to decide the matter by thinking will involve inquiry into other facts, whether brought out by memory or by further observation, or by both. The perplexed wayfarer must carefully scrutinize what is before him and he must cudgel his memory. He looks for evidence that will support belief in favor of either of the roads — for evidence that will weight down one suggestion. He may climb a tree; he may go first in this direction, then in that, looking, in either case, for signs, clues, indications. He wants something in the nature of a signboard or a map, and *his reflection is aimed at the discovery of facts that will serve this purpose.*

Possible, yet incompatible, suggestions

The above illustration may be generalized. Thinking begins in what may fairly enough be called a *forked-road* situation, a situation which is ambiguous, which presents a dilemma, which proposes alternatives. As long as our activity glides smoothly along from one thing to another, or as long as we permit our imagination to entertain fancies at pleasure, there is no call for reflection. Difficulty or obstruction in the way of reaching a belief brings us, however, to a pause. In the suspense of uncertainty, we metaphorically climb a tree; we try to find some standpoint from which we may survey additional facts and, getting a more commanding view of the situation, may decide how the facts stand related to one another.

Regulation of thinking by its purpose

Demand for the solution of a perplexity is the steadying and guiding factor in the entire process of reflection. Where there is no question of a problem to be solved or a difficulty to be surmounted, the course of suggestions flows on at random; we have the first type of thought described. If the stream of suggestions is controlled simply by their emotional congruity, their fitting agreeably into a single picture or story, we have the second type. But a question to be answered, an ambiguity to be resolved, sets up an end and holds the current of ideas to a definite channel. Every suggested conclusion is tested by its reference to this regulating end, by its pertinence to the problem in hand. This need of straightening out a perplexity also controls the kind of inquiry undertaken. A traveler whose end is the most beautiful path will look for other considerations and will test suggestions occurring to him on another principle than if he wishes to discover the way to a given city. *The problem fixes the end of thought and the end controls the process of thinking.*

§ 4. Summary

Origin and stimulus

We may recapitulate by saying that the origin of thinking is some perplexity, confusion, or doubt. Thinking is not a case of spontaneous combustion; it does not occur just on "general principles." There is something specific which occasions and evokes it. General appeals to a child (or to a grown-up) to think, irrespective of the existence in his own experience of some difficulty that troubles him and disturbs his equilibrium, are as futile as advice to lift himself by his boot-straps.

Suggestions and past experience

Given a difficulty, the next step is suggestion of some way out — the formation of some tentative plan or project, the entertaining of some theory which will account for the peculiarities in question, the consideration of some solution for the problem. The data at hand cannot supply the solution; they can only suggest it. What, then, are the sources of the suggestion? Clearly past experience and prior knowledge. If the person has had some acquaintance with similar situations, if he has dealt with material of the same sort before, suggestions more or less apt and helpful are likely to arise. But unless there has been experience in some degree analogous, which may now be represented in imagination, confusion remains mere confusion. There is nothing upon which to draw in order to clarify it. Even when a child (or a grown-up) has a problem, to urge him to think when he has no prior experiences involving some of the same conditions, is wholly futile.

If the suggestion that occurs is at once accepted, we have uncritical

Exploration and testing

thinking, the minimum of reflection. To turn the thing over in mind, to reflect, means to hunt for additional evidence, for new data, that will develop the suggestion, and will either, as we say, bear it out or else make obvious its absurdity and irrelevance. Given a genuine difficulty and a reasonable amount of analogous experience to draw upon, the difference, *par excellence*, between good and bad thinking is found at this point. The easiest way is to accept any suggestion that seems plausible and thereby bring to an end the condition of mental uneasiness. Reflective thinking is always more or less troublesome because it involves overcoming the inertia that inclines one to accept suggestions at their face value; it involves willingness to endure a condition of mental unrest and disturbance. Reflective thinking, in short, means judgment suspended during further inquiry; and suspense is likely to be somewhat painful. As we shall see later, the most important factor in the training of good mental habits consists in acquiring the attitude of suspended conclusion, and in mastering the various methods of searching for new materials to corroborate or to refute the first suggestions that occur. To maintain the state of doubt and to carry on systematic and protracted inquiry — these are the essentials of thinking.

CHAPTER 2 THE NEED FOR TRAINING THOUGHT

To expatiate upon the importance of thought would be absurd. The traditional definition of man as "the thinking animal" fixes thought as the essential difference between man and the brutes, — surely an important matter. More relevant to our purpose is the question *how* thought is important, for an answer to this question will throw light upon the kind of training thought requires if it is to subserve its end.

Man the animal that thinks

§ 1. The Values of Thought

I. Thought affords the sole method of escape from purely impulsive or purely routine action. A being without capacity for thought is moved only by instincts and appetites, as these are called forth by outward conditions and by the inner state of the organism. A being thus moved is, as it were, pushed from behind. This is what we mean by the blind nature of brute actions. The agent does not see or foresee the end for which he is acting, nor the results produced by his behaving in one way rather than in another. He does not "know what he is about." Where there is thought, things present act as signs or tokens of things not yet experienced. A thinking being can, accordingly, *act on the basis of the absent and the future.* Instead of being pushed into a mode of action by the sheer urgency of forces, whether instincts or habits, of which he is not aware, a reflective agent is drawn (to some extent at least) to action by some remoter object of which he is indirectly aware.

The possibility of deliberate and intentional activity

An animal without thought may go into its hole when rain

threatens, because of some immediate stimulus to its organism. A thinking agent will perceive that certain given facts are probable signs of a future rain, and will take steps in the light of this anticipated future. To plant seeds, to cultivate the soil, to harvest grain, are intentional acts, possible only to a being who has learned to subordinate the immediately felt elements of an experience to those values which these hint at and prophesy. Philosophers have made much of the phrases "book of nature," "language of nature." Well, it is in virtue of the capacity of thought that given things are significant of absent things, and that nature speaks a language which may be interpreted. To a being who thinks, things are records of their past, as fossils tell of the prior history of the earth, and are prophetic of their future, as from the present positions of heavenly bodies remote eclipses are foretold. Shakespeare's "tongues in trees, books in the running brooks," expresses literally enough the power superadded to existences when they appeal to a thinking being. Upon the function of signification depend all foresight, all intelligent planning, deliberation, and calculation.

Natural events come to be a language

The possibility of systematized foresight

II. By thought man also develops and arranges artificial signs to remind him in advance of consequences, and of ways of securing and avoiding them. As the trait just mentioned makes the difference between savage man and brute, so this trait makes the difference between civilized man and savage. A savage who has been shipwrecked in a river may note certain things which serve him as signs of danger in the future. But civilized man deliberately *makes* such signs; he sets up in advance of wreckage warning buoys, and builds lighthouses where he sees signs that such events may occur. A savage reads weather signs with great expertness; civilized man institutes a weather service by which signs are artificially secured and information is distributed in advance of the appearance of any signs that could be detected without special methods. A savage finds his way skillfully through a wilderness by reading certain obscure indications; civilized man builds a highway which shows the road to all. The savage learns to detect the signs of fire and thereby to invent methods of producing flame; civilized man invents permanent conditions for producing light and heat whenever they are needed. The very essence of civilized culture is that we deliberately erect monuments and memorials, lest we forget; and deliberately institute, in advance of the happening of various contingencies and emergencies of life, devices for detecting their approach and registering their nature, for warding off what is unfavorable, or at least for protecting ourselves from its full impact and for making more secure and extensive what is favorable. All forms of artificial apparatus are intentionally designed modifications of natural things in order that they may serve better than in their natural estate to indicate the hidden, the absent, and the remote.

The possibility of objects rich in quality

III. Finally, thought confers upon physical events and objects a very different status and value from that which they possess to a being that does not reflect. These words are mere scratches, curious variations of light and shade, to one to whom they are not linguistic signs. To him for whom they are signs of other things, each has a definite individuality of its own, according to the meaning that it is used to convey. *Exactly the same holds of natural objects.* A chair is a different object to a being to whom it consciously suggests an opportunity for sitting down, repose, or sociable converse, from what it is to one to whom it presents itself merely as a thing to be smelled, or gnawed, or jumped over; a stone is different to one who knows something of its past history and its future use from what it is to one who only feels it directly through his senses. It is only by courtesy, indeed, that we can say that an unthinking animal experiences an *object* at all — so largely is anything that presents itself to us as an object made up by the qualities it possesses as a sign of other things.

The nature of the objects an animal perceives

An English logician (Mr. Venn) has remarked that it may be questioned whether a dog *sees* a rainbow any more than he apprehends the political constitution of the country in which he lives. The same principle applies to the kennel in which he sleeps and the meat that he eats. When he is sleepy, he goes to the kennel; when he is hungry, he is excited by the smell and color of meat; beyond this, in what sense does he see an *object*? Certainly he does not see a house — *i.e.* a thing with all the properties and relations of a permanent residence, *unless* he is capable of making what is present a uniform sign of what is absent — unless he is capable of thought. Nor does he see what he eats *as* meat unless it suggests the absent properties by virtue of which it is a certain joint of some animal, and is known to afford nourishment. Just what is left of an *object* stripped of all such qualities of meaning, we cannot well say; but we can be sure that the object is then a very different sort of thing from the objects that we perceive. There is moreover no particular limit to the possibilities of growth in the fusion of a thing as it is to sense and as it is to thought, or as a sign of other things. The child today soon regards as constituent parts of objects qualities that once it required the intelligence of a Copernicus or a Newton to apprehend.

Mill on the business of life and the occupation of mind

These various values of the power of thought may be summed up in the following quotation from John Stuart Mill. "To draw inferences," he says, "has been said to be the great business of life. Every one has daily, hourly, and momentary need of ascertaining facts which he has not directly observed: not from any general purpose of adding to his stock of knowledge, but because the facts themselves are of importance to his interests or to his occupations. The business of the magistrate, of the military commander, of the navigator, of the physician, of the agriculturist, *is merely to judge of evidence and to act accordingly*. … As they do this well or ill, so they discharge well or ill the duties of their several callings. *It is the only occupation in which the mind never ceases to be engaged.*"[1]

[1] Mill, *System of Logic*, Introduction, § 5.

§ 2. Importance of Direction in order to Realize these Values

Thinking goes astray

What a person has not only daily and hourly, but momentary need of performing, is not a technical and abstruse matter; nor, on the other hand, is it trivial and negligible. Such a function must be congenial to the mind, and must be performed, in an unspoiled mind, upon every fitting occasion. Just because, however, it is an operation of drawing inferences, of basing conclusions upon evidence, of reaching belief *indirectly*, it is an operation that may go wrong as well as right, and hence is one that needs safeguarding and training. The greater its importance the greater are the evils when it is ill-exercised.

Ideas are our rulers — for better or for worse

An earlier writer than Mill, John Locke (1632—1704), brings out the importance of thought for life and the need of training so that its best and not its worst possibilities will be realized, in the following words: "No man ever sets himself about anything but upon some view or other, which serves him for a reason for what he does; and whatsoever faculties he employs, the understanding with such light as it has, well or ill informed, constantly leads; and by that light, true or false, all his operative powers are directed. … Temples have their sacred images, and we see what influence they have always had over a great part of mankind. But in truth the ideas and images in men's minds are the invisible powers that constantly govern them, and to these they all, universally, pay a ready submission. It is therefore of the highest concernment that great care should be taken of the understanding, to conduct it aright in the search of knowledge and in the judgments it makes." [1] If upon thought hang all deliberate activities and the uses we make of all our other powers, Locke's assertion that it is of the highest concernment that care should be taken of its conduct is a moderate statement. While the power of thought frees us from servile subjection to instinct, appetite, and routine, it also brings with

[1] Locke, *Of the Conduct of the Understanding*, first paragraph.

it the occasion and possibility of error and mistake. In elevating us above the brute, it opens to us the possibility of failures to which the animal, limited to instinct, cannot sink.

§ 3. Tendencies Needing Constant Regulation

Physical and social sanctions of correct thinking

Up to a certain point, the ordinary conditions of life, natural and social, provide the conditions requisite for regulating the operations of inference. The necessities of life enforce a fundamental and persistent discipline for which the most cunningly devised artifices would be ineffective substitutes. The burnt child dreads the fire; the painful consequence emphasizes the need of correct inference much more than would learned discourse on the properties of heat. Social conditions also put a premium on correct inferring in matters where action based on valid thought is socially important. These sanctions of proper thinking may affect life itself, or at least a life reasonably free from perpetual discomfort. The signs of enemies, of shelter, of food, of the main social conditions, have to be correctly apprehended.

The serious limitations of such sanctions

But this disciplinary training, efficacious as it is within certain limits, does not carry us beyond a restricted boundary. Logical attainment in one direction is no bar to extravagant conclusions in another. A savage expert in judging signs of the movements and location of animals that he hunts, will accept and gravely narrate the most preposterous yarns concerning the origin of their habits and structures. When there is no directly appreciable reaction of the inference upon the security and prosperity of life, there are no natural checks to the acceptance of wrong beliefs. Conclusions may be generated by a modicum of fact merely because the suggestions are vivid and interesting; a large accumulation of data may fail to suggest a proper conclusion because existing customs are averse to entertaining it. Independent of training, there is a "primitive credulity" which tends to make no distinction between what a trained mind calls fancy and that which it calls a reasonable conclusion. The face in the clouds is believed in as some sort of fact, merely because it is forcibly suggested. Natural intelligence is no barrier to the propagation of error, nor large but untrained experience to the accumulation of fixed false beliefs. Errors may support one another mutually and weave an ever larger and firmer fabric of misconception. Dreams, the positions of stars, the lines of the hand, may be regarded as valuable signs, and the fall of cards as an inevitable omen, while natural events of the most crucial significance go disregarded. Beliefs in portents of various kinds, now mere nook and cranny superstitions, were once universal. A long discipline in exact science was required for their conquest.

Superstition as natural a result as science

In the mere function of suggestion, there is no difference between the power of a column of mercury to portend rain, and that of the entrails of an animal or the flight of birds to foretell the fortunes of war. For all anybody can tell in advance, the spilling of salt is as likely to import bad luck as the bite of a mosquito to import malaria. Only systematic regulation of the conditions under which observations are made and severe discipline of the habits of entertaining suggestions can secure a decision that one type of belief is vicious and the other sound. The substitution of scientific for superstitious habits of inference has not been brought about by any improvement in the acuteness of the senses or in the natural workings of the function of suggestion. It is the result of regulation *of the conditions* under which observation and inference take place.

General causes of bad thinking: Bacon's "idols"

It is instructive to note some of the attempts that have been made to classify the main sources of error in reaching beliefs. Francis Bacon, for example, at the beginnings of modern scientific inquiry, enumerated four such classes, under the somewhat fantastic title of "idols" (Gr. *εἴδωλα*, images), spectral forms that allure the mind into false paths. These he called the idols, or phantoms, of the (*a*) tribe, (*b*) the market-place, (*c*) the cave or den, and (*d*) the theater; or, less metaphorically, (*a*) standing erroneous methods (or at least temptations to error) that have their roots in human nature generally;

(*b*) those that come from intercourse and language; (*c*) those that are due to causes peculiar to a specific individual; and finally, (*d*) those that have their sources in the fashion or general current of a period. Classifying these causes of fallacious belief somewhat differently, we may say that two are intrinsic and two are extrinsic. Of the intrinsic, one is common to all men alike (such as the universal tendency to notice instances that corroborate a favorite belief more readily than those that contradict it), while the other resides in the specific temperament and habits of the given individual. Of the extrinsic, one proceeds from generic social conditions — like the tendency to suppose that there is a fact wherever there is a word, and no fact where there is no linguistic term — while the other proceeds from local and temporary social currents.

Locke on the influence of

Locke's method of dealing with typical forms of wrong belief is less formal and may be more enlightening. We can hardly do better than quote his forcible and quaint language, when, enumerating different classes of men, he shows different ways in which thought goes wrong:

(*i*) dependence on others,

(*i*) "The first is of those who seldom reason at all, but do and think according to the example of others, whether parents, neighbors, ministers, or who else they are pleased to make choice of to have an implicit faith in, for the saving of themselves the pains and troubles of thinking and examining for themselves."

(*ii*) self-interest,

(*ii*) "This kind is of those who put passion in the place of reason, and being resolved that shall govern their actions and arguments, neither use their own, nor hearken to other people's reason, any farther than it suits their humor, interest, or party."[1]

(*iii*) "The third sort is of those who readily and sincerely follow

[1] In another place he says: " Men's prejudices and inclinations impose often upon themselves. ... Inclination suggests and slides into discourse favorable terms, which introduce favorable ideas; till at last by this means that is concluded clear and evident, thus dressed up, which, taken in its native state, by making use of none but precise determined ideas, would find no admittance at all."

reason, but for want of having that which one may call large, sound, roundabout sense, have not a full view of all that relates to the question. ... They converse but with one sort of men, they read but one sort of books, they will not come in the hearing but of one sort of notions. ... They have a pretty traffic with known correspondents in some little creek ... but will not venture out into the great ocean of knowledge." Men of originally equal natural parts may finally arrive at very different stores of knowledge and truth, "when all the odds between them has been the different scope that has been given to their understandings to range in, for the gathering up of information and furnishing their heads with ideas and notions and observations, whereon to employ their mind."[1]

(*iii*) circumscribed experience

In another portion of his writings,[2] Locke states the same ideas in slightly different form.

(*i*) "That which is inconsistent with our *principles* is so far from passing for probable with us that it will not be allowed possible. The reverence borne to these principles is so great, and their authority so paramount to all other, that the testimony, not only of other men, but the evidence of our own senses are often rejected, when they offer to vouch anything contrary to these *established rules*. ... There is nothing more ordinary than children's receiving into their minds propositions ... from their parents, nurses, or those about them; which being insinuated in their unwary as well as unbiased understandings, and fastened by degrees, are at last (and this whether true or false) riveted there by long custom and education, beyond all possibility of being pulled out again. For men, when they are grown up, reflecting upon their opinions and finding those of this sort to be as ancient in their minds as their very memories, not having observed their early insinuation, nor by what means they got them, they are apt

Effect of dogmatic principles,

[1] *The Conduct of the Understanding*, § 3.

[2] *Essay Concerning Human Understanding*, bk. IV, ch. XX, "Of Wrong Assent or Error."

to reverence them as sacred things, and not to suffer them to be profaned, touched, or questioned." They take them as standards "to be the great and unerring deciders of truth and falsehood, and the judges to which they are to appeal in all manner of controversies."

of closed minds,

(*ii*) "Secondly, next to these are men whose understandings are cast into a mold, and fashioned just to the size of a received hypothesis." Such men, Locke goes on to say, while not denying the existence of facts and evidence, cannot be convinced by the evidence that would decide them if their minds were not so closed by adherence to fixed belief.

of strong passion,

(*iii*) Predominant Passions. Thirdly, probabilities which cross men's appetites and prevailing passions run the same fate. Let ever so much probability hang on one side of a covetous man's reasoning, and money on the other, it is easy to foresee which will outweigh. Earthly minds, like mud walls, resist the strongest batteries.

of dependence upon authority of others

(*iv*) "Authority. The fourth and last wrong measure of probability I shall take notice of, and which keeps in ignorance or error more people than all the others together, is the giving up our assent to the common received opinions, either of our friends or party, neighborhood or country."

Causes of bad mental habits are social as well as inborn

Both Bacon and Locke make it evident that over and above the sources of misbelief that reside in the natural tendencies of the individual (like those toward hasty and too far-reaching conclusions), social conditions tend to instigate and confirm wrong habits of thinking by authority, by conscious instruction, and by the even more insidious half-conscious influences of language, imitation, sympathy, and suggestion. Education has accordingly not only to safeguard an individual against the besetting erroneous tendencies of his own mind — its rashness, presumption, and preference of what chimes with self-interest to objective evidence — but also to undermine and destroy the accumulated and self-perpetuating prejudices of long ages. When social life in general has become more reasonable, more imbued with rational conviction, and less moved by stiff authority and blind passion, educational agencies may be more positive and constructive than at present, for they will work in harmony with the educative influence exercised willy-nilly by other social surroundings upon an individual's habits of thought and belief. At present, the work of teaching must not only transform natural tendencies into trained habits of thought, but must also fortify the mind against irrational tendencies current in the social environment, and help displace erroneous habits already produced.

§ 4. Regulation Transforms Inference into Proof

A leap is involved in all thinking

Thinking is important because, as we have seen, it is that function in which given or ascertained facts stand for or indicate others which are not directly ascertained. But the process of reaching the absent from the present is peculiarly exposed to error; it is liable to be influenced by almost any number of unseen and unconsidered causes, — past experience, received dogmas, the stirring of self-interest, the arousing of passion, sheer mental laziness, a social environment steeped in biased traditions or animated by false expectations, and so on. The exercise of thought is, in the literal sense of that word, *inference*; by it one thing *carries us over* to the idea of, and belief in, another thing. It involves a jump, a leap, a going beyond what is surely known to something else accepted on its warrant. Unless one is an idiot, one simply cannot help having all things and events suggest other things not actually present, nor can one help a tendency to believe in the latter on the basis of the former. The very inevitableness of the jump, the leap, to something unknown, only emphasizes the necessity of attention to the conditions under which it occurs so that the danger of a false step may be lessened and the probability of a right landing increased.

Such attention consists in regulation (*a*) of the conditions under which the function of suggestion takes place, and (*b*) of the conditions

Hence, the need of regulation which, when adequate, makes proof

under which credence is yielded to the suggestions that occur. Inference controlled in these two ways (the study of which in detail constitutes one of the chief objects of this book) forms *proof.* To prove a thing means primarily to try, to test it. The guest bidden to the wedding feast excused himself because he had to *prove* his oxen. Exceptions are said to prove a rule; *i.e.* they furnish instances so extreme that they try in the severest fashion its applicability; if the rule will stand such a test, there is no good reason for further doubting it. Not until a thing has been tried — "tried out," in colloquial language — do we know its true worth. Till then it may be pretense, a bluff. But the thing that has come out victorious in a test or trial of strength carries its credentials with it; it is approved, because it has been proved. Its value is clearly evinced, shown, *i.e.* demonstrated. So it is with inferences. The mere fact that inference in general is an invaluable function does not guarantee, nor does it even help out the correctness of any particular inference. Any inference may go astray; and as we have seen, there are standing influences ever ready to assist its going wrong. *What is important, is that every inference shall be a tested inference; or* (since often this is not possible) *that we shall discriminate between beliefs that rest upon tested evidence and those that do not, and shall be accordingly on our guard as to the kind and degree of assent yielded.*

The office of education in forming skilled powers of thinking

While it is not the business of education to prove every statement made, any more than to teach every possible item of information, it is its business to cultivate deep-seated and effective habits of discriminating tested beliefs from mere assertions, guesses, and opinions; to develop a lively, sincere, and open-minded preference for conclusions that are properly grounded, and to ingrain into the individual's working habits methods of inquiry and reasoning appropriate to the various problems that present themselves. No matter how much an individual knows as a matter of hearsay and information, if he has not attitudes and habits of this sort, he is not intellectually educated. He lacks the rudiments of mental discipline. And since these habits are not a gift of nature (no matter how strong the aptitude for acquiring them) ; since, moreover, the casual circumstances of the natural and social environment are not enough to compel their acquisition, the main office of education is to supply conditions that make for their cultivation. The formation of these habits is the Training of Mind.

CHAPTER 3 NATURAL RESOURCES IN THE TRAINING OF THOUGHT

In the last chapter we considered the need of transforming, through training, the natural capacities of inference into habits of critical examination and inquiry. The very importance of thought for life makes necessary its control by education because of its natural tendency to go astray, and because social influences exist that tend to form habits of thought leading to inadequate and erroneous beliefs. Training must, however, be itself based upon the natural tendencies, — that is, it must find its point of departure in them. A being who could not think without training could never be trained to think; one may have to learn to think *well*, but not to *think*. Training, in short, must fall back upon the prior and independent existence of natural powers; it is concerned with their proper direction, not with creating them.

Only native powers can be trained.

Teaching and learning are correlative or corresponding processes, as much so as selling and buying. One might as well say he has sold when no one has bought, as to say that he has taught when no one has learned. And in the educational transaction, the initiative lies with the learner even more than in commerce it lies with the buyer. If an individual can learn to think only in the sense of learning to employ more economically and effectively powers he already possesses, even more truly one can teach others to think only in the sense of appealing to and fostering powers already active in them. Effective appeal of this kind is impossible unless the teacher has an insight into

Hence, the one taught must take the initiative

existing habits and tendencies, the natural resources with which he has to ally himself.

Three important natural resources

Any inventory of the items of this natural capital is somewhat arbitrary because it must pass over many of the complex details. But a statement of the factors essential to thought will put before us in outline the main elements. Thinking involves (as we have seen) the suggestion of a conclusion for acceptance, and also search or inquiry to test the value of the suggestion before finally accepting it. This implies (*a*) a certain fund or store of experiences and facts from which suggestions proceed; (*b*) promptness, flexibility, and fertility of suggestions; and (*c*) orderliness, consecutiveness, appropriateness in what is suggested. Clearly, a person may be hampered in any of these three regards: His thinking may be irrelevant, narrow, or crude because he has not enough actual material upon which to base conclusions; or because concrete facts and raw material, even if extensive and bulky, fail to evoke suggestions easily and richly; or finally, because, even when these two conditions are fulfilled, the ideas suggested are incoherent and fantastic, rather than pertinent and consistent.

§ 1. Curiosity

Desire for fullness of experience:

The most vital and significant factor in supplying the primary material whence suggestion may issue is, without doubt, curiosity. The wisest of the Greeks used to say that wonder is the mother of all science. An inert mind waits, as it were, for experiences to be imperiously forced upon it. The pregnant saying of Wordsworth:

> "The eye — it cannot choose but see;
> We cannot bid the ear be still;
> Our bodies feel, where'er they be,
> Against or with our will" —

holds good in the degree in which one is naturally possessed by curiosity. The curious mind is constantly alert and exploring, seeking material for thought, as a vigorous and healthy body is on the *qui vive* for nutriment. Eagerness for experience, for new and varied contacts, is found where wonder is found. Such curiosity is the only sure guarantee of the acquisition of the primary facts upon which inference must base itself.

I. physical

I. In its first manifestations, curiosity is a vital overflow, an expression of an abundant organic energy. A physiological uneasiness leads a child to be " into everything," — to be reaching, poking, pounding, prying. Observers of animals have noted what one author calls "their inveterate tendency to fool." "Rats run about, smell, dig, or gnaw, without real reference to the business in hand. In the same way Jack [a dog] scrabbles and jumps, the kitten wanders and picks, the otter slips about everywhere like ground lightning, the elephant fumbles ceaselessly, the monkey pulls things about." [1] The most casual notice of the activities of a young child reveals a ceaseless display of exploring and testing activity. Objects are sucked, fingered, and thumped; drawn and pushed, handled and thrown; in short, experimented with, till they cease to yield new qualities. Such activities are hardly intellectual, and yet without them intellectual activity would be feeble and intermittent through lack of stuff for its operations.

II. social

II. A higher stage of curiosity develops under the influence of social stimuli. When the child learns that he can appeal to others to eke out his store of experiences, so that, if objects fail to respond interestingly to his experiments, he may call upon persons to provide interesting material, a new epoch sets in. "What is that?""Why?" become the unfailing signs of a child's presence. At first this questioning is hardly more than a projection into social relations of the physical overflow which earlier kept the child pushing and pulling, opening

---

[1] Hobhouse, *Mind in Evolution*, p. 195.

and shutting. He asks in succession what holds up the house, what holds up the soil that holds the house, what holds up the earth that holds the soil; but his questions are not evidence of any genuine consciousness of rational connections. His *why* is not a demand for scientific explanation; the motive behind it is simply eagerness for a larger acquaintance with the mysterious world in which he is placed. The search is not for a law or principle, but only for a bigger fact. Yet there is more than a desire to accumulate just information or heap up disconnected items, although sometimes the interrogating habit threatens to degenerate into a mere disease of language. In the feeling, however dim, that the facts which directly meet the senses are not the whole story, that there is more behind them and more to come from them, lies the germ of *intellectual* curiosity.

III. intellectual

III. Curiosity rises above the organic and the social planes and becomes intellectual in the degree in which it is transformed into interest in *problems* provoked by the observation of things and the accumulation of material. When the question is not discharged by being asked of another, when the child continues to entertain it in his own mind and to be alert for whatever will help answer it, curiosity has become a positive intellectual force. To the open mind, nature and social experience are full of varied and subtle challenges to look further. If germinating powers are not used and cultivated at the right moment, they tend to be transitory, to die out, or to wane in intensity. This general law is peculiarly true of sensitiveness to what is uncertain and questionable; in a few people, intellectual curiosity is so insatiable that nothing will discourage it, but in most its edge is easily dulled and blunted. Bacon's saying that we must become as little children in order to enter the kingdom of science is at once a reminder of the open-minded and flexible wonder of childhood and of the ease with which this endowment is lost. Some lose it in indifference or carelessness; others in a frivolous flippancy; many escape these evils only to become incased in a hard dogmatism which is equally fatal to the spirit of wonder. Some are so taken up with routine as to be inaccessible to new facts and problems. Others retain curiosity only with reference to what concerns their personal advantage in their chosen career. With many, curiosity is arrested on the plane of interest in local gossip and in the fortunes of their neighbors; indeed, so usual is this result that very often the first association with the word *curiosity* is a prying inquisitiveness into other people's business. With respect then to curiosity, the teacher has usually more to learn than to teach. Rarely can he aspire to the office of kindling or even increasing it. His task is rather to keep alive the sacred spark of wonder and to fan the flame that already glows. His problem is to protect the spirit of inquiry, to keep it from becoming blase from overexcitement, wooden from routine, fossilized through dogmatic instruction, or dissipated by random exercise upon trivial things.

§ 2. Suggestion

Out of the subject-matter, whether rich or scanty, important or trivial, of present experience issue suggestions, ideas, beliefs as to what is not yet given. The function of suggestion is not one that can be produced by teaching; while it may be modified for better or worse by conditions, it cannot be destroyed. Many a child has tried his best to see if he could not "stop thinking," but the flow of suggestions goes on in spite of our will, quite as surely as " our bodies feel, where'er they be, against or with our will." Primarily, naturally, it is not *we* who think, in any actively responsible sense; thinking is rather something that happens in us. Only so far as one has acquired control of the method in which the function of suggestion occurs and has accepted responsibility for its consequences, can one truthfully say, "*I* think so and so."

The dimensions of suggestion:

The function of suggestion has a variety of aspects (or dimensions as we may term them), varying in different persons, both in themselves and in their mode of combination. These dimensions are ease or promptness, extent or variety, and depth or persistence.

I. ease

I. The common classification of persons into the dull and the bright is made primarily on the basis of the readiness or facility with which suggestions follow upon the presentation of objects and upon the happening of events. As the metaphor of dull and bright implies, some minds are impervious, or else they absorb passively. Everything presented is lost in a drab monotony that gives nothing back. But others reflect, or give back in varied lights, all that strikes upon them. The dull make no response; the bright flash back the fact with a changed quality. An inert or stupid mind requires a heavy jolt or an intense shock to move it to suggestion; the bright mind is quick, is alert to react with interpretation and suggestion of consequences to follow.

Yet the teacher is not entitled to assume stupidity or even dullness merely because of irresponsiveness to school subjects or to a lesson as presented by text-book or teacher. The pupil labeled hopeless may react in quick and lively fashion when the thing-in-hand seems to him worth while, as some out-of-school sport or social affair. Indeed, the school subject might move him, were it set in a different context and treated by a different method. A boy dull in geometry may prove quick enough when he takes up the subject in connection with manual training; the girl who seems inaccessible to historical facts may respond promptly when it is a question of judging the character and deeds of people of her acquaintance or of fiction. Barring physical defect or disease, slowness and dullness in *all* directions are comparatively rare.

II. range

II. Irrespective of the difference in persons as to the ease and promptness with which ideas respond to facts, there is a difference in the number or range of the suggestions that occur. We speak truly, in some cases, of the flood, of suggestions; in others, there is but a slender trickle. Occasionally, slowness of outward response is due to a great variety of suggestions which check one another and lead to hesitation and suspense; while a lively and prompt suggestion may take such possession of the mind as to preclude the development of others. Too few suggestions indicate a dry and meager mental habit; when this is joined to great learning, there results a pedant or a Gradgrind. Such a person's mind rings hard; he is likely to bore others with mere bulk of information. He contrasts with the person whom we call ripe, juicy, and mellow.

A conclusion reached after consideration of a few alternatives may be formally correct, but it will not possess the fullness and richness of meaning of one arrived at after comparison of a greater variety of alternative suggestions. On the other hand, suggestions may be too numerous and too varied for the best interests of mental habit. So many suggestions may rise that the person is at a loss to select among them. He finds it difficult to reach any definite conclusion and wanders more or less helplessly among them. So much suggests itself *pro* and *con*, one thing leads on to another so naturally, that he finds it difficult to decide in practical affairs or to conclude in matters of theory. There is such a thing as too much thinking, as when action is paralyzed by the multiplicity of views suggested by a situation. Or again, the very number of suggestions may be hostile to tracing logical sequences among them, for it may tempt the mind away from the necessary but trying task of search for real connections, into the more congenial occupation of embroidering upon the given facts a tissue of agreeable fancies. The best mental habit involves a balance between paucity and redundancy of suggestions.

III. *Depth*. We distinguish between people not only upon the basis of their quickness and fertility of intellectual response, but also with respect to the plane upon which it occurs — the intrinsic quality of the response. III. profundity

One man's thought is profound while another's is superficial; one goes to the roots of the matter, and another touches lightly its most external aspects. This phase of thinking is perhaps the most untaught of all, and the least amenable to external influence whether for improvement or harm. Nevertheless, the conditions of the pupil's contact with subject-matter may be such that he is compelled to come to quarters with its more significant features, or such that he is encouraged to deal with it upon the basis of what is trivial. The common assumptions that, if the pupil only thinks, one thought is just as good for his mental discipline as another, and that the end of study is the amassing of information, both tend to foster superficial, at the expense of significant, thought. Pupils who in matters of ordinary practical experience have a ready and acute perception of the difference between the significant and the meaningless, often reach in school subjects a point where all things seem equally important or equally unimportant; where one thing is just as likely to be true as another, and where intellectual effort is expended not in discriminating between things, but in trying to make verbal connections among words.

Balance of mind

Sometimes slowness and depth of response are intimately connected. Time is required in order to digest impressions, and translate them into substantial ideas. "Brightness" may be but a flash in the pan. The "slow but sure" person, whether man or child, is one in whom impressions sink and accumulate, so that thinking is done at a deeper level of value than with a slighter load. Many a child is rebuked for "slowness," for not "answering promptly," when his forces are taking time to gather themselves together to deal effectively with the problem at hand. In such cases, failure to afford time and leisure conduce to habits of speedy, but snapshot and superficial, judgment. The depth to which a sense of the problem, of the difficulty, sinks, determines the quality of the thinking that follows; and any habit of teaching which encourages the pupil for the sake of a successful recitation or of a display of memorized information to glide over the thin ice of genuine problems reverses the true method of mind training.

Individual differences

It is profitable to study the lives of men and women who achieve in adult life fine things in their respective callings, but who were called dull in their school days. Sometimes the early wrong judgment was due mainly to the fact that the direction in which the child showed his ability was not one recognized by the good old standards in use, as in the case of Darwin's interest in beetles, snakes, and frogs. Sometimes it was due to the fact that the child dwelling habitually on a deeper plane of reflection than other pupils — or than his teachers — did not show to advantage when prompt answers of the usual sort were expected. Sometimes it was due to the fact that the pupil's natural mode of approach clashed habitually with that of the text or teacher, and the method of the latter was assumed as an absolute basis of estimate.

Any subject may be intellectual

In any event, it is desirable that the teacher should rid himself of the notion that "thinking" is a single, unalterable faculty; that he should recognize that it is a term denoting the various ways in which things acquire significance. It is desirable to expel also the kindred notion that some subjects are inherently "intellectual," and hence possessed of an almost magical power to train the faculty of thought. Thinking is specific, not a machine-like, ready-made apparatus to be turned indifferently and at will upon all subjects, as a lantern may throw its light as it happens upon horses, streets, gardens, trees, or river. Thinking is specific, in that different things suggest their own appropriate meanings, tell their own unique stories, and in that they do this in very different ways with different persons. As the growth of the body is through the assimilation of food, so the growth of mind is through the logical organization of subject-matter. Thinking is not like a sausage machine which reduces all materials indifferently to one marketable commodity, but is a power of following up and linking together the specific suggestions that specific things arouse. Accordingly, any subject, from Greek to cooking, and from drawing to mathematics, is intellectual, if intellectual at all, not in its fixed inner structure, but in its function — in its power to start and direct significant inquiry and reflection. What geometry does for one, the manipulation of laboratory apparatus, the mastery of a musical composition, or the conduct of a business affair, may do for another.

§ 3. Orderliness: Its Nature

Facts, whether narrow or extensive, and conclusions suggested by them, whether many or few, do not constitute, even when combined, reflective thought. The suggestions must be *organized;* they must be arranged with reference to one another and with reference to the facts on which they depend for proof. When the factors of facility, of fertility, and of depth are properly balanced or proportioned, we get as the outcome continuity of thought. We desire neither the slow mind nor yet the hasty. We wish neither random diffuseness nor fixed rigidity.

Continuity

Consecutiveness means flexibility and variety of materials, conjoined with singleness and definiteness of direction. It is opposed both to a mechanical routine uniformity and to a grasshopper-like movement. Of bright children, it is not infrequently said that "they might do anything, if only they settled down," so quick and apt are they in any particular response. But, alas, they rarely settle.

On the other hand, it is not enough *not* to be diverted. A deadly and fanatic consistency is not our goal. Concentration does not mean fixity, nor a cramped arrest or paralysis of the flow of suggestion. It means variety and change of ideas combined into a *single steady trend moving toward a unified conclusion.* Thoughts are concentrated not by being kept still and quiescent, but by being kept moving toward an object, as a general concentrates his troops for attack or defense. Holding the mind to a subject is like holding a ship to its course; it implies constant change of place combined with unity of direction. Consistent and orderly thinking is precisely such a change of subject-matter. Consistency is no more the mere absence of contradiction than concentration is the mere absence of diversion — which exists in dull routine or in a person "fast asleep." All kinds of varied and incompatible suggestions may sprout and be followed in their growth, and yet thinking be consistent and orderly, provided each one of the suggestions is viewed in relation to the main topic.

Practical demands enforce some degree of continuity

In the main, for most persons, the primary resource in the development of orderly habits of thought is indirect, not direct. Intellectual organization originates and for a time grows as an accompaniment of the organization of the acts required to realize an end, not as the result of a direct appeal to thinking power. The need of thinking to accomplish something beyond thinking is more potent than thinking for its own sake. All people at the outset, and the majority of people probably all their lives, attain ordering of thought through ordering of action. Adults normally carry on some occupation, profession, pursuit; and this furnishes the continuous axis about which their knowledge, their beliefs, and their habits of reaching and testing conclusions are organized. Observations that have to do with the efficient performance of their calling are extended and rendered precise. Information related to it is not merely amassed and then left in a heap; it is classified and subdivided so as to be available as it is needed. Inferences are made by most men not from purely speculative motives, but because they are involved in the efficient performance of "the duties involved in their several callings." Thus their inferences are constantly tested by results achieved; futile and scattering methods tend to be discounted; orderly arrangements have a premium put upon them. The event, the issue, stands as a constant check on the thinking that has led up to it; and this discipline by efficiency in action is the chief sanction, in practically all who are not scientific specialists, of orderliness of thought.

Such a resource — the main prop of disciplined thinking in adult life — is not to be despised in training the young in right intellectual habits. There are, however, profound differences between the immature and the adult in the matter of organized activity

— differences which must be taken seriously into account in any educational use of activities: (*a*) The external achievement resulting from activity is a more urgent necessity with the adult, and hence is with him a more effective means of discipline of mind than with the child; (*b*) The ends of adult activity are more specialized than those of child activity.

Peculiar difficulty with children

(*i*) The selection and arrangement of appropriate lines of action is a much more difficult problem as respects youth than it is in the case of adults. With the latter, the main lines are more or less settled by circumstances. The social status of the adult, the fact that he is a citizen, a householder, a parent, one occupied in some regular industrial or professional calling, prescribes the chief features of the acts to be performed, and secures, somewhat automatically, as it were, appropriate and related modes of thinking. But with the child there is no such fixity of status and pursuit; there is almost nothing to dictate that such and such a consecutive line of action, rather than another, should be followed, while the will of others, his own caprice, and circumstances about him tend to produce an isolated momentary act. The absence of continued motivation cooperates with the inner plasticity of the immature to increase the importance of educational training and the difficulties in the way of finding consecutive modes of activities which may do for child and youth what serious vocations and functions do for the adult. In the case of children, the choice is so peculiarly exposed to arbitrary factors, to mere school traditions, to waves of pedagogical fad and fancy, to fluctuating social cross currents, that sometimes, in sheer disgust at the inadequacy of results, a reaction occurs to the total neglect of overt activity as an educational factor, and a recourse to purely theoretical subjects and methods.

Peculiar opportunity with children

(*ii*) This very difficulty, however, points to the fact that the *opportunity for selecting truly educative activities* is indefinitely greater in child life than in adult. The factor of external pressure is so strong with most adults that the educative value of the pursuit — its reflex influence upon intelligence and character — however genuine, is incidental, and frequently almost accidental. The problem and the opportunity with the young is selection of orderly and continuous modes of occupation, which, while they lead up to and prepare for the indispensable activities of adult life, have their own *sufficient justification in their present reflex influence upon the formation of habits of thought.*

Action and reaction between extremes

Educational practice shows a continual tendency to oscillate between two extremes with respect to overt and exertive activities. One extreme is to neglect them almost entirely, on the ground that they are chaotic and fluctuating, mere diversions appealing to the transitory unformed taste and caprice of immature minds; or if they avoid this evil, are objectionable copies of the highly specialized, and more or less commercial, activities of adult life. If activities are admitted at all into the school, the admission is a grudging concession to the necessity of having occasional relief from the strain of constant intellectual work, or to the clamor of outside utilitarian demands upon the school. The other extreme is an enthusiastic belief in the almost magical educative efficacy of any kind of activity, granted it is an activity and not a passive absorption of academic and theoretic material. The conceptions of play, of self-expression, of natural growth, are appealed to almost as if they meant that opportunity for any kind of spontaneous activity inevitably secures the due training of mental power; or a mythological brain physiology is appealed to as proof that any exercise of the muscles trains power of thought.

Locating the problem of education

While we vibrate from one of these extremes to the other, the most serious of all problems is ignored: the problem, namely, of discovering and arranging the forms of activity (*a*) which are most congenial, best adapted, to the immature stage of development; (*b*) which have the most ulterior promise as preparation for the social responsibilities of adult life; and (*c*) which, *at the same time*, have the maximum of influence in forming habits of acute observation and of consecutive inference. As curiosity is related to the acquisition of material of thought, as suggestion is related to flexibility and force of thought, so the ordering of activities, not themselves primarily intellectual, is related to the forming of intellectual powers of consecutiveness.

CHAPTER 4 SCHOOL CONDITIONS AND THE TRAINING OF THOUGHT

§ 1. Introductory: Methods and Conditions

Formal discipline

The so-called faculty-psychology went hand in hand with the vogue of the formal-discipline idea in education. If thought is a distinct piece of mental machinery, separate from observation, memory, imagination, and common-sense judgments of persons and things, then thought should be trained by special exercises designed for the purpose, as one might devise special exercises for developing the biceps muscles. Certain subjects are then to be regarded as intellectual or logical subjects *par excellence*, possessed of a predestined fitness to exercise the thought-faculty, just as certain machines are better than others for developing arm power. With these three notions goes the fourth, that method consists of a set of operations by which the machinery of thought is set going and kept at work upon any subject-matter.

versus real thinking

We have tried to make it clear in the previous chapters that there is no single and uniform power of thought, but a multitude of different ways in which specific things — things observed, remembered, heard of, read about — evoke suggestions or ideas that are pertinent to the occasion and fruitful in the sequel. Training is such development of curiosity, suggestion, and habits of exploring and testing, as increases their scope and efficiency. A subject — any subject — is intellectual in the degree in which *with any given person* it succeeds in effecting this growth. On this view the fourth factor, method, is concerned with providing conditions so adapted to individual needs and powers as to make for the permanent improvement of observation, suggestion, and investigation.

The teacher's problem is thus twofold. On the one side, he needs (as we saw in the last chapter) to be a student of individual traits and habits; on the other side, he needs to be a student of the conditions that modify for better or worse the directions in which individual powers habitually express themselves. He needs to recognize that method covers not only what he intentionally devises and employs for the purpose of mental training, but also what he does without any conscious reference to it, — anything in the atmosphere and conduct of the school which reacts in any way upon the curiosity, the responsiveness, and the orderly activity of children. The teacher who is an intelligent student both of individual mental operations and of the effects of school conditions upon those operations, can largely be trusted to develop for himself methods of instruction in their narrower and more technical sense — those best adapted to achieve results in particular subjects, such as reading, geography, or algebra. In the hands of one who is not intelligently aware of individual capacities and of the influence unconsciously exerted upon them by the entire environment, even the best of technical methods are likely to get an immediate result only at the expense of deep-seated and persistent habits. We may group the conditioning influences of the school environment under three heads: (*a*) the mental attitudes and habits of the persons with whom the child is in contact; (*b*) the subjects studied; (*c*) current educational aims and ideals.

True and false meaning of method

§ 2. Influence of the Habits of Others

Bare reference to the imitativeness of human nature is enough to suggest how profoundly the mental habits of others affect the attitude of the one being trained. Example is more potent than precept; and a teacher's best conscious efforts may be more than counteracted by the influence of personal traits which he is unaware of or regards as unimportant. Methods of instruction and discipline that are technically faulty may be rendered practically innocuous by the inspiration of the personal method that lies back of them.

Response to environment fundamental in method

To confine, however, the conditioning influence of the educator, whether parent or teacher, to imitation is to get a very superficial view of the intellectual influence of others. Imitation is but one case of a deeper principle — that of stimulus and response. *Everything the teacher does, as well as the manner in which he does it, incites the child to respond in some way or other, and each response tends to set the child's attitude in some way or other.* Even the inattention of the child to the adult is often a mode of response which is the result of unconscious training.[1] The teacher is rarely (and even then never entirely) a transparent medium of access by another mind to a subject. With the young, the influence of the teacher's personality is intimately fused with that of the subject; the child does not separate nor even distinguish the two. And as the child's response is *toward* or *away from* anything presented, he keeps up a running commentary, of which he himself is hardly distinctly aware, of like and dislike, of sympathy and aversion, not merely to the acts of the teacher, but also to the subject with which the teacher is occupied.

Influence of teacher's own habits

The extent and power of this influence upon morals and manners, upon character, upon habits of speech and social bearing, are almost universally recognized. But the tendency to conceive of thought as an isolated faculty has often blinded teachers to the fact that this influence is just as real and pervasive in intellectual concerns. Teachers, as well as children, stick more or less to the main points, have more or less wooden and rigid methods of response, and display more or less intellectual curiosity about matters that come up. And every trait of this kind is an inevitable part of the teacher's method of

[1] A child of four or five who had been repeatedly called to the house by his mother with no apparent response on his own part, was asked if he did not hear her. He replied quite judicially, " Oh, yes, but she doesn't call very mad yet."

teaching. Merely to accept without notice slipshod habits of speech, slovenly inferences, unimaginative and literal response, is to indorse these tendencies, and to ratify them into habits — and so it goes throughout the whole range of contact between teacher and student. In this complex and intricate field, two or three points may well be singled out for special notice.

Judging others by ourselves

(*i*) Most persons are quite unaware of the distinguishing peculiarities of their own mental habit. They take their own mental operations for granted, and unconsciously make them the standard for judging the mental processes of others.[1] Hence there is a tendency to encourage everything in the pupil which agrees with this attitude, and to neglect or fail to understand whatever is incongruous with it. The prevalent overestimation of the value, for mind-training, of *theoretic* subjects as compared with practical pursuits, is doubtless due partly to the fact that the teacher's calling tends to select those in whom the theoretic interest is specially strong and to repel those in whom executive abilities are marked. Teachers sifted out on this basis judge pupils and subjects by a like standard, encouraging an intellectual one-sidedness in those to whom it is naturally congenial, and repelling from study those in whom practical instincts are more urgent.

Exaggeration of direct personal influence

(*ii*) Teachers — and this holds especially of the stronger and better teachers — tend to rely upon their personal strong points to hold a child to his work, and thereby to substitute their personal influence for that of subject-matter as a motive for study. The teacher finds by experience that his own personality is often effective where the power of the subject to command attention is almost nil; then he utilizes the former more and more, until the pupil's relation to the teacher almost takes the place of his relation to the subject. In this way the teacher's

[1] People who have *number-forms* — *i.e.* project number series into space and see them arranged in certain shapes — when asked why they have not mentioned the fact before, often reply that it never occurred to them; they supposed that everybody had the same power.

personality may become a source of personal dependence and weakness, an influence that renders the pupil indifferent to the value of the subject for its own sake.

Independent thinking *versus* "getting the answer"

(*iii*) The operation of the teacher's own mental habit tends, unless carefully watched and guided, to make the child a student of the teacher's peculiarities rather than of the subjects that he is supposed to study. His chief concern is to accommodate himself to what the teacher expects of him, rather than to devote himself energetically to the problems of subject-matter. "Is this right?" comes to mean "Will this answer or this process satisfy the teacher?" — instead of meaning, "Does it satisfy the inherent conditions of the problem?" It would be folly to deny the legitimacy or the value of the study of human nature that children carry on in school; but it is obviously undesirable that their chief intellectual problem should be that of producing an answer approved by the teacher, and their standard of success be successful adaptation to the requirements of another.

§ 3. Influence of the Nature of Studies

Types of studies

Studies are conventionally and conveniently grouped under these heads: (*a*) Those especially involving the acquisition of skill in performance — the school arts, such as reading, writing, figuring, and music. (*b*) Those mainly concerned with acquiring knowledge — "informational" studies, such as geography and history. (*c*) Those in which skill in doing and bulk of information are relatively less important, and appeal to abstract thinking, to "reasoning," is most marked — "disciplinary" studies, such as arithmetic and formal grammar.[1] Each of these groups of subjects has its own special pitfalls.

I. In the case of the so-called disciplinary or preeminently logical studies, there is danger of the isolation of intellectual activity from

[1] Of course, any one subject has all three aspects : *e.g.* in arithmetic, counting, writing, and reading numbers, rapid adding, etc., are cases of skill in doing; the tables of weights and measures are a matter of information, etc.

The abstract as the isolated

the ordinary affairs of life. Teacher and student alike tend to set up a chasm between logical thought as something abstract and remote, and the specific and concrete demands of everyday events. The abstract tends to become so aloof, so far away from application, as to be cut loose from practical and moral bearing. The gullibility of specialized scholars when out of their own lines, their extravagant habits of inference and speech, their ineptness in reaching conclusions in practical matters, their egotistical engrossment in their own subjects, are extreme examples of the bad effects of severing studies completely from their ordinary connections in life.

Overdoing the mechanical and automatic

II. The danger in those studies where the main emphasis is upon acquisition of skill is just the reverse. The tendency is to take the shortest cuts possible to gain the required end. This makes the subjects *mechanical*, and thus restrictive of intellectual power. In the mastery of reading, writing, drawing, laboratory technique, etc., the need of economy of time and material, of neatness and accuracy, of promptness and uniformity, is so great that these things tend to become ends in themselves, irrespective of their influence upon general mental attitude. Sheer imitation, dictation of steps to be taken, mechanical drill, may give results most quickly and yet strengthen traits likely to be fatal to reflective power. The pupil is enjoined to do this and that specific thing, with no knowledge of any reason except that by so doing he gets his result most speedily; his mistakes are pointed out and corrected for him; he is kept at pure repetition of certain acts till they become automatic. Later, teachers wonder why the pupil reads with so little expression, and figures with so little intelligent consideration of the terms of his problem. In some educational dogmas and practices, the very idea of training mind seems to be hopelessly confused with that of a drill which hardly touches *mind* at all — or touches it for the worse — since it is wholly taken up with training skill in external execution. This method reduces the "training" of human beings to the level of animal training.

"Drill"

Practical skill, modes of effective technique, can be intelligently, non-mechanically *used*, only when intelligence has played a part in their *acquisition*.

Wisdom *versus* information

III. Much the same sort of thing is to be said regarding studies where emphasis traditionally falls upon bulk and accuracy of information. The distinction between information and wisdom is old, and yet requires constantly to be redrawn. Information is knowledge which is merely acquired and stored up; wisdom is knowledge operating in the direction of powers to the better living of life. Information, merely as information, implies no special training of intellectual capacity; wisdom is the finest fruit of that training. In school, amassing information always tends to escape from the ideal of wisdom or good judgment. The aim often seems to be — especially in such a subject as geography — to make the pupil what has been called a "cyclopedia of useless information." "Covering the ground" is the primary necessity; the nurture of mind a bad second. Thinking cannot, of course, go on in a vacuum; suggestions and inferences can occur only upon a basis of information as to matters of fact.

But there is all the difference in the world whether the acquisition of information is treated as an end in itself, or is made an integral portion of the training of thought. The assumption that information which has been accumulated apart from use in the recognition and solution of a problem may later on be freely employed at will by thought is quite false. The skill at the ready command of intelligence is the skill acquired with the aid of intelligence; the only information which, otherwise than by accident, can be put to logical use is that acquired in the course of thinking. Because their knowledge has been achieved in connection with the needs of specific situations, men of little book-learning are often able to put to effective use every ounce of knowledge they possess; while men of vast erudition are often swamped by the mere bulk of their learning, because memory, rather than thinking, has been operative in obtaining it.

§ 4. The Influence of Current Aims and Ideals

It is, of course, impossible to separate this somewhat intangible condition from the points just dealt with; for automatic skill and quantity of information are educational ideals which pervade the whole school. We may distinguish, however, certain tendencies, such as that to judge education from the standpoint of external results, instead of from that of the development of personal attitudes and habits. The ideal of the *product*, as against that of the mental *process* by which the product is attained, shows itself in both instruction and moral discipline.

External results *versus* processes

I. In instruction, the external standard manifests itself in the importance attached to the "correct answer." No one other thing, probably, works so fatally against focussing the attention of teachers upon the training of mind as the domination of *their* minds by the idea that the chief thing is to get pupils to recite their lessons correctly. As long as this end is uppermost (whether consciously or unconsciously), training of mind remains an incidental and secondary consideration. There is no great difficulty in understanding why this ideal has such vogue. The large number of pupils to be dealt with, and the tendency of parents and school authorities to demand speedy and tangible evidence of progress, conspire to give it currency. Knowledge of subject-matter — not of children — is alone exacted of teachers by this aim; and, moreover, knowledge of subject-matter only in portions definitely prescribed and laid out, and hence mastered with comparative ease. Education that takes as its standard the improvement of the intellectual attitude and method of students demands more serious preparatory training, for it exacts sympathetic and intelligent insight into the workings of individual minds, and a very wide and flexible command of subject-matter — so as to be able to select and apply just what is needed when it is needed. Finally, the securing of external results is an aim that lends itself naturally to the mechanics of school administration — to examinations, marks, gradings, promotions, and so on.

Reliance upon others

II. With reference to behavior also, the external ideal has a great influence. Conformity of acts to precepts and rules is the easiest, because most mechanical, standard to employ. It is no part of our present task to tell just how far dogmatic instruction, or strict adherence to custom, convention, and the commands of a social superior, should extend in moral training; but since problems of conduct are the deepest and most common of all the problems of life, the ways in which they are met have an influence that radiates into every other mental attitude, even those far remote from any direct or conscious moral consideration. Indeed, the *deepest plane of the mental attitude of every one is fixed by the way in which problems of behavior are treated.* If the function of thought, of serious inquiry and reflection, is reduced to a minimum in dealing with them, it is not reasonable to expect habits of thought to exercise great influence in less important matters. On the other hand, habits of active inquiry and careful deliberation in the significant and vital problems of conduct afford the best guarantee that the general structure of mind will be reasonable.

CHAPTER 5 THE MEANS AND END OF MENTAL TRAINING: THE PSYCHOLOGICAL AND THE LOGICAL

§ 1. Introductory: The Meaning of Logical

Special topic of this chapter

In the preceding chapters we have considered (*a*) what thinking is; (*b*) the importance of its special training; (*c*) the natural tendencies that lend themselves to its training; and (*d*) some of the special obstacles in the way of its training under school conditions. We come now to the relation of *logic* to the purpose of mental training.

Three senses of term *logical*

In its broadest sense, any thinking that ends in a conclusion is logical — whether the conclusion reached be justified or fallacious; that is, the term *logical* covers both the logically good and the illogical or the logically bad. In its narrowest sense, the term *logical* refers only to what is demonstrated to follow necessarily from premises that are definite in meaning and that are either self-evidently true, or that have been previously proved to be true. Stringency of proof is here the equivalent of the logical. In this sense mathematics and formal logic (perhaps as a branch of mathematics) alone are strictly logical. Logical, however, is used in a third sense, which is at once more vital and more practical; to denote, namely, the systematic care, negative and positive, taken to safeguard reflection so that it may yield the best results under the given conditions. If only the word *artificial* were associated with the idea of *art*, or expert skill gained through voluntary apprenticeship (instead of suggesting the factitious and unreal), we might say that

The practical is the important meaning of *logical*

logical refers to artificial thought.

Care, thoroughness, and exactness the marks of the logical

In this sense, the word *logical* is synonymous with wide-awake, thorough, and careful reflection — thought in its best sense (*ante*, p.188). Reflection is turning a topic over in various aspects and in various lights so that nothing significant about it shall be overlooked — almost as one might turn a stone over to see what its hidden side is like or what is covered by it. *Thoughtfulness* means, practically, the same thing as careful attention; to give our mind to a subject is to give heed to it, to take pains with it. In speaking of reflection, we naturally use the words *weigh, ponder, deliberate* — terms implying a certain delicate and scrupulous balancing of things against one another. Closely related names are *scrutiny, examination, consideration, inspection* — terms which imply close and careful vision. Again, to think is to relate things to one another definitely, to "put two and two together" as we say. Analogy with the accuracy and definiteness of mathematical combinations gives us such expressions as *calculate, reckon, account for;* and even *reason* itself — *ratio.* Caution, carefulness, thoroughness, definiteness, exactness, orderliness, methodic arrangement, are, then, the traits by which we mark off the logical from what is random and casual on one side, and from what is academic and formal on the other.

Whole object of intellectual education is formation of logical disposition

No argument is needed to point out that the educator is concerned with the logical in its practical and vital sense. Argument is perhaps needed to show that the *intellectual* (as distinct from the *moral*) *end of education is entirely and only the logical in this sense; namely, the formation of careful, alert, and thorough habits of thinking.* The chief difficulty in the way of recognition of this principle is a false conception of the relation between the psychological tendencies of an individual and his logical achievements. If it be assumed — as it is so frequently — that these have, intrinsically, nothing to do with each other, then logical training is inevitably regarded as something foreign and extraneous, something to be ingrafted upon the individual from

False opposition of the logical and psychological

without, so that it is absurd to identify the object of education with the development of logical power.

The conception that the psychology of individuals has no intrinsic connections with logical methods and results is held, curiously enough, by two opposing schools of educational theory. To one school, the *natural*[1] is primary and fundamental; and its tendency is to make little of distinctly intellectual nurture. Its mottoes are freedom, self-expression, individuality, spontaneity, play, interest, natural unfolding, and so on. In its emphasis upon individual attitude and activity, it sets slight store upon organized subject-matter, or the material of study, and conceives *method* to consist of various devices for stimulating and evoking, in their natural order of growth, the native potentialities of individuals.

Opposing the *natural* to the logical

The other school estimates highly the value of the logical, but conceives the natural tendency of individuals to be averse, or at least indifferent, to logical achievement. It relies upon *subject-matter* — upon matter already defined and classified. Method, then, has to do with the devices by which these characteristics may be imported into a mind naturally reluctant and rebellious. Hence its mottoes are discipline, instruction, restraint, voluntary or conscious effort, the necessity of tasks, and so on. From this point of view studies, rather than attitudes and habits, embody the logical factor in education. The mind becomes logical only by learning to conform to an external subject-matter. To produce this conformity, the study should first be analyzed (by text-book or teacher) into its logical elements; then each of these elements should be defined; finally, all of the elements should be arranged in series or classes according to logical formulae or general principles. Then the pupil learns the definitions one by one; and progressively adding one to another builds up the logical system, and thereby is himself gradually imbued, from without, with logical

Neglect of the innate logical resources

Identification of logical with subject-matter, exclusively

[1] Denoting whatever has to do with the natural constitution and functions of an individual.

quality.

Illustration from geography,

This description will gain meaning through an illustration. Suppose the subject is geography. The first thing is to give its definition, marking it off from every other subject. Then the various abstract terms upon which depends the scientific development of the science are stated and defined one by one — pole, equator, ecliptic, zone, — from the simpler units to the more complex which are formed out of them; then the more concrete elements are taken in similar series: continent, island, coast, promontory, cape, isthmus, peninsula, ocean, lake, coast, gulf, bay, and so on. In acquiring this material, the mind is supposed not only to gain important information, but, by accommodating itself to ready-made logical definitions, generalizations, and classifications, gradually to acquire logical habits.

from drawing

This type of method has been applied to every subject taught in the schools — reading, writing, music, physics, grammar, arithmetic. Drawing, for example, has been taught on the theory that since all pictorial representation is a matter of combining straight and curved lines, the simplest procedure is to have the pupil acquire the ability first to draw straight lines in various positions (horizontal, perpendicular, diagonals at various angles), then typical curves; and finally, to combine straight and curved lines in various permutations to construct actual pictures. This seemed to give the ideal "logical" method, beginning with analysis into elements, and then proceeding in regular order to more and more complex syntheses, each element being defined when used, and thereby clearly understood.

Formal method

Even when this method in its extreme form is not followed, few schools (especially of the middle or upper elementary grades) are free from an exaggerated attention to forms supposedly employed by the pupil if he gets his result logically. It is thought that there are certain steps arranged in a certain order, which express preeminently an understanding of the subject, and the pupil is made to " analyze" his procedure into these steps, *i.e.* to learn a certain routine formula of statement. While this method is usually at its height in grammar and arithmetic, it invades also history and even literature, which are then reduced, under plea of intellectual training, to "outlines," diagrams, and schemes of division and subdivision. In memorizing this simulated cut and dried copy of the logic of an adult, the child generally is induced to stultify his own subtle and vital logical movement. The adoption by teachers of this misconception of logical method has probably done more than anything else to bring pedagogy into disrepute; for to many persons "pedagogy" means precisely a set of mechanical, self-conscious devices for replacing by some cast-iron external scheme the personal mental movement of the individual.

Reaction toward lack of form and method

A reaction inevitably occurs from the poor results that accrue from these professedly "logical" methods. Lack of interest in study, habits of inattention and procrastination, positive aversion to intellectual application, dependence upon sheer memorizing and mechanical routine with only a modicum of understanding by the pupil of what he is about, show that the theory of logical definition, division, gradation, and system does not work out practically as it is theoretically supposed to work. The consequent disposition — as in every reaction — is to go to the opposite extreme. The "logical" is thought to be wholly artificial and extraneous; teacher and pupil alike are to turn their backs upon it, and to work toward the expression of existing aptitudes and tastes. Emphasis upon natural tendencies and powers as the only possible starting-point of development is indeed wholesome. But the reaction is false, and hence misleading, in what it ignores and denies: the presence of genuinely intellectual factors in existing powers and interests.

Logic of subject-matter is logic of adult or trained mind

What is conventionally termed logical (namely, the logical from the standpoint of subject-matter) represents in truth the logic of the trained adult mind. Ability to divide a subject, to define its elements, and to group them into classes according to general principles represents logical capacity at its best point reached *after* thorough training. The mind that habitually exhibits skill in divisions, definitions, generalizations, and systematic recapitulations no longer needs training in logical methods. But it is absurd to suppose that a mind which needs training because it cannot perform these operations can begin where the expert mind stops. *The logical from the standpoint of subject-matter represents the goal, the last term of training, not the point of departure.*

The immature mind has its own logic

In truth, the mind at every stage of development has its own logic. The error of the notion that by appeal to spontaneous tendencies and by multiplication of materials we may completely dismiss logical considerations, lies in overlooking how large a part curiosity, inference, experimenting, and testing already play in the pupil's life. Therefore it underestimates the *intellectual* factor in the more spontaneous play and work of individuals — the factor that alone is truly educative. Any teacher who is alive to the modes of thought naturally operative in the experience of the normal child will have no difficulty in avoiding the identification of the logical with a ready-made organization of subject-matter, as well as the notion that the only way to escape this error is to pay no attention to logical considerations. Such a teacher will have no difficulty in seeing that the real problem of intellectual education is the transformation of natural powers into expert, tested powers: the transformation of more or less casual curiosity and sporadic suggestion into attitudes of alert, cautious, and thorough inquiry. He will see that the *psychological* and the *logical*, instead of being opposed to each other (or even independent of each other), are connected *as the earlier and the later stages in one continuous process of normal growth.* The natural or psychological activities, even when not consciously controlled by logical considerations, have their own intellectual function and integrity; conscious and deliberate skill in thinking, when it is achieved, makes habitual or second nature. The first is already logical in spirit; the last, in presenting an ingrained disposition and attitude, is then as *psychological* (as personal) as any

Hence, the *psychological* and the *logical* represent the two ends of the same movement caprice or chance impulse could be.

§ 2. Discipline and Freedom

Discipline of mind is thus, in truth, a result rather than a cause. Any mind is disciplined in a subject in which independent intellectual initiative and control have been achieved. Discipline represents original native endowment turned, through gradual exercise, into effective power. So far as a mind is disciplined, control of method in a given subject has been attained so that the mind is able to manage itself independently without external tutelage. The aim of education is precisely to develop intelligence of this independent and effective type — a *disciplined mind*. Discipline is positive and constructive.

True and false notions of discipline

Discipline, however, is frequently regarded as something negative — as a painfully disagreeable forcing of mind away from channels congenial to it into channels of constraint, a process grievous at the time but necessary as preparation for a more or less remote future. Discipline is then generally identified with drill; and drill is conceived after the mechanical analogy of driving, by unremitting blows, a foreign substance into a resistant material; or is imaged after the analogy of the mechanical routine by which raw recruits are trained to a soldierly bearing and habits that are naturally wholly foreign to their possessors. Training of this latter sort, whether it be called discipline or not, is not mental discipline. Its aim and result are not *habits of thinking*, but uniform *external modes of action*. By failing to ask what he means by discipline, many a teacher is misled into supposing that he is developing mental force and efficiency by methods which in fact restrict and deaden intellectual activity, and which tend to create mechanical routine, or mental passivity and servility.

Discipline as drill

When discipline is conceived in intellectual terms (as the habitual power of effective mental attack), it is identified with freedom in its true sense. For freedom of mind means mental power capable of independent exercise, emancipated from the leading strings of

As independent power or freedom

others, not mere unhindered external operation. When spontaneity or naturalness is identified with more or less casual discharge of transitory impulses, the tendency of the educator is to supply a multitude of stimuli in order that spontaneous activity may be kept up. All sorts of interesting materials, equipments, tools, modes of activity, are provided in order that there may be no flagging of free self-expression. This method overlooks some of the essential conditions of the attainment of genuine freedom.

Freedom and external spontaneity

Some obstacle necessary for thought

I. Direct immediate discharge or expression of an impulsive tendency is fatal to thinking. Only when the impulse is to some extent checked and thrown back upon itself does reflection ensue. It is, indeed, a stupid error to suppose that arbitrary tasks must be imposed from without in order to furnish the factor of perplexity and difficulty which is the necessary cue to thought. Every vital activity of any depth and range inevitably meets obstacles in the course of its effort to realize itself — a fact that renders the search for artificial or external problems quite superfluous. The difficulties that present themselves within the development of an experience are, however, to be cherished by the educator, not minimized, for they are the natural stimuli to reflective inquiry. Freedom does not consist in keeping up uninterrupted and unimpeded external activity, but is something achieved through conquering, by personal reflection, a way out of the difficulties that prevent an immediate overflow and a spontaneous success.

Intellectual factors are *natural*

II. The method that emphasizes the psychological and natural, but yet fails to see what an important part of the natural tendencies is constituted at every period of growth by curiosity, inference, and the desire to test, cannot secure a *natural development.* In natural growth each successive stage of activity prepares unconsciously, but thoroughly, the conditions for the manifestation of the next stage — as in the cycle of a plant's growth. There is no ground for assuming that "thinking" is a special, isolated natural tendency that will bloom inevitably in due season simply because various sense and motor activities have been freely manifested before; or because observation, memory, imagination, and manual skill have been previously exercised without thought. Only when thinking is constantly employed in using the senses and muscles for the guidance and application of observations and movements, is the way prepared for subsequent higher types of thinking.

Genesis of thought contemporaneous with genesis of any human mental activity

At present, the notion is current that childhood is almost entirely unreflective — a period of mere sensory, motor, and memory development, while adolescence suddenly brings the manifestation of thought and reason.

Adolescence is not, however, a synonym for magic. Doubtless youth should bring with it an enlargement of the horizon of childhood, a susceptibility to larger concerns and issues, a more generous and a more general standpoint toward nature and social life. This development affords an opportunity for thinking of a more comprehensive and abstract type than has previously obtained. But thinking itself remains just what it has been all the time: a matter of following up and testing the conclusions suggested by the facts and events of life. Thinking begins as soon as the baby who has lost the ball that he is playing with begins to foresee the possibility of something not yet existing — its recovery; and begins to forecast steps toward the realization of this possibility, and, by experimentation, to guide his acts by his ideas and thereby also test the ideas. Only by making the most of the thought-factor, already active in the experiences of childhood, is there any promise or warrant for the emergence of superior reflective power at adolescence, or at any later period.

Fixation of bad mental habits

III. In any case *positive habits are being formed*: if not habits of careful looking into things, then habits of hasty, heedless, impatient glancing over the surface; if not habits of consecutively following up the suggestions that occur, then habits of haphazard, grasshopper-like guessing; if not habits of suspending judgment till inferences have been tested by the examination of evidence, then habits of credulity alternating with flippant incredulity, belief or unbelief being based, in either case, upon whim, emotion, or accidental circumstances. The only way to achieve traits of carefulness, thoroughness, and continuity (traits that are, as we have seen, the elements of the "logical") is by exercising these traits from the beginning, and by seeing to it that conditions call for their exercise.

Genuine freedom is intellectual, not external

Genuine freedom, in short, is intellectual; it rests in the trained *power of thought*, in ability to "turn things over," to look at matters deliberately, to judge whether the amount and kind of evidence requisite for decision is at hand, and if not, to tell where and how to seek such evidence. If a man's actions are not guided by thoughtful conclusions, then they are guided by inconsiderate impulse, unbalanced appetite, caprice, or the circumstances of the moment. To cultivate unhindered, unreflective external activity is to foster enslavement, for it leaves the person at the mercy of appetite, sense, and circumstance.

PART TWO
LOGICAL CONSIDERATIONS

CHAPTER 6 THE ANALYSIS OF A COMPLETE ACT OF THOUGHT

Object of Part Two

After a brief consideration in the first chapter of the nature of reflective thinking, we turned, in the second, to the need for its training. Then we took up the resources, the difficulties, and the aim of its training. The purpose of this discussion was to set before the student the general problem of the training of mind. The purport of the second part, upon which we are now entering, is giving a fuller statement of the nature and normal growth of thinking, preparatory to considering in the concluding part the special problems that arise in connection with its education.

In this chapter we shall make an analysis of the process of thinking into its steps or elementary constituents, basing the analysis upon descriptions of a number of extremely simple, but genuine, cases of reflective experience.[1]

A simple case of practical deliberation

(*i*) "The other day when I was down town on 16th Street a clock caught my eye. I saw that the hands pointed to 12.20. This suggested that I had an engagement at 124th Street, at one o'clock. I reasoned that as it had taken me an hour to come down on a surface car, I should probably be twenty minutes late if I returned the same way. I might save twenty minutes by a subway express. But was there a

[1] These are taken, almost verbatim, from the class papers of students.

station near? If not, I might lose more than twenty minutes in looking for one. Then I thought of the elevated, and I saw there was such a line within two blocks. But where was the station? If it were several blocks above or below the street I was on, I should lose time instead of gaining it. My mind went back to the subway express as quicker than the elevated; furthermore, I remembered that it went nearer than the elevated to the part of 124th Street I wished to reach, so that time would be saved at the end of the journey. I concluded in favor of the subway, and reached my destination by one o'clock."

A simple case of reflection upon an observation

(*ii*) "Projecting nearly horizontally from the upper deck of the ferryboat on which I daily cross the river, is a long white pole, bearing a gilded ball at its tip. It suggested a flagpole when I first saw it; its color, shape, and gilded ball agreed with this idea, and these reasons seemed to justify me in this belief. But soon difficulties presented themselves. The pole was nearly horizontal, an unusual position for a flagpole; in the next place, there was no pulley, ring, or cord by which to attach a flag; finally, there were elsewhere two vertical staffs from which flags were occasionally flown. It seemed probable that the pole was not there for flag-flying.

"I then tried to imagine all possible purposes of such a pole, and to consider for which of these it was best suited: (*a*) Possibly it was an ornament. But as all the ferryboats and even the tugboats carried like poles, this hypothesis was rejected. (*b*) Possibly it was the terminal of a wireless telegraph. But the same considerations made this improbable. Besides, the more natural place for such a terminal would be the highest part of the boat, on top of the pilot house. (*c*) Its purpose might be to point out the direction in which the boat is moving.

"In support of this conclusion, I discovered that the pole was lower than the pilot house, so that the steersman could easily see it. Moreover, the tip was enough higher than the base, so that, from the pilot's position, it must appear to project far out in front of the boat.

Moreover, the pilot being near the front of the boat, he would need some such guide as to its direction. Tugboats would also need poles for such a purpose. This hypothesis was so much more probable than the others that I accepted it. I formed the conclusion that the pole was set up for the purpose of showing the pilot the direction in which the boat pointed, to enable him to steer correctly."

A simple case of reflection involving experiment

(*iii*) "In washing tumblers in hot soapsuds and placing them mouth downward on a plate, bubbles appeared on the outside of the mouth of the tumblers and then went inside. Why? The presence of bubbles suggests air, which I note must come from inside the tumbler. I see that the soapy water on the plate prevents escape of the air save as it may be caught in bubbles. But why should air leave the tumbler? There was no substance entering to force it out. It must have expanded. It expands by increase of heat or by decrease of pressure, or by both. Could the air have become heated after the tumbler was taken from the hot suds? Clearly not the air that was already entangled in the water. If heated air was the cause, cold air must have entered in transferring the tumblers from the suds to the plate. I test to see if this supposition is true by taking several more tumblers out. Some I shake so as to make sure of entrapping cold air in them. Some I take out holding mouth downward in order to prevent cold air from entering. Bubbles appear on the outside of every one of the former and on none of the latter. I must be right in my inference. Air from the outside must have been expanded by the heat of the tumbler, which explains the appearance of the bubbles on the outside.

"But why do they then go inside? Cold contracts. The tumbler cooled and also the air inside it. Tension was removed, and hence bubbles appeared inside. To be sure of this, I test by placing a cup of ice on the tumbler while the bubbles are still forming outside. They soon reverse."

These three cases have been purposely selected so as to form

The three cases form a series

a series from the more rudimentary to more complicated cases of reflection. The first illustrates the kind of thinking done by every one during the day's business, in which neither the data, nor the ways of dealing with them, take one outside the limits of everyday experience. The last furnishes a case in which neither problem nor mode of solution would have been likely to occur except to one with some prior scientific training. The second case forms a natural transition; its materials lie well within the bounds of everyday, unspecialized experience; but the problem, instead of being directly involved in the person's business, arises indirectly out of his activity, and accordingly appeals to a somewhat theoretic and impartial interest. We shall deal, in a later chapter, with the evolution of abstract thinking out of that which is relatively practical and direct; here we are concerned only with the common elements found in all the types.

Five distinct steps in reflection

Upon examination, each instance reveals, more or less clearly, five logically distinct steps: (*a*) a felt difficulty; (*b*) its location and definition; (*c*) suggestion of possible solution; (*d*) development by reasoning of the bearings of the suggestion; (*e*) further observation and experiment leading to its acceptance or rejection; that is, the conclusion of belief or disbelief.

I. The occurrence of a difficulty

I. The first and second steps frequently fuse into one. The difficulty may be felt with sufficient definiteness as to set the mind at once speculating upon its probable solution, or an undefined uneasiness and shock may come first, leading only later to definite attempt to find out what is the matter. Whether the two steps are distinct or blended, there is the factor emphasized in our original account of reflection — *viz.* the perplexity or problem. In the first of the three cases cited, the difficulty resides in the conflict between conditions at hand and a desired and intended result, between an end and the means for reaching it. The purpose of keeping an engagement at a certain time, and the existing hour taken in connection with the location, are not congruous. The object of thinking is to introduce congruity between

(*a*) in the lack of adaptation of means to end

the two. The given conditions cannot themselves be altered; time will not go backward nor will the distance between 16th Street and 124th Street shorten itself. The problem is *the discovery of intervening terms which when inserted between the remoter end and the given means will harmonize them with each other.*

(*b*) in identifying the character of an object

In the second case, the difficulty experienced is the incompatibility of a suggested and (temporarily) accepted belief that the pole is a flagpole, with certain other facts. Suppose we symbolize the qualities that suggest *flagpole* by the letters *a*, *b*, *c*; those that oppose this suggestion by the letters *p*, *q*, *r*. There is, of course, nothing inconsistent in the qualities themselves; but in pulling the mind to different and incongruous conclusions they conflict — hence the problem. Here the object is the discovery of some object (*O*), of which *a*, *b*, *c*, and *p*, *q*, *r*, may all be appropriate traits — just as, in our first case, it is to discover a course of action which will combine existing conditions and a remoter result in a single whole. The method of solution is also the same: discovery of intermediate qualities (the position of the pilot house, of the pole, the need of an index to the boat's direction) symbolized by *d*, *g*, *l*, *o*, which bind together otherwise incompatible traits.

(*c*) in explaining an unexpected event

In the third case, an observer trained to the idea of natural laws or uniformities finds something odd or exceptional in the behavior of the bubbles. The problem is to reduce the apparent anomalies to instances of well-established laws. Here the method of solution is also to seek for intermediary terms which will connect, by regular linkage, the seemingly extraordinary movements of the bubbles with the conditions known to follow from processes supposed to be operative.

II. Definition of the difficulty

II. As already noted, the first two steps, the feeling of a discrepancy, or difficulty, and the acts of observation that serve to define the character of the difficulty may, in a given instance, telescope together. In cases of striking novelty or unusual perplexity, the difficulty, however, is likely to present itself at first as a shock, as emotional disturbance, as a more or less vague feeling of the unexpected, of something queer, strange, funny, or disconcerting. In such instances, there are necessary observations deliberately calculated to bring to light just what is the trouble, or to make clear the specific character of the problem. In large measure, the existence or non-existence of this step makes the difference between reflection proper, or safeguarded *critical* inference and uncontrolled thinking. Where sufficient pains to locate the difficulty are not taken, suggestions for its resolution must be more or less random. Imagine a doctor called in to prescribe for a patient. The patient tells him some things that are wrong; his experienced eye, at a glance, takes in other signs of a certain disease. But if he permits the suggestion of this special disease to take possession prematurely of his mind, to become an accepted conclusion, his scientific thinking is by that much cut short. A large part of his technique, as a skilled practitioner, is to prevent the acceptance of the first suggestions that arise; even, indeed, to postpone the occurrence of any very definite suggestion till the trouble — the nature of the problem — has been thoroughly explored. In the case of a physician this proceeding is known as diagnosis, but a similar inspection is required in every novel and complicated situation to prevent rushing to a conclusion. The essence of critical thinking is suspended judgment; and the essence of this suspense is inquiry to determine the nature of the problem before proceeding to attempts at its solution. This, more than any other thing, transforms mere inference into tested inference, suggested conclusions into proof.

III. Occurrence of a suggested explanation or possible solution

III. The third factor is suggestion. The situation in which the perplexity occurs calls up something not present to the senses: the present location, the thought of subway or elevated train; the stick before the eyes, the idea of a flagpole, an ornament, an apparatus for wireless telegraphy; the soap bubbles, the law of expansion of bodies through heat and of their contraction through cold. (*a*) Suggestion is the very heart of inference; it involves going from what is present to something absent. Hence, it is more or less speculative, adventurous. Since inference goes beyond what is actually present, it involves a leap, a jump, the propriety of which cannot be absolutely warranted in advance, no matter what precautions be taken. Its control is indirect, on the one hand, involving the formation of habits of mind which are at once enterprising and cautious; and on the other hand, involving the selection and arrangement of the particular facts upon perception of which suggestion issues. (*b*) The suggested conclusion so far as it is not accepted but only tentatively entertained constitutes an idea. Synonyms for this are *supposition, conjecture, guess, hypothesis,* and (in elaborate cases) *theory*. Since suspended belief, or the postponement of a final conclusion pending further evidence, depends partly upon the presence of rival conjectures as to the best course to pursue or the probable explanation to favor, *cultivation of a variety of alternative suggestions* is an important factor in good thinking.

IV. The rational elaboration of an idea

IV. The process of developing the bearings — or, as they are more technically termed, the *implications* — of any idea with respect to any problem, is termed *reasoning*.[1] As an idea is inferred from given facts, so reasoning sets out from an idea. The *idea* of elevated road is developed into the idea of difficulty of locating station, length of time occupied on the journey, distance of station at the other end from place to be reached. In the second case, the implication of a flagpole is seen to be a vertical position; of a wireless apparatus, location on a high part of the ship and, moreover, absence from every casual tugboat; while the idea of index to direction in which the boat moves, when developed, is found to cover all the details of the case.

Reasoning has the same effect upon a suggested solution as more

[1] This term is sometimes extended to denote the entire reflective process — just as *inference* (which in the sense of *test* is best reserved for the third step) is sometimes used in the same broad sense. But *reasoning* (or *ratiocination*) seems to be peculiarly adapted to express what the older writers called the " notional " or " dialectic " process of developing the meaning of a given idea.

intimate and extensive observation has upon the original problem. Acceptance of the suggestion in its first form is prevented by looking into it more thoroughly. Conjectures that seem plausible at first sight are often found unfit or even absurd when their full consequences are traced out. Even when reasoning out the bearings of a supposition does not lead to rejection, it develops the idea into a form in which it is more apposite to the problem. Only when, for example, the conjecture that a pole was an index-pole had been thought out into its bearings could its particular applicability to the case in hand be judged. Suggestions at first seemingly remote and wild are frequently so transformed by being elaborated into what follows from them as to become apt and fruitful. The development of an idea through reasoning helps at least to supply the intervening or intermediate terms that link together into a consistent whole apparently discrepant extremes (*ante*, p. 248).

V. Corroboration of an idea and formation of a concluding belief

V. The concluding and conclusive step is some kind of *experimental corroboration*, or verification, of the conjectural idea. Reasoning shows that *if* the idea be adopted, certain consequences follow. So far the conclusion is hypothetical or conditional. If we look and find present all the conditions demanded by the theory, and if we find the characteristic traits called for by rival alternatives to be lacking, the tendency to believe, to accept, is almost irresistible. Sometimes direct observation furnishes corroboration, as in the case of the pole on the boat. In other cases, as in that of the bubbles, experiment is required; that is, *conditions are deliberately arranged in accord with the requirements of an idea or hypothesis to see if the results theoretically indicated by the idea actually occur*. If it is found that the experimental results agree with the theoretical, or rationally deduced, results, and if there is reason to believe that *only* the conditions in question would yield such results, the confirmation is so strong as to induce a conclusion — at least until contrary facts shall indicate the advisability of its revision.

Observation exists at the beginning and again at the end of the process: at the beginning, to determine more definitely and precisely the nature of the difficulty to be dealt with; at the end, to test the value of some hypothetically entertained conclusion. Between those two termini of observation, we find the more distinctively *mental* aspects of the entire thought-cycle: (*a*) inference, the suggestion of an explanation or solution; and (*b*) reasoning, the development of the bearings and implications of the suggestion. Reasoning requires some experimental observation to confirm it, while experiment can be economically and fruitfully conducted only on the basis of an idea that has been tentatively developed by reasoning.

Thinking comes between observations at the beginning and at the end

The disciplined, or logically trained, mind — the aim of the educative process — is the mind able to judge how far each of these steps needs to be carried in any particular situation. No cast-iron rules can be laid down. Each case has to be dealt with as it arises, on the basis of its importance and of the context in which it occurs. To take too much pains in one case is as foolish — as illogical — as to take too little in another. At one extreme, almost any conclusion that insures prompt and unified action may be better than any long delayed conclusion; while at the other, decision may have to be postponed for a long period — perhaps for a lifetime. The trained mind is the one that best grasps the degree of observation, forming of ideas, reasoning, and experimental testing required in any special case, and that profits the most, in future thinking, by mistakes made in the past. What is important is that the mind should be sensitive to problems and skilled in methods of attack and solution.

The trained mind one that judges the extent of each step advisable in a given situation

CHAPTER 7 SYSTEMATIC INFERENCE: INDUCTION AND DEDUCTION

§ 1. The Double Movement of Reflection

The characteristic outcome of thinking we saw to be the organization of facts and conditions which, just as they stand, are isolated, fragmentary, and discrepant, the organization being effected through the introduction of connecting links, or middle terms. The facts as they stand are the data, the raw material of reflection; their lack of coherence perplexes and stimulates to reflection. There follows the suggestion of some meaning which, *if* it can be substantiated, will give a whole in which various fragmentary and seemingly incompatible data find their proper place. The meaning suggested supplies a mental platform, an intellectual point of view, from which to note and define the data more carefully, to seek for additional observations, and to institute, experimentally, changed conditions.

Back and forth between facts and meanings

There is thus a double movement in all reflection: a movement from the given partial and confused data to a suggested comprehensive (or inclusive) entire situation; and back from this suggested whole — which as suggested is a *meaning*, an idea — to the particular facts, so as to connect these with one another and with additional facts to which the suggestion has directed attention. Roughly speaking, the first of these movements is inductive; the second deductive. A complete act of thought involves both — it involves, that is, a fruitful interaction of observed (or recollected) particular considerations and of inclusive and far-reaching (general) meanings.

Inductive and deductive

Hurry *versus* caution

This double movement *to* and *from* a meaning may occur, however, in a casual, uncritical way, or in a cautious and regulated manner. To think means, in any case, to bridge a gap in experience, to bind together facts or deeds otherwise isolated. But we may make only a hurried jump from one consideration to another, allowing our aversion to mental disquietude to override the gaps; or, we may insist upon noting the road traveled in making connections. We may, in short, accept readily any suggestion that seems plausible; or we may hunt out additional factors, new difficulties, to see whether the suggested conclusion really ends the matter. The latter method involves definite formulation of the connecting links; the statement of a principle, or, in logical phrase, the use of a universal. If we thus formulate the whole situation, the original data are transformed into premises of reasoning; the final belief is a logical or *rational* conclusion, not a mere *de facto* termination.

Continuity of relationship the mark of the latter

The importance of *connections binding isolated items into a coherent single whole* is embodied in all the phrases that denote the relation of premises and conclusions to each other. (*a*) The premises are called grounds, foundations, bases, and are said to underlie, uphold, support the conclusion. (*b*) We "descend" from the premises to the conclusion, and "ascend" or "mount" in the opposite direction — as a river may be continuously traced from source to sea or vice versa. So the conclusion springs, flows, or is drawn from its premises. (*c*) The conclusion — as the word itself implies — closes, shuts in, locks up together the various factors stated in the premises. We say that the premises "contain" the conclusion, and that the conclusion "contains" the premises, thereby marking our sense of the inclusive and comprehensive unity in which the elements of reasoning are bound tightly together.[1] Systematic inference, in short, means the *recognition of definite relations of interdependence between*

[1] See Vailati, *Journal of Philosophy, Psychology, and Scientific Methods*, Vol. V, No. 12.

considerations previously unorganized and disconnected, this recognition being brought about by the discovery and insertion of new facts and properties.

Scientific induction and deduction

This more systematic thinking is, however, like the cruder forms in its double movement, the movement *toward* the suggestion or hypothesis and the movement *back* to facts. The difference is in the greater conscious care with which each phase of the process is performed. *The conditions under which suggestions are allowed to spring up and develop are regulated.* Hasty acceptance of any idea that is plausible, that seems to solve the difficulty, is changed into a conditional acceptance pending further inquiry. The idea is accepted as a *working hypothesis*, as something to guide investigation and bring to light new facts, not as a final conclusion. When pains are taken to make each aspect of the movement as accurate as possible, the movement toward building up the idea is known as *inductive discovery* (*induction*, for short) ; the movement toward developing, applying, and testing, as *deductive proof(deduction*, for short).

Particular and universal

While induction moves from fragmentary details (or particulars) to a connected view of a situation (universal), deduction begins with the latter and works back again to particulars, connecting them and binding them together. The inductive movement is toward *discovery* of a binding principle; the deductive toward its *testing* — confirming, refuting, modifying it on the basis of its capacity to interpret isolated details into a unified experience. So far as we conduct each of these processes in the light of the other, we get valid discovery or verified critical thinking.

Illustration from everyday experience

A commonplace illustration may enforce the points of this formula. A man who has left his rooms in order finds them upon his return in a state of confusion, articles being scattered at random. Automatically, the notion comes to his mind that burglary would account for the disorder. He has not seen the burglars; their presence is not a fact of observation, but is a thought, an idea. Moreover, the man has no special burglars in mind; it is the *relation*, the meaning of burglary — something general — that comes to mind. The state of his room is perceived and is particular, definite, — exactly as it is; burglars are inferred, and have a general status. The state of the room is a *fact*, certain and speaking for itself; the presence of burglars is a possible *meaning* which may explain the facts.

of induction,

So far there is an inductive tendency, suggested by particular and present facts. In the same inductive way, it occurs to him that his children are mischievous, and that they may have thrown the things about. This rival hypothesis (or conditional principle of explanation) prevents him from dogmatically accepting the first suggestion. Judgment is held in suspense and a positive conclusion postponed.

of deduction

Then deductive movement begins. Further observations, recollections, reasonings are conducted on the basis of a development of the ideas suggested: *if* burglars were responsible, such and such things would have happened; articles of value would be missing. Here the man is going from a general principle or relation to special features that accompany it, to particulars, — not back, however, merely to the original particulars (which would be fruitless or take him in a circle), but to new details, the actual discovery or nondiscovery of which will test the principle. The man turns to a box of valuables; some things are gone; some, however, are still there. Perhaps he has himself removed the missing articles, but has forgotten it. His experiment is not a decisive test. He thinks of the silver in the sideboard — the children would not have taken that nor would he absentmindedly have changed its place. He looks; all the solid ware is gone. The conception of burglars is confirmed; examination of windows and doors shows that they have been tampered with. Belief culminates; the original isolated facts have been woven into a coherent fabric. The idea first suggested (inductively) has been employed to reason out hypothetically certain additional particulars not yet experienced, that *ought* to be there, if the suggestion is correct. Then new acts of observation have shown that the particulars theoretically called for are present, and by this process the hypothesis is strengthened, corroborated. This moving back and forth between the observed facts and the conditional idea is kept up till a coherent experience of an object is substituted for the experience of conflicting details — or else the whole matter is given up as a bad job.

Science is the same operations carefully performed

Sciences exemplify similar attitudes and operations, but with a higher degree of elaboration of the instruments of caution, exactness and thoroughness. This greater elaboration brings about specialization, an accurate marking off of various types of problems from one another, and a corresponding segregation and classification of the materials of experience associated with each type of problem. We shall devote the remainder of this chapter to a consideration of the devices by which the discovery, the development, and the testing of meanings are scientifically carried on.

§ 2. Guidance of the Inductive Movement

Guidance is indirect

Control of the formation of suggestion is necessarily *indirect*, not direct; imperfect, not perfect. Just because all discovery, all apprehension involving thought of the new, goes from the known, the present, to the unknown and absent, no rules can be stated that will guarantee correct inference. Just what is suggested to a person in a given situation depends upon his native constitution (his originality, his genius), temperament, the prevalent direction of his interests, his early environment, the general tenor of his past experiences, his special training, the things that have recently occupied him continuously or vividly, and so on; to some extent even upon an accidental conjunction of present circumstances. These matters, so far as they lie in the past or in external conditions, clearly escape regulation. A suggestion simply does or does not occur; this or that suggestion just happens, occurs, springs up. If, however, prior experience and training have developed an attitude of patience in a condition of doubt, a capacity for suspended judgment, and a liking for inquiry, *indirect* control of the course of suggestions is possible. The individual may return upon, revise, restate, enlarge, and analyze *the facts out of which suggestion springs.* Inductive methods, in the technical sense, all have to do with regulating the conditions under which *observation, memory, and the acceptance of the testimony of others* (*the operations supplying the raw data*) proceed.

Method of indirect regulation

Given the facts *A B C D* on one side and certain individual habits on the other, suggestion occurs automatically. But if the facts *A B C D* are carefully looked into and thereby resolved into the facts *A′ B″ R S*, a suggestion will automatically present itself different from that called up by the facts in their first form. To inventory the facts, to describe exactly and minutely their respective traits, to magnify artificially those that are obscure and feeble, to reduce artificially those that are so conspicuous and glaring as to be distracting, — these are ways of modifying the facts that exercise suggestive force, and thereby indirectly guiding the formation of suggested inferences.

Illustration from diagnosis

Consider, for example, how a physician makes his diagnosis — his inductive interpretation. If he is scientifically trained, he suspends — postpones — reaching a conclusion in order that he may not be led by superficial occurrences into a snap judgment. Certain conspicuous phenomena may forcibly suggest typhoid, but he avoids a conclusion, or even any strong preference for this or that conclusion until he has greatly (*a*) *enlarged* the scope of his data, and (*b*) rendered them more *minute.* He not only questions the patient as to his feelings and as to his acts prior to the disease, but by various manipulations with his hands (and with instruments made for the purpose) brings to light a large number of facts of which the patient is quite unaware. The state of temperature, respiration, and heart-action is accurately noted, and their fluctuations from time to time are exactly recorded. Until this examination has worked *out* toward a wider collection and *in* toward a minuter scrutiny of details, induction is deferred.

Summary: definition of scientific induction

Scientific induction means, in short, *all the processes by which the observing and amassing of data are regulated with a view to facilitating the formation of explanatory conceptions and theories.* These devices are all directed toward selecting the precise facts to which weight and significance shall attach in forming suggestions or ideas. Specifically, this selective determination involves devices of (*a*) elimination by analysis of what is likely to be misleading and irrelevant, (*b*) emphasis of the important by collection and comparison of cases, (*c*) deliberate construction of data by experimental variation.

Elimination of irrelevant meanings

I. It is a common saying that one must learn to discriminate between observed facts and judgments based upon them. Taken literally, such advice cannot be carried out; in every observed thing there is — if the thing have any meaning at all — some consolidation of meaning with what is sensibly and physically present, such that, if this were entirely excluded, what is left would have no sense. A says: "I saw my brother." The term *brother*, however, involves a relation that cannot be sensibly or physically observed; it is inferential in status. If A contents himself with saying, "I saw a man," the factor of classification, of intellectual reference, is less complex, but still exists. If, as a last resort, A were to say, "Anyway, I saw a colored object," some relationship, though more rudimentary and undefined, still subsists. Theoretically, it is possible that no object was there, only an unusual mode of nerve stimulation. None the less, the advice to discriminate what is observed from what is inferred is sound practical advice. Its working import is that one should eliminate or exclude *those* inferences as to which experience has shown that there is greatest liability to error. This, of course, is a relative matter. Under ordinary circumstances no reasonable doubt would attach to the observation, "I see my brother"; it would be pedantic and silly to resolve this recognition back into a more elementary form. Under other circumstances it might be a perfectly genuine question as to whether A saw even a colored *thing*, or whether the color was due to a stimulation of the sensory optical apparatus (like "seeing stars" upon a blow) or to a disordered circulation. In general, the scientific man is one who knows that he is likely to be hurried to a conclusion, and that part of this precipitancy is due to certain habits which tend to make him "read" certain meanings into the situation that confronts him, so that he must be on the lookout against errors arising from his interests, habits, and current preconceptions.

The technique of conclusion

The technique of scientific inquiry thus consists in various processes that tend to exclude over-hasty " reading in" of meanings; devices that aim to give a purely "objective" unbiased rendering of the data to be interpreted. Flushed cheeks usually mean heightened temperature; paleness means lowered temperature. The clinical thermometer records automatically the actual temperature and hence checks up the habitual associations that might lead to error in a given case. All the instrumentalities of observation — the various -meters and -graphs and -scopes — fill a part of their scientific role in helping to eliminate meanings supplied because of habit, prejudice, the strong momentary preoccupation of excitement and anticipation, and by the vogue of existing theories. Photographs, phonographs, kymographs, actinographs, seismographs, plethysmographs, and the like, moreover, give records that are permanent, so that they can be employed by different persons, and by the same person in different states of mind, *i.e.* under the influence of varying expectations and dominant beliefs. Thus purely personal prepossessions (due to habit, to desire, to after-effects of recent experience) may be largely eliminated. In ordinary language, the facts are *objectively,* rather than *subjectively,* determined. In this way tendencies to premature interpretation are held in check.

Collection of instances

II. Another important method of control consists in the multiplication of cases or instances. If I doubt whether a certain handful gives a fair sample, or representative, for purposes of judging value, of a whole carload of grain, I take a number of handfuls from various parts of the car and compare them. If they agree in quality, well and good; if they disagree, we try to get enough samples so that when they are thoroughly mixed the result will be a fair basis for an evaluation. This illustration represents roughly the value of that aspect of scientific control in induction which insists upon multiplying observations instead of basing the conclusion upon one or a few cases.

This method not the whole of induction

So prominent, indeed, is this aspect of inductive method that it is frequently treated as the whole of induction. It is supposed that all inductive inference is based upon collecting and comparing a number of like cases. But in fact such comparison and collection is a secondary development within the process of securing a correct conclusion in some single case. If a man infers from a single sample of grain as to the grade of wheat of the car as a whole, it is induction and, under certain circumstances, a *sound* induction; other cases are resorted to simply for the sake of rendering that induction more guarded, and more probably correct. In like fashion, the reasoning that led up to the burglary idea in the instance already cited (p. 258) was inductive, though there was but one single case examined. The particulars upon which the general meaning (or relation) of burglary was grounded were simply the sum total of the unlike items and qualities that made up the one case examined. Had this case presented very great obscurities and difficulties, recourse might *then* have been had to examination of a number of similar cases. But this comparison would not make inductive a process which was not previously of that character; it would only render induction more wary and adequate. *The object of bringing into consideration a multitude of cases is to facilitate the selection of the evidential or significant features upon which to base inference in some single case.*

Accordingly, points of *unlikeness* are as important as points of *likeness* among the cases examined. *Comparison,* without *contrast,*

contrast as important as likeness

does not amount to anything logically. In the degree in which other cases observed or remembered merely duplicate the case in question, we are no better off for purposes of inference than if we had permitted our single original fact to dictate a conclusion. In the case of the various samples of grain, it is the fact that the samples are unlike, at least in the part of the carload from which they are taken, that is important. Were it not for this unlikeness, their likeness in quality would be of no avail in assisting inference.[1] If we are endeavoring to get a child to regulate his conclusions about the germination of a seed by taking into account a number of instances, very little is gained if the conditions in all these instances closely approximate one another. But if one seed is placed in pure sand, another in loam, and another on blotting-paper, and if in each case there are two conditions, one with and another without moisture, the unlike factors tend to throw into relief the factors that are significant (or "essential")for reaching a conclusion. Unless, in short, the observer takes care to have the differences in the observed cases as extreme as conditions allow, and unless he notes unlikenesses as carefully as likenesses, he has no way of determining the evidential force of the data that confront him.

Importance of exceptions and contrary cases

Another way of bringing out this importance of unlikeness is the emphasis put by the scientist upon *negative* cases — upon instances which it would seem ought to fall into line but which as matter of fact do not. Anomalies, exceptions, things which agree in most respects but disagree in some crucial point, are so important that many of the devices of scientific technique are designed purely to detect, record, and impress upon memory contrasting cases. Darwin remarked that so easy is it to pass over cases that oppose a favorite generalization, that he had made it a habit not merely to hunt for contrary instances, but also to write down any exception he noted or thought of — as

[1] In terms of the phrases used in logical treatises, the so-called "methods of agreement" (comparison) and "difference" (contrast) must accompany each other or constitute a "joint method" in order to be of logical use.

otherwise it was almost sure to be forgotten.

§ 3. Experimental Variation of Conditions

Experiment the typical method of introducing contrast factors

We have already trenched upon this factor of inductive method, the one that is the most important of all wherever it is feasible. Theoretically, one sample case *of the right kind* will be as good a basis for an inference as a thousand cases; but cases of the " right kind" rarely turn up spontaneously. We have to search for them, and we may have to *make* them. If we take cases just as we find them — whether one case or many cases — they contain much that is irrelevant to the problem in hand, while much that is relevant is obscure, hidden. The object of experimentation is the *construction, by regular steps taken on the basis of a plan thought out in advance, of a typical, crucial case*, a case formed with express reference to throwing light on the difficulty in question. All inductive methods rest (as already stated, p. 260) upon regulation of the conditions of observation and memory; experiment is simply the most adequate regulation possible of these conditions. We try to make the observation such that every factor entering into it, together with the mode and the amount of its operation, may be open to recognition. Such making of observations constitutes experiment.

Three advantages of experiment

Such observations have many and obvious advantages over observations — no matter how extensive — with respect to which we simply wait for an event to happen or an object to present itself. Experiment overcomes the defects due to (*a*) the *rarity*, (*b*) the *subtlety* and minuteness (or the violence), and (*c*) the rigid *fixity* of facts as we ordinarily experience them. The following quotations from Jevons's *Elementary Lessons in Logic* bring out all these points:

(*i*) "We might have to wait years or centuries to meet accidentally with facts which we can readily produce at any moment in a laboratory; and it is probable that most of the chemical substances now known, and many excessively useful products would never have been discovered at all by waiting till nature presented them spontaneously to our observation."

This quotation refers to the infrequency or rarity of certain facts of nature, even very important ones. The passage then goes on to speak of the minuteness of many phenomena which makes them escape ordinary experience:

(*ii*) "Electricity doubtless operates in every particle of matter, perhaps at every moment of time; and even the ancients could not but notice its action in the loadstone, in lightning, in the Aurora Borealis, or in a piece of rubbed amber. But in lightning electricity was too intense and dangerous; in the other cases it was too feeble to be properly understood. The science of electricity and magnetism could only advance by getting regular supplies of electricity from the common electric machine or the galvanic battery and by making powerful electromagnets. Most, if not all, the effects which electricity produces must go on in nature, but altogether too obscurely for observation."

Jevons then deals with the fact that, under ordinary conditions of experience, phenomena which can be understood only by seeing them under varying conditions are presented in a fixed and uniform way.

(*iii*) "Thus carbonic acid is only met in the form of a gas, proceeding from the combustion of carbon; but when exposed to extreme pressure and cold, it is condensed into a liquid, and may even be converted into a snowlike solid substance. Many other gases have in like manner been liquefied or solidified, and there is reason to believe that every substance is capable of taking all three forms of solid, liquid, and gas, if only the conditions of temperature and pressure can be sufficiently varied. Mere observation of nature would have led us, on the contrary, to suppose that nearly all substances were fixed in one condition only, and could not be converted from solid into liquid and from liquid into gas."

Many volumes would be required to describe in detail all the methods that investigators have developed in various subjects for analyzing and restating the facts of ordinary experience so that we may escape from capricious and routine suggestions, and may get the facts in such a form and in such a light (or context) that exact and far-reaching explanations may be suggested in place of vague and limited ones. But these various devices of inductive inquiry all have one goal in view: the indirect regulation of the function of suggestion, or formation of ideas; and, in the main, they will be found to reduce to some combination of the three types of selecting and arranging subject-matter just described.

§ 4. Guidance of the Deductive Movement

Value of deduction for guiding induction

Before dealing directly with this topic, we must note that systematic regulation of induction depends upon the possession of a body of general principles that may be applied deductively to the examination or construction of particular cases as they come up. If the physician does not know the general laws of the physiology of the human body, he has little way of telling what is either peculiarly significant or peculiarly exceptional in any particular case that he is called upon to treat. If he knows the laws of circulation, digestion, and respiration, he can deduce the conditions that should normally be found in a given case. These considerations give a base line from which the deviations and abnormalities of a particular case may be measured. In this way, *the nature of the problem at hand is located and defined.* Attention is not wasted upon features which though conspicuous have nothing to do with the case; it is concentrated upon just those traits which are out of the way and hence require explanation. A question well put is half answered; *i.e.* a difficulty clearly apprehended is likely to suggest its own solution, — while a vague and miscellaneous perception of the problem leads to groping and fumbling. Deductive systems are necessary in order to put the question in a fruitful form.

The control of the origin and development of hypotheses by

"Reasoning a thing out"

deduction does not cease, however, with locating the problem. Ideas as they first present themselves are inchoate and incomplete. *Deduction is their elaboration into fullness and completeness of meaning* (see p. 251). The phenomena which the physician isolates from the total mass of facts that exist in front of him suggest, we will say, typhoid fever. Now this conception of typhoid fever is one that is capable of development. *If* there is typhoid, *wherever* there is typhoid, there are certain results, certain characteristic symptoms. By going over mentally the full bearing of the concept of typhoid, the scientist is instructed as to further phenomena to be found. Its development gives him an instrument of inquiry, of observation and experimentation. He can go to work deliberately to see whether the case presents those features that it should have if the supposition is valid. The deduced results form a basis for comparison with observed results. Except where there is a system of principles capable of being elaborated by theoretical reasoning, the process of testing (or proof) of a hypothesis is incomplete and haphazard.

Such reasoning implies systematized knowledge,

These considerations indicate the method by which the deductive movement is guided. Deduction requires a system of allied ideas which may be translated into one another by regular or graded steps. The question is whether the facts that confront us can be identified as typhoid fever. To all appearances, there is a great gap between them and typhoid. But if we can, by some method of substitutions, go through a series of intermediary terms (see p. 248), the gap may, after all, be easily bridged. Typhoid may mean *p* which in turn means *o*, which means *n* which means *m*, which is very similar to the data selected as the key to the problem.

or definition and classification

One of the chief objects of science is to provide for every typical branch of subject-matter a set of meanings and principles so closely interknit that any one implies some other according to definite conditions, which under certain other conditions implies another, and so on. In this way, various substitutions of equivalents are possible, and reasoning can trace out, without having recourse to specific observations, very remote consequences of any suggested principle. Definition, general formulae, and classification are the devices by which the fixation and elaboration of a meaning into its detailed ramifications are carried on. They are not ends in themselves — as they are frequently regarded even in elementary education — but instrumentalities for facilitating the development of a conception into the form where its applicability to given facts may best be tested.[1]

The final control of deduction

The final test of deduction lies in experimental observation. Elaboration by reasoning may make a suggested idea very rich and very plausible, but it will not settle the validity of that idea. Only if facts can be observed (by methods either of collection or of experimentation), that agree in detail and without exception with the deduced results, are we justified in accepting the deduction as giving a valid conclusion. Thinking, in short, must end as well as begin in the domain of concrete observations, if it is to be complete thinking. And the ultimate educative value of all deductive processes is measured by the degree to which they become working tools in the creation and development of new experiences.

§ 5. Some Educational Bearings of the Discussion

Educational counterparts of false logical theories

Some of the points of the foregoing logical analysis may be clinched by a consideration of their educational implications, especially with reference to certain practices that grow out of a false separation by which each is thought to be independent of the other and complete in itself.

Isolation of "facts"

I. In some school subjects, or at all events in some topics or in some lessons, the pupils are immersed in details; their minds are loaded with disconnected items (whether gleaned by observation and memory, or accepted on hearsay and authority). Induction is treated as beginning

[1] These processes are further discussed in Chapter 9.

and ending with the amassing of facts, of particular isolated pieces of information. That these items are educative only as suggesting a view of some larger situation in which the particulars are included and thereby accounted for, is ignored. In object lessons in elementary education and in laboratory instruction in higher education, the subject is often so treated that the student fails to "see the forest on account of the trees." Things and their qualities are retailed and detailed, without reference to a more general character which they stand for and mean. Or, in the laboratory, the student becomes engrossed in the processes of manipulation, — irrespective of the reason for their performance, without recognizing a typical problem for the solution of which they afford the appropriate method. Only deduction brings out and emphasizes consecutive relationships, and only when *relationships* are held in view does learning become more than a miscellaneous scrap-bag.

Failure to follow up by reasoning

II. Again, the mind is allowed to hurry on to a vague notion of the whole of which the fragmentary facts are portions, without any attempt to become conscious of *how* they are bound together as parts of this whole. The student feels that "in a general way," as we say, the facts of the history or geography lesson are related thus and so; but "in a general way" here stands only for "in a vague way," somehow or other, with no clear recognition of just how.

The pupil is encouraged to form, on the basis of the particular facts, a general notion, a conception of how they stand related; but no pains are taken to make the student follow up the notion, to elaborate it and see just what its bearings are upon the case in hand and upon similar cases. The inductive inference, the guess, is formed by the student; if it happens to be correct, it is at once accepted by the teacher; or if it is false, it is rejected. If any amplification of the idea occurs, it is quite likely carried through by the teacher, who thereby assumes the responsibility for its intellectual development. But a complete, an integral, act of thought requires that the person making the suggestion (the guess) be responsible also for reasoning out its bearings upon the problem in hand; that he develop the suggestion at least enough to indicate the ways in which it applies to and accounts for the specific data of the case. Too often when a recitation does not consist in simply testing the ability of the student to display some form of technical skill, or to repeat facts and principles accepted on the authority of textbook or lecturer, the teacher goes to the opposite extreme; and after calling out the spontaneous reflections of the pupils, their guesses or ideas about the matter, merely accepts or rejects them, assuming himself the responsibility for their elaboration. In this way, the function of suggestion and of interpretation is excited, but it is not directed and trained. Induction is stimulated but is not carried over into the *reasoning* phase necessary to complete it.

In other subjects and topics, the deductive phase is isolated, and is treated as if it were complete in itself. This false isolation may show itself in either (and both) of two points; namely, at the beginning or at the end of the resort to general intellectual procedure.

Isolation of deduction by commencing with it

III. Beginning with definitions, rules, general principles, classifications, and the like, is a common form of the first error. This method has been such a uniform object of attack on the part of all educational reformers that it is not necessary to dwell upon it further than to note that the mistake is, logically, due to the attempt to introduce deductive considerations without first making acquaintance with the particular facts that create a need for the generalizing rational devices. Unfortunately, the reformer sometimes carries his objection too far, or rather locates it in the wrong place. He is led into a tirade against *all* definition, all systematization, all use of general principles, instead of confining himself to pointing out their futility and their deadness when not properly motivated by familiarity with concrete experiences.

IV. The isolation of deduction is seen, at the other end, wherever there is failure to clinch and test the results of the general reasoning processes by application to new concrete cases. The final point of the

Isolation of deduction from direction of new observations

deductive devices lies in their use in assimilating and comprehending individual cases. No one understands a general principle fully — no matter how adequately he can demonstrate it, to say nothing of repeating it — till he can employ it in the mastery of new situations, which, if they *are* new, differ in manifestation from the cases used in reaching the generalization. Too often the textbook or teacher is contented with a series of somewhat perfunctory examples and illustrations, and the student is not forced to carry the principle that he has formulated over into further cases of his own experience. In so far, the principle is inert and dead.

Lack of provision for experimentation

V. It is only a variation upon this same theme to say that every complete act of reflective inquiry makes provision for experimentation — for testing suggested and accepted principles by employing them for the active construction of new cases, in which new qualities emerge. Only slowly do our schools accommodate themselves to the general advance of scientific method. From the scientific side, it is demonstrated that effective and integral thinking is possible only where the experimental method in some form is used. Some recognition of this principle is evinced in higher institutions of learning, colleges and high schools. But in elementary education, it is still assumed, for the most part, that the pupil's natural range of observations, supplemented by what he accepts on hearsay, is adequate for intellectual growth. Of course it is not necessary that laboratories shall be introduced under that name, much less that elaborate apparatus be secured; but the entire scientific history of humanity demonstrates that the conditions for complete mental activity will not be obtained till adequate provision is made for the carrying on of activities that actually modify physical conditions, and that books, pictures, and even objects that are passively observed but not manipulated do not furnish the provision required.

CHAPTER 8 JUDGMENT: THE INTERPRETATION OF FACTS

§ 1. The Three Factors of Judging

Good judgment

A man of good judgment in a given set of affairs is a man in so far educated, trained, whatever may be his literacy. And if our schools turn out their pupils in that attitude of mind which is conducive to good judgment in any department of affairs in which the pupils are placed, they have done more than if they sent out their pupils merely possessed of vast stores of information, or high degrees of skill in specialized branches. To know what is *good* judgment we need first to know what judgment is.

Judgment and inference

That there is an intimate connection between judgment and inference is obvious enough. The aim of inference is to terminate itself in an adequate judgment of a situation, and the course of inference goes on through a series of partial and tentative judgments. What are these units, these terms of inference when we examine them on their own account? Their significant traits may be readily gathered from a consideration of the operations to which the word *judgment* was originally applied: namely, the authoritative decision of matters in legal controversy — the procedure of the *judge on the bench.* There are three such features: (*a*) a controversy, consisting of opposite claims regarding the same objective situation; (*b*) a process of defining and elaborating these claims and of sifting the facts adduced to support them; (*c*) a final decision, or sentence, closing the particular matter in dispute and also serving as a rule or principle for deciding future cases.

Uncertainty the antecedent of judgment

I. Unless there is something doubtful, the situation is read off at a glance; it is taken in on sight, *i.e.* there is merely apprehension, perception, recognition, not judgment. If the matter is wholly doubtful, if it is dark and obscure throughout, there is a blind mystery and again no judgment occurs. But if it suggests, however vaguely, different meanings, rival possible interpretations, there is some *point at issue*, some *matter at stake*. Doubt takes the form of dispute, controversy; different sides compete for a conclusion in their favor. Cases brought to trial before a judge illustrate neatly and unambiguously this strife of alternative interpretations; but any case of trying to clear up intellectually a doubtful situation exemplifies the same traits. A moving blur catches our eye in the distance; we ask ourselves: "What is it? Is it a cloud of whirling dust? a tree waving its branches? a man signaling to us?" Something in the total situation suggests each of these possible meanings. Only one of them can possibly be sound; perhaps none of them is appropriate; yet *some* meaning the thing in question surely has. Which of the alternative suggested meanings has the rightful claim? What does the perception really mean? How is it to be interpreted, estimated, appraised, placed? Every judgment proceeds from some such situation.

Judgment defines the issue,

II. The hearing of the controversy, the trial, *i.e.* the weighing of alternative claims, divides into two branches, either of which, in a given case, may be more conspicuous than the other. In the consideration of a legal dispute, these two branches are sifting the evidence and selecting the rules that are applicable; they are "the facts" and "the law" of the case. In judgment they are (*a*) the determination of the data that are important in the given case (compare the inductive movement); and (*b*) the elaboration of the conceptions or meanings suggested by the crude data (compare the deductive movement). (*a*) What portions or aspects of the situation are significant in controlling the formation of the interpretation? (*b*) Just what is the full meaning and bearing of the conception that is used as a method of interpretation? These questions are strictly correlative; the answer to each depends upon the answer to the other. We may, however, for convenience, consider them separately.

(i) by selecting what facts are evidence

(i) In every actual occurrence, there are many details which are part of the total occurrence, but which nevertheless are not significant in relation to the point at issue. All parts of an experience are equally present, but they are very far from being of equal value as signs or as evidences. Nor is there any tag or label on any trait saying: "This is important," or "This is trivial." Nor is intensity, or vividness or conspicuousness, a safe measure of indicative and proving value. The glaring thing may be totally insignificant in this particular situation, and the key to the understanding of the whole matter may be modest or hidden (compare p. 250). Features that are not significant are distracting; they proffer their claims to be regarded as clues and cues to interpretation, while traits that are significant do not appear on the surface at all. Hence, judgment is required *even in reference* to the situation or event that is present to the senses; elimination or rejection, selection, discovery, or bringing to light must take place. Till we have reached a final conclusion, rejection and selection must be tentative or conditional. We select the things that we hope or trust are cues to meaning. But if they do not suggest a situation that accepts and includes them (see p. 257), we reconstitute our data, the facts of the case; for we mean, intellectually, by the facts of the case *those traits that are used as evidence in reaching a conclusion or forming a decision.*

Expertness in selecting evidence

No hard and fast rules for this operation of selecting and rejecting, or fixing upon the facts, can be given. It all comes back, as we say, to the good judgment, the good sense, of the one judging. To be a good judge is to have a sense of the relative indicative or signifying values of the various features of the perplexing situation; to know what to let go as of no account; what to eliminate as irrelevant; what to retain as conducive to outcome; what to emphasize as a clue to the difficulty.[1] This power in ordinary matters we call *knack, tact, cleverness;* in more important affairs, *insight, discernment.* In part it is instinctive or inborn; but it also represents the funded outcome of long familiarity with like operations in the past. Possession of this ability to seize what is evidential or significant and to let the rest go is the mark of the expert, the connoisseur, the *judge*, in any matter.

Intuitive judgments

Mill cites the following case, which is worth noting as an instance of the extreme delicacy and accuracy to which may be developed this power of sizing up the significant factors of a situation. "A Scotch manufacturer procured from England, at a high rate of wages, a working dyer, famous for producing very fine colors, with the view of teaching to his other workmen the same skill. The workman came; but his method of proportioning the ingredients, in which lay the secret of the effects he produced, was by taking them up in handfuls, while the common method was to weigh them. The manufacturer sought to make him turn his handling system into an equivalent weighing system, that the general principles of his peculiar mode of proceeding might be ascertained. This, however, the man found himself quite unable to do, and could therefore impart his own skill to nobody. He had, from individual cases of his own experience, established a connection in his mind between fine effects of color and tactual perceptions in handling his dyeing materials; and from these perceptions he could, in any particular case, *infer the means to be employed* and the effects which would be produced." Long brooding over conditions, intimate contact associated with keen interest, thorough absorption in a multiplicity of allied experiences, tend to bring about those judgments which we then call intuitive; but they are true judgments because they are based on intelligent selection and estimation, with the solution of a problem as the controlling standard.

---

1 Compare what was said about *analysis*.

Possession of this capacity makes the difference between the artist and the intellectual bungler.

Such is judging ability, in its completest form, as to the data of the decision to be reached. But in any case there is a certain feeling along for the way to be followed; a constant tentative picking out of certain qualities to see what emphasis upon them would lead to; a willingness to hold final selection in suspense; and to reject the factors entirely or relegate them to a different position in the evidential scheme if other features yield more solvent suggestions. Alertness, flexibility, curiosity are the essentials; dogmatism, rigidity, prejudice, caprice, arising from routine, passion, and flippancy are fatal.

(*ii*) To decide an issue, the appropriate principles must also be selected

(*ii*) This selection of data is, of course, for the sake of controlling the *development and elaboration of the suggested meaning in the light of which they are to be interpreted* (compare p. 251). An evolution of conceptions thus goes on simultaneously with the determination of the facts; one possible meaning after another is held before the mind, considered in relation to the data to which it is applied, is developed into its more detailed bearings upon the data, is dropped or tentatively accepted and used. We do not approach any problem with a wholly naive or virgin mind; we approach it with certain acquired habitual modes of understanding, with a certain store of previously evolved meanings, or at least of experiences from which meanings may be educed. If the circumstances are such that a habitual response is called directly into play, there is an immediate grasp of meaning. If the habit is checked, and inhibited from easy application, a possible meaning for the facts in question presents itself. No hard and fast rules decide whether a meaning suggested is the right and proper meaning to follow up. The individual's own good (or bad) judgment is the guide. There is no label on any given idea or principle which says automatically, "Use me in this situation" — as the magic cakes of Alice in Wonderland were inscribed "Eat me." The thinker has to decide, to choose; and there is always a risk, so that the prudent thinker selects warily, subject, that is, to confirmation or frustration by later events. If one is not able to estimate wisely what is relevant to the interpretation of a given perplexing or doubtful issue, it avails little that arduous learning has built up a large stock of concepts. For learning is not wisdom; information does not guarantee good judgment. Memory may provide an antiseptic refrigerator in which to store a stock of meanings for future use, but judgment selects and adopts the one used in a given emergency — and without an emergency (some crisis, slight or great) there is no call for judgment. No conception, even if it is carefully and firmly established in the abstract, can at first safely be more than a *candidate* for the office of interpreter. Only greater success than that of its rivals in clarifying dark spots, untying hard knots, reconciling discrepancies, can elect it or prove it a valid idea for the given situation.

Judging terminates in a *decision* or statement

III. The judgment when formed is a *decision*; it closes (or concludes) the question at issue. This determination not only settles that particular case, but it helps fix a rule or method for deciding similar matters in the future; as the sentence of the judge on the bench both terminates that dispute and also forms a precedent for future decisions. If the interpretation settled upon is not controverted by subsequent events, a presumption is built up in favor of similar interpretation in other cases where the features are not so obviously unlike as to make it inappropriate. In this way, principles of judging are gradually built up; a certain manner of interpretation gets weight, authority. In short, meanings get *standardized*, they become logical concepts (see below, p. 289).

§ 2. The Origin and Nature of Ideas

This brings us to the question of *ideas in relation to judgments.*[1]

[1] The term *idea* is also used popularly to denote (*a*) a mere fancy, (*b*) an accepted belief, and also (*c*) judgment itself. But *logically* it denotes a certain *factor* in judgment, as explained in the text.

Ideas are conjectures employed in judging

Something in an obscure situation suggests something else as its meaning. If this meaning is at once accepted, there is no reflective thinking, no genuine judging. Thought is cut short uncritically; dogmatic belief, with all its attending risks, takes place. But if the meaning suggested is held *in suspense*, pending examination and inquiry, there is true judgment. We stop and think, we *de-fer* conclusion in order to *in-fer* more thoroughly. In this process of being only conditionally accepted, accepted only for examination, *meanings become ideas. That is to say, an idea is a meaning that is tentatively entertained, formed, and used with reference to its fitness to decide a perplexing situation, — a meaning used as a tool of judgment.*

Or tools of interpretation

Let us recur to our instance of a blur in motion appearing at a distance. We wonder what *the thing is, i.e.* what the *blur means.* A man waving his arms, a friend beckoning to us, are suggested as possibilities. To accept at once either alternative is to arrest judgment. But if we treat what is suggested as only a suggestion, a supposition, a possibility, it becomes an idea, having the following traits: (*a*) As merely a suggestion, it is a conjecture, a guess, which in cases of greater dignity we call a hypothesis or a theory. That is to say, it is *a possible but as yet doubtful mode of interpretation.* (*b*) Even though doubtful, it has an office to perform; namely, that of directing inquiry and examination. If this blur means a friend beckoning, then careful observation should show certain other traits. If it is a man driving unruly cattle, certain other traits should be found. Let us look and see if these traits are found. Taken merely as a doubt, an idea would paralyze inquiry. Taken merely as a certainty, it would arrest inquiry. Taken as a doubtful possibility, it affords a standpoint, a platform, a method of inquiry.

Pseudo-ideas

Ideas are not then genuine ideas unless they are tools in a reflective examination which tends to solve a problem. Suppose it is a question of having the pupil grasp *the idea* of the sphericity of the earth. This is different from teaching him its sphericity *as a fact.* He may be shown (or reminded of) a ball or a globe, and be told that the earth is round like those things; he may then be made to repeat that statement day after day till the shape of the earth and the shape of the ball are welded together in his mind. But he has not thereby acquired any idea of the earth's sphericity; at most, he has had a certain image of a sphere and has finally managed to image the earth after the analogy of his ball image. To grasp sphericity as an idea, the pupil must first have realized certain perplexities or confusing features in observed facts and have had the idea of spherical shape suggested to him as a possible way of accounting for the phenomena in question. Only by use as a method of interpreting data so as to give them fuller meaning does sphericity become a genuine idea. There may be a vivid image and no idea; or there may be a fleeting, obscure image and yet an idea, if that image performs the function of instigating and directing the observation and relation of facts.

Ideas furnish the only alternative to "hit or miss" methods

Logical ideas are like keys which are shaping with reference to opening a lock. Pike, separated by a glass partition from the fish upon which they ordinarily prey, will — so it is said — butt their heads against the glass until it is literally beaten into them that they cannot get at their food. Animals learn (when they learn at all) by a "cut and try" method; by doing at random first one thing and another thing and then preserving the things that happen to succeed. Action directed consciously by ideas — by suggested meanings accepted for the sake of experimenting with them — is the sole alternative both to bull-headed stupidity and to learning bought from that dear teacher — chance experience.

They are methods of indirect attack

It is significant that many words for intelligence suggest the idea of circuitous, evasive activity — often with a sort of intimation of even moral obliquity. The bluff, hearty man goes straight (and stupidly, it is implied) at some work. The intelligent man is cunning, shrewd (crooked), wily, subtle, crafty, artful, designing — the idea of indirection is involved.[1] An idea is a method of evading, circumventing, or surmounting through reflection obstacles that otherwise would have to be attacked by brute force. But ideas may lose their intellectual quality as they are habitually used. When a child was first learning to recognize, in some hesitating suspense, cats, dogs, houses, marbles, trees, shoes, and other objects, ideas — conscious and tentative meanings — intervened as methods of identification. Now, as a rule, the thing and the meaning are so completely fused that there is no judgment and no idea proper, but only automatic recognition. On the other hand, things that are, as a rule, directly apprehended and familiar become subjects of judgment when they present themselves in unusual contexts: as forms, distances, sizes, positions when we attempt to draw them; triangles, squares, and circles when they turn up, not in connection with familiar toys, implements, and utensils, but as problems in geometry.

§ 3. Analysis and Synthesis

Judging clears up things: analysis

Through judging confused data are cleared up, and seemingly incoherent and disconnected facts brought together. Things may have a peculiar feeling for us, they may make a certain indescribable impression upon us; the thing may *feel* round (that is, present a quality which we afterwards define as round), an act may seem rude (or what we afterwards classify as rude), and yet this quality may be lost, absorbed, blended in the total value of the situation. Only as we need to use just that aspect of the original situation as a tool of grasping something perplexing or obscure in another situation, do we abstract or detach the quality so that it becomes individualized. Only because we need to characterize the shape of some new object or the moral quality of some new act, does the element of roundness or rudeness in the old experience detach itself, and stand out as a distinctive feature.

[1] See Ward, *Psychic Factors of Civilization*, p. 153.

If the element thus selected clears up what is otherwise obscure in the new experience, if it settles what is uncertain, it thereby itself gains in positiveness and definiteness of meaning. This point will meet us again in the following chapter; here we shall speak of the matter only as it bears upon the questions of analysis and synthesis.

Mental analysis is not like physical division

Even when it is definitely stated that intellectual and physical analyses are different sorts of operations, intellectual analysis is often treated after the analogy of physical; as if it were the breaking up of a whole into all its constituent parts in the mind instead of in space. As nobody can possibly tell what breaking a whole into its parts in the mind means, this conception leads to the further notion that logical analysis is a mere enumeration and listing of all conceivable qualities and relations. The influence upon education of this conception has been very great.[1] Every subject in the curriculum has passed through — or still remains in — what may be called the phase of anatomical or morphological method: the stage in which understanding the subject is thought to consist of multiplying distinctions of quality, form, relation, and so on, and attaching some name to each distinguished element. In normal growth, specific properties are emphasized and so individualized only when they serve to clear up a present difficulty. Only as they are involved in judging some specific situation is there any motive or use for analyses, *i.e.* for emphasis upon some element or relation as peculiarly significant.

Misapprehension of analysis in education

The same putting the cart before the horse, the product before the process, is found in that overconscious formulation of methods of procedure so current in elementary instruction. (See p. 238.) The method that is employed in discovery, in reflective inquiry, cannot possibly be identified with the method that emerges *after* the discovery is made. In the genuine operation of inference, the mind is

Effects of premature formulation

[1] Thus arise all those falsely analytic methods in geography, reading, writing, drawing, botany, arithmetic, which we have already considered in another connection. (See p. 237.)

in the attitude of *search*, of *hunting*, of *projection*, of *trying this and that;* when the conclusion is reached, the search is at an end. The Greeks used to discuss: "How is learning (or inquiry) possible? For either we know already what we are after, and then we do not learn or inquire; or we do not know, and then we cannot inquire, for we do not know what to look for." The dilemma is at least suggestive, for it points to the true alternative: the use in inquiry of doubt, of tentative suggestion, of experimentation. After we have reached the conclusion, a reconsideration of the steps of the process to see what is helpful, what is harmful, what is merely useless, will assist in dealing more promptly and efficaciously with analogous problems in the future. In this way, more or less explicit method is gradually built up. (Compare the earlier discussion on p. 240 of the psychological and the logical.)

Method comes before its formulation

It is, however, a common assumption that unless the pupil from the outset *consciously recognizes and explicitly states* the method logically implied in the result he is to reach, he will have *no* method, and his mind will work confusedly or anarchically; while if he accompanies his performance with conscious statement of some form of procedure (outline, topical analysis, list of headings and subheadings, uniform formula) his mind is safeguarded and strengthened. As a matter of fact, the development of *an unconscious logical attitude and habit* must come first. A conscious setting forth of the method logically adapted for reaching an end is possible only after the result has first been reached by more unconscious and tentative methods, while it is valuable only when a review of the method that achieved success in a given case will throw light upon a new, similar case. The ability to fasten upon and single out (abstract, analyze) those features of one experience which are logically best is hindered by premature insistence upon their explicit formulation. It is repeated use that gives a *method* definiteness; and given this definiteness, precipitation into formulated statement should follow naturally. But because teachers find that the things which they themselves best understand are marked off and defined in clear-cut ways, our schoolrooms are pervaded with the superstition that children are to begin with already crystallized formulae of method.

Judgment reveals the bearing or significance of facts: synthesis

As analysis is conceived to be a sort of picking to pieces, so synthesis is thought to be a sort of physical piecing together; and so imagined, it also becomes a mystery. In fact, synthesis takes place wherever we grasp the bearing of facts on a conclusion, or of a principle on facts. As analysis is *emphasis*, so synthesis is *placing;* the one causes the emphasized fact or property to stand out as significant; the other gives what is selected its *context*, or its connection with what is signified. Every judgment is analytic in so far as it involves discernment, discrimination, marking off the trivial from the important, the irrelevant from what points to a conclusion; and it is synthetic in so far as it leaves the mind with an inclusive situation within which the selected facts are placed.

Analysis and synthesis are correlative

Educational methods that pride themselves on being exclusively analytic or exclusively synthetic are therefore (so far as they carry out their boasts) incompatible with normal operations of judgment. Discussions have taken place, for example, as to whether the teaching of geography should be analytic or synthetic. The synthetic method is supposed to begin with the partial, limited portion of the earth's surface already familiar to the pupil, and then gradually piece on adjacent regions (the county, the country, the continent, and so on) till an idea of the entire globe is reached, or of the solar system that includes the globe. The analytic method is supposed to begin with the physical whole, the solar system or globe, and to work down through its constituent portions till the immediate environment is reached. The underlying conceptions are of physical wholes and physical parts. As matter of fact, we cannot assume that the portion of the earth already familiar to the child is such a definite object, mentally, that he can at once begin with it; his knowledge of it is misty and vague as well as incomplete. Accordingly, mental progress will involve analysis of it —

emphasis of the features that are significant, so that they will stand out clearly. Moreover, his own locality is not sharply marked off, neatly bounded, and measured. His experience of it is already an experience that involves sun, moon, and stars as parts of the scene he surveys; it involves a changing horizon line as he moves about; that is, even his more limited and local experience involves far-reaching factors that take his imagination clear beyond his own street and village. Connection, relationship with a larger whole, is already involved. But his recognition of these relations is inadequate, vague, incorrect. He needs to utilize the features of the local environment which are understood to help clarify and enlarge his conceptions of the larger geographical scene to which they belong. At the same time, not till he has grasped the larger scene will many of even the commonest features of his environment become intelligible. Analysis leads to synthesis; while synthesis perfects analysis. As the pupil grows in comprehension of the vast complicated earth in its setting in space, he also sees more definitely the meaning of the familiar local details. This intimate interaction between selective emphasis and interpretation of what is selected is found wherever reflection proceeds normally. Hence the folly of trying to set analysis and synthesis over against each other.

CHAPTER 9 MEANING: OR CONCEPTIONS AND UNDERSTANDING

§ 1. The Place of Meanings in Mental Life

As in our discussion of judgment we were making more explicit what is involved in inference, so in the discussion of meaning we are only recurring to the central function of all reflection. For one thing to *mean, signify, betoken, indicate,* or *point to,* another we saw at the outset to be the essential mark of thinking (see p. 191). To find out what facts, just as they stand, mean, is the object of all discovery; to find out what facts will carry out, substantiate, support a given meaning, is the object of all testing. When an inference reaches a satisfactory conclusion, we attain a goal of meaning. The act of judging involves both the growth and the application of meanings. In short, in this chapter we are not introducing a new topic; we are only coming to closer quarters with what hitherto has been constantly assumed. In the first section, we shall consider the equivalence of meaning and understanding, and the two types of understanding, direct and indirect.

Meaning is central

I. Meaning and understanding. If a person comes suddenly into your room and calls out "Paper," various alternatives are possible. If you do not understand the English language, there is simply a noise which may or may not act as a physical stimulus and irritant. But the noise is not an intellectual object; it does not have intellectual value. (Compare above, p. 198.) To say that you do not understand it and that it has no meaning are equivalents. If the cry is the usual accompaniment of the

To understand is to grasp meaning

delivery of the morning paper, the sound will have meaning, intellectual content; you will understand it. Or if you are eagerly awaiting the receipt of some important document, you may assume that the cry means an announcement of its arrival. If (in the third place) you understand the English language, but no context suggests itself from your habits and expectations, the *word* has meaning, but not the whole event. You are then perplexed and incited to think out, to hunt for, some explanation of the apparently meaningless occurrence. If you find something that accounts for the performance, it gets meaning; you come to understand it. As intelligent beings, we presume the existence of meaning, and its absence is an anomaly. Hence, if it should turn out that the person merely meant to inform you that there was a scrap of paper on the sidewalk, or that paper existed somewhere in the universe, you would think him crazy or yourself the victim of a poor joke. To grasp a meaning, to understand, to identify a thing in a situation in which it is important, are thus equivalent terms; they express the nerves of our intellectual life. Without them there is (*a*) lack of intellectual content, or (*b*) intellectual confusion and perplexity, or else (*c*) intellectual perversion — nonsense, insanity.

Knowledge and meaning

All knowledge, all science, thus aims to grasp the meaning of objects and events, and this process always consists in taking them out of their apparent brute isolation as events, and finding them to be parts of some larger whole *suggested by them*, which, in turn, *accounts for, explains, interprets them; i.e.* renders them significant. (Compare above, p. 251.) Suppose that a stone with peculiar markings has been found. What do these scratches mean? So far as the object forces the raising of this question, it is not understood; while so far as the color and form that we see mean to us a stone, the object is understood. It is such peculiar combinations of the understood and the nonunderstood that provoke thought. If at the end of the inquiry, the markings are decided to mean glacial scratches, obscure and perplexing traits have been translated into meanings already understood: namely, the moving and grinding power of large bodies of ice and the friction thus induced of one rock upon another. Something already understood in one situation has been transferred and applied to what is strange and perplexing in another, and thereby the latter has become plain and familiar, *i.e.* understood. This summary illustration discloses that our power to think effectively depends upon possession of a capital fund of meanings which may be applied when desired. (Compare what was said about deduction, p. 267.)

Direct and circuitous under-standing

II. Direct and indirect understanding. In the above illustrations two types of grasping of meaning are exemplified. When the English language is understood, the person grasps at once the meaning of "paper." He may not, however, see any meaning or sense in the performance as a whole. Similarly, the person identifies the object on sight as a stone; there is no secret, no mystery, no perplexity about that. But he does not understand the markings on it. They have some meaning, but what is it? In one case, owing to familiar acquaintance, the thing and its meaning, up to a certain point, are one. In the other, the thing and its meaning are, temporarily at least, sundered, and meaning has to be sought in order to understand the thing. In one case understanding is direct, prompt, immediate; in the other, it is roundabout and delayed.

Interaction of the two types

Most languages have two sets of words to express these two modes of understanding; one for the direct taking in or grasp of meaning, the other for its circuitous apprehension, thus: *γνῶναι* and *εἰδέναι* in Greek; *noscere* and *scire* in Latin; *kennen* and *wissen* in German; *connaître* and *savoir* in French; while in English to be *acquainted with* and to *know of or about* have been suggested as equivalents.[1] Now our intellectual life consists of a peculiar interaction

[1] James, *Principles of Psychology*, vol. I, p. 221. To *know* and to *know that* are perhaps more precise equivalents; compare " I know him" and " I know that he has gone home." The former expresses a fact simply; for the latter, evidence might be demanded and supplied.

between these two types of understanding. All judgment, all reflective inference, presupposes some lack of understanding, a partial absence of meaning. We reflect in order that we may get hold of the full and adequate significance of what happens. Nevertheless, *something* must be already understood, the mind must be in possession of some meaning which it has mastered, or else thinking is impossible. We think in order to grasp meaning, but none the less every extension of knowledge makes us aware of blind and opaque spots, where with less knowledge all had seemed obvious and natural. A scientist brought into a new district will find many things that he does not understand, where the native savage or rustic will be wholly oblivious to any meanings beyond those directly apparent. Some Indians brought to a large city remained stolid at the sight of mechanical wonders of bridge, trolley, and telephone, but were held spellbound by the sight of workmen climbing poles to repair wires. Increase of the store of meanings makes us conscious of new problems, while only through translation of the new perplexities into what is already familiar and plain do we understand or solve these problems. This is the constant spiral movement of knowledge.

Intellectual progress a rhythm

Our progress in genuine knowledge always consists *in part in the discovery of something not understood in what had previously been taken for granted as plain, obvious, matter-of-course, and in part in the use of meanings that are directly grasped without question, as instruments for getting hold of obscure, doubtful, and perplexing meanings*. No object is so familiar, so obvious, so commonplace that it may not unexpectedly present, in a novel situation, some problem, and thus arouse reflection in order to understand it. No object or principle is so strange, peculiar, or remote that it may not be dwelt upon till its meaning becomes familiar — taken in on sight without reflection. We may come to *see, perceive, recognize, grasp, seize, lay hold of* principles, laws, abstract truths — *i.e.* to understand their meaning in very immediate fashion. Our intellectual progress consists, as has been said, in a rhythm of direct understanding — technically called *ap*prehension — with indirect, mediated understanding — technically called *com*prehension.

§ 2. The Process of Acquiring Meanings

Familiarity

The first problem that comes up in connection with direct understanding is how a store of directly apprehensible meanings is built-up. How do we learn to view things on sight as significant members of a situation, or as having, as a matter of course, specific meanings? Our chief difficulty in answering this question lies in the thoroughness with which the lesson of familiar things has been learnt. Thought can more easily traverse an unexplored region than it can undo what has been so thoroughly done as to be ingrained in unconscious habit. We apprehend chairs, tables, books, trees, horses, clouds, stars, rain, so promptly and directly that it is hard to realize that as meanings they had once to be acquired, — the meanings are now so much parts of the things themselves.

Confusion is prior to familiarity

In an often quoted passage, Mr. James has said: "The baby, assailed by eyes, ears, nose, skin, and entrails at once, feels it all as one great blooming, buzzing confusion."[1] Mr. James is speaking of a baby's world taken as a whole; the description, however, is equally applicable to the way any new thing strikes an adult, so far as the thing is really new and strange. To the traditional "cat in a strange garret," everything is blurred and confused; the wonted marks that label things so as to separate them from one another are lacking. Foreign languages that we do not understand always seem jabberings, babblings, in which it is impossible to fix a definite, clear-cut, individualized group of sounds. The countryman in the crowded city street, the landlubber at sea, the ignoramus in sport at a contest between experts in a

1 *Principles of Psychology*, vol. I, p. 488.

complicated game, are further instances. Put an unexperienced man in a factory, and at first the work seems to him a meaningless medley. All strangers of another race proverbially look alike to the visiting foreigner. Only gross differences of size or color are perceived by an outsider in a flock of sheep, each of which is perfectly individualized to the shepherd. A diffusive blur and an indiscriminately shifting suction characterize what we do not understand. The problem of the acquisition of meaning by things, or (stated in another way) of forming habits of simple apprehension, is thus the problem of introducing (*a*) *definiteness* and *distinction* and (*b*) *consistency* or *stability* of meaning into what is otherwise vague and wavering.

Practical responses clarify confusion

The acquisition of definiteness and of coherency (or constancy) of meanings is derived primarily from practical activities. By rolling an object, the child makes its roundness appreciable; by bouncing it, he singles out its elasticity; by throwing it, he makes weight its conspicuous distinctive factor. Not through the senses, but by means of the reaction, the responsive adjustment, is the impression made distinctive, and given a character marked off from other qualities that call out unlike reactions. Children, for example, are usually quite slow in apprehending differences of color. Differences from the standpoint of the adult so glaring that it is impossible not to note them are recognized and recalled with great difficulty. Doubtless they do not all *feel* alike, but there is no intellectual recognition of what makes the difference. The redness or greenness or blueness of the object does not tend to call out a reaction that is sufficiently peculiar to give prominence or distinction to the color trait. Gradually, however, certain characteristic habitual responses associate themselves with certain things; the white becomes the sign, say, of milk and sugar, to which the child reacts favorably; blue becomes the sign of a dress that the child likes to wear, and so on; and the distinctive reactions tend to single out color qualities from other things in which they had been submerged.

Take another example. We have little difficulty in distinguishing from one another rakes, hoes, plows and harrows, shovels and spades. Each has its own associated characteristic use and function. We may have, however, great difficulty in recalling the difference between serrate and dentate, ovoid and obovoid, in the shapes and edges of leaves, or between acids in *ic* and in *ous*. There is some difference; but just what? Or, we know what the difference is; but which is which? Variations in form, size, color, and arrangement of parts have much less to do, and the uses, purposes, and functions of things and of their parts much more to do, with distinctness of character and meaning than we should be likely to think. What misleads us is the fact that the qualities of form, size, color, and so on, are *now* so distinct that we fail to see that the problem is precisely to account for the way in which they originally obtained their definiteness and conspicuousness. So far as we sit passive before objects, they are not distinguished out of a vague blur which swallows them all. Differences in the pitch and intensity of sounds leave behind a different feeling, but until we assume different attitudes toward them, or *do* something special in reference to them, their vague difference cannot be *intellectually* gripped and retained.

We identify by use or function

Children's drawings afford a further exemplification of the same principle. Perspective does not exist, for the child's interest is not in *pictorial representation,* but in the *things* represented; and while perspective is essential to the former, it is no part of the characteristic uses and values of the things themselves. The house is drawn with transparent walls, because the rooms, chairs, beds, people inside, are the important things in the house-meaning; smoke always comes out of the chimney — otherwise, why have a chimney at all? At Christmas time, the stockings may be drawn almost as large as the house or even so large that they have to be put outside of it: — in any case, it is the scale of values in use that furnishes the scale for their qualities, the pictures being diagrammatic reminders of these values, not impartial records of physical and sensory qualities. One of the chief difficulties felt by most persons in learning the art of pictorial representation is

Children's drawings illustrate domination by value

that habitual uses and results of use have become so intimately read into the character of things that it is practically impossible to shut them out at will.

As do sounds used as language signs

The acquiring of meaning by sounds, in virtue of which they become words, is perhaps the most striking illustration that can be found of the way in which mere sensory stimuli acquire definiteness and constancy of meaning and are thereby themselves defined and interconnected for purposes of recognition. Language is a specially good example because there are hundreds or even thousands of words in which meaning is now so thoroughly consolidated with physical qualities as to be directly apprehended, while in the case of words it is easier to recognize that this connection has been gradually and laboriously acquired than in the case of physical objects such as chairs, tables, buttons, trees, stones, hills, flowers, and so on, where it seems as if the union of intellectual character and meaning with the physical fact were aboriginal, and thrust upon us passively rather than acquired through active explorations. And in the case of the meaning of words, we see readily that it is by making sounds and noting the results which follow, by listening to the sounds of others and watching the activities which accompany them, that a given sound finally becomes the stable bearer of a meaning.

Summary

Familiar acquaintance with meanings thus signifies that we have acquired in the presence of objects definite attitudes of response which lead us, without reflection, to anticipate certain possible consequences. The definiteness of the expectation defines the meaning or takes it out of the vague and pulpy; its habitual, recurrent character gives the meaning constancy, stability, consistency, or takes it out of the fluctuating and wavering.

§ 3. Conceptions and Meaning

The word *meaning* is a familiar everyday term; the words *conception, notion*, are both popular and technical terms. Strictly speaking, they involve, however, nothing new; any meaning sufficiently individualized to be directly grasped and readily used, and thus fixed by a word, is a conception or notion. Linguistically, every common noun is the carrier of a meaning, while proper nouns and common nouns with the word *this* or *that* prefixed, refer to the things in which the meanings are exemplified. That thinking both employs and expands notions, conceptions, is then simply saying that in inference and judgment we use meanings, and that this use also corrects and widens them.

A conception is a definite meaning

Various persons talk about an object not physically present, and yet all get the same material of belief. The same person in different moments often refers to the same object or kind of objects. The sense experience, the physical conditions, the psychological conditions, vary, but the same meaning is conserved. If pounds arbitrarily changed their weight, and foot rules their length, while we were using them, obviously we could not weigh nor measure. This would be our intellectual position if meanings could not be maintained with a certain stability and constancy through a variety of physical and personal changes.

which is standardized

To insist upon the fundamental importance of conceptions would, accordingly, only repeat what has been said. We shall merely summarize, saying that conceptions, or standard meanings, are instruments (*a*) of identification, (*b*) of supplementation, and (*c*) of placing in a system. Suppose a little speck of light hitherto unseen is detected in the heavens. Unless there is a store of meanings to fall back upon as tools of inquiry and reasoning, that speck of light will remain just what it is to the senses — a mere speck of light. For all that it leads to, it might as well be a mere irritation of the optic nerve. Given the stock of meanings acquired in prior experience, this speck of light is mentally attacked by means of appropriate concepts. Does it indicate asteroid, or comet, or a new-forming sun, or a nebula resulting from some cosmic collision or disintegration? Each of these conceptions has its own specific and differentiating characters, which are then sought for by minute and

By it we identify the unknown

persistent inquiry. As a result, then, the speck is identified, we will say, as a comet. Through a standard meaning, it gets identity and stability of character. Supplementation then takes place. All the known qualities of comets are read into this particular thing, even though they have not been as yet observed. All that the astronomers of the past have learned about the paths and structure of comets becomes available capital with which to interpret the speck of light. Finally, this comet-meaning is itself not isolated; it is a related portion of the whole system of astronomic knowledge. Suns, planets, satellites, nebulae, comets, meteors, star dust — all these conceptions have a certain mutuality of reference and interaction, and when the speck of light is identified as meaning a comet, it is at once adopted as a full member in this vast kingdom of beliefs.

and supplement the sensibly present

and also systematize things

Importance of system to knowledge

Darwin, in an autobiographical sketch, says that when a youth he told the geologist, Sidgwick, of finding a tropical shell in a certain gravel pit. Thereupon Sidgwick said it must have been thrown there by some person, adding: "But if it were really embedded there, it would be the greatest misfortune to geology, because it would overthrow all that we know about the superficial deposits of the Midland Counties" — since they were glacial. And then Darwin adds: "I was then utterly astonished at Sidgwick not being delighted at so wonderful a fact as a tropical shell being found near the surface in the middle of England. Nothing before had made me thoroughly realize *that science consists in grouping facts so that general laws or conclusions may be drawn from them.*" This instance (which might, of course, be duplicated from any branch of science) indicates how scientific notions make explicit the systematizing tendency involved in all use of concepts.

§ 4. What Conceptions are Not

The idea that a conception is a meaning that supplies a standard rule for the identification and placing of particulars may be contrasted with some current misapprehensions of its nature.

I. Conceptions are not derived from a multitude of different definite

A concept is not a bare residue

objects by leaving out the qualities in which they differ and retaining those in which they agree. The origin of concepts is sometimes described to be as if a child began with a lot of different particular things, say particular dogs; his own Fido, his neighbor's Carlo, his cousin's Tray. Having all these different objects before him, he analyzes them into a lot of different qualities, say (*a*) color, (*b*) size, (*c*) shape, (*d*) number of legs, (*e*) quantity and quality of hair, (*f*) digestive organs, and so on; and then strikes out all the unlike qualities (such as color, size, shape, hair), retaining traits such as quadruped and domesticated, which they all have in general.

but an active attitude

As a matter of fact, the child begins with whatever significance he has got out of the one dog he has seen, heard, and handled. He has found that he can carry over from one experience of this object to subsequent experience certain expectations of certain characteristic modes of behavior — may expect these even before they show themselves. He tends to assume this attitude of anticipation whenever any clue or stimulus presents itself; whenever the object gives him any excuse for it. Thus he might call cats little dogs, or horses big dogs. But finding that other expected traits and modes of behavior are not fulfilled, he is forced to throw out certain traits from the dog-meaning, while by contrast (see p. 263) certain other traits are selected and emphasized. As he further applies the meaning to other dogs, the dog-meaning gets still further defined and refined. He does not begin with a lot of ready-made objects from which he extracts a common meaning; he tries to apply to every new experience whatever from his old experience will help him understand it, and as this process of constant assumption and experimentation is fulfilled and refuted by results, his conceptions get body and clearness.

It is general because of its application

II. Similarly, conceptions are general because of their use and application, not because of their ingredients. The view of the origin of conception in an impossible sort of analysis has as its counterpart the idea that the conception is made up out of all the like elements that remain after dissection of a number of individuals. Not so; the moment a meaning is gained, it is a working tool of further apprehensions, an instrument of understanding other things. Thereby the meaning is *extended* to cover them. Generality resides in application to the comprehension of new cases, not in constituent parts. A collection of traits left as the common residuum, the *caput mortuum*, of a million objects, would be merely a collection, an inventory or aggregate, not a *general idea;* a striking trait emphasized in any one experience which then served to help understand some one other experience, would become, in virtue of that service of application, in so far general. Synthesis is not a matter of mechanical addition, but of application of something discovered in one case to bring other cases into line.

§ 5. Definition and Organization of Meanings

Definiteness *versus* vagueness

A being that cannot understand at all is at least protected from *mis*-understandings. But beings that get knowledge by means of inferring and interpreting, by judging what things signify in relation to one another, are constantly exposed to the danger of *mis*-apprehension, *mis*-understanding, *mis*-taking — taking a thing amiss. A constant source of misunderstanding and mistake is indefiniteness of meaning. Through vagueness of meaning we misunderstand other people, things, and ourselves; through its ambiguity we distort and pervert. Conscious distortion of meaning may be enjoyed as nonsense; erroneous meanings, if clear-cut, may be followed up and got rid of. But vague meanings are too gelatinous to offer matter for analysis, and too pulpy to afford support to other beliefs. They evade testing and responsibility. Vagueness disguises the unconscious mixing together of different meanings, and facilitates the substitution of one meaning for another, and covers up the failure to have any precise meaning at all. It is the aboriginal logical sin — the source from which flow most bad intellectual consequences. Totally to eliminate indefiniteness is impossible; to reduce it in extent and in force requires sincerity and vigor. To be clear or perspicuous a meaning must be detached, single, self-contained, homogeneous as it were, throughout. The technical name for any meaning which is thus individualized is *intension*. The process of arriving at such units of meaning (and of stating them when reached) is *definition*. The intension of the terms *man, river, seed, honesty, capital, supreme courts*, is the meaning that *exclusively* and *characteristically* attaches to those terms. This meaning is set forth in the definitions of those words. The test of the distinctness of a meaning is that it shall successfully mark off a group of things that exemplify the meaning from other groups, especially of those objects that convey nearly allied meanings. The river-meaning (or character) must serve to *designate* the Rhone, the Rhine, the Mississippi, the Hudson, the Wabash, in spite of their varieties of place, length, quality of water; and must be such as *not* to suggest ocean currents, ponds, or brooks. This use of a meaning to mark off and group together a variety of distinct existences constitutes its *extension*.

In the abstract meaning is intension

In its application it is extension

Definition and division

As definition sets forth intension, so division (or the reverse process, classification) expounds extension. Intension and extension, definition and division, are clearly correlative; in language previously used, *intension* is meaning as a principle of identifying particulars; extension is the group of particulars identified and distinguished. Meaning, as extension, would be wholly in the air or unreal, did it not point to some object or group of objects; while objects would be as isolated and independent intellectually as they seem to be spatially, were they not bound into groups or classes on the basis of characteristic meanings which they constantly suggest and exemplify. Taken together, definition and division put us in possession of individualized or definite meanings and indicate to what group of objects meanings refer. They typify the fixation and the organization of meanings. In the degree in which the meanings of any set of experiences are so cleared up as to serve as principles for grouping those experiences in relation to one another, that set of particulars becomes a science; *i.e.* definition and classification are the marks of a science, as distinct from both unrelated heaps of miscellaneous information and from the habits that introduce coherence into our experience without our being aware of their operation.

Definitions are of three types, *denotative, expository, scientific.* Of these, the first and third are logically important, while the expository type is socially and pedagogically important as an intervening step.

We define by picking out

I. Denotative. A blind man can never have an adequate understanding of the meaning of *color* and *red*; a seeing person can acquire the knowledge only by having certain things designated in such a way as to fix attention upon some of their qualities. This method of delimiting a meaning by calling out a certain attitude toward objects may be called *denotative* or *indicative*. It is required for all sense qualities — sounds, tastes, colors — and equally for all emotional and moral qualities. The meanings *of honesty, sympathy, hatred, fear,* must be grasped by having them presented in an individual's first-hand experience. The reaction of educational reformers against linguistic and bookish training has always taken the form of demanding recourse to personal experience. However advanced the person is in knowledge and in scientific training, understanding of a new subject, or a new aspect of an old subject, must always be through these acts of experiencing directly the existence or quality in question.

and also by combining what is already more definite,

II. Expository. Given a certain store of meanings which have been directly or denotatively marked out, language becomes a resource by which imaginative combinations and variations may be built up. A color may be defined to one who has not experienced it as lying between green and blue; a tiger may be defined (*i.e.* the idea of it made more definite) by selecting some qualities from known members of the cat tribe and combining them with qualities of size and weight derived from other objects. Illustrations are of the nature of expository definitions; so are the accounts of meanings given in a dictionary. By taking better-known meanings and associating them, — the attained store of meanings of the community in which one resides is put at one's disposal. But in themselves these definitions are second-hand and conventional; there is danger that instead of inciting one to effort after personal experiences that will exemplify and verify them, they will be accepted on authority as *substitutes*.

III. Scientific. Even popular definitions serve as rules for identifying and classifying individuals, but the purpose of such identifications and classifications is mainly practical and social, not intellectual. To conceive the whale as a fish does not interfere with the success of whalers, nor does it prevent recognition of a whale when seen, while to conceive it not as fish but as mammal serves the practical end equally well, and also furnishes a much more valuable principle for scientific identification and classification. Popular definitions select certain fairly obvious traits as keys to classification. Scientific definitions select *conditions of causation, production, and generation* as their characteristic material. The traits used by the popular definition do not help us to understand why an object has its common meanings and qualities; they simply state the fact that it does have them. Causal and genetic definitions fix upon the way an object is constructed as the key to its being a certain kind of object, and thereby explain why it has its class or common traits.

and by discovering method of production

If, for example, a layman of considerable practical experience were asked what he meant or understood by *metal*, he would probably reply in terms of the qualities useful (*a*) in recognizing any given metal and (*b*) in the arts. Smoothness, hardness, glossiness, and brilliancy, heavy weight for its size, would probably be included in his definition, because such traits enable us to identify specific things when we see and touch them; the serviceable properties of capacity for being hammered and pulled without breaking, of being softened by heat and hardened by cold, of retaining the shape and form given, of resistance to pressure and decay, would probably be included — whether or not such terms

Contrast of causal and descriptive definitions

as *malleable* or *fusible* were used. Now a scientific conception, instead of using, even with additions, traits of this kind, determines *meaning on a different basis.* The present definition of metal is about like this: Metal means any chemical element that enters into combination with oxygen so as to form a base, *i.e.* a compound that combines with an acid to form a salt. This scientific definition is founded, not on directly perceived qualities nor on directly useful properties, but on the *way in which certain things are causally related to other things; i.e.* it denotes a relation. As chemical concepts become more and more those of relationships of interaction in constituting other substances, so physical concepts express more and more relations of operation: mathematical, as expressing functions of dependence and order of grouping; biological, relations of differentiation of descent, effected through adjustment of various environments; and so on through the sphere of the sciences. In short, our conceptions attain a maximum of definite individuality and of generality (or applicability) in the degree to which they show how things depend upon one another or influence one another, instead of expressing the qualities that objects possess statically. The ideal of a system of scientific conceptions is to attain continuity, freedom, and flexibility of transition in passing from any fact and meaning to any other; this demand is met in the degree in which we lay hold of the dynamic ties that hold things together in a continuously changing process — a principle that states insight into mode of production or growth.

Science is the most perfect type of knowledge because it uses causal definitions

CHAPTER 10 CONCRETE AND ABSTRACT THINKING

False notions of concrete and abstract

The maxim enjoined upon teachers, "to proceed from the concrete to the abstract," is perhaps familiar rather than comprehended. Few who read and hear it gain a clear conception of the starting-point, the concrete; of the nature of the goal, the abstract; and of the exact nature of the path to be traversed in going from one to the other. At times the injunction is positively misunderstood, being taken to mean that education should advance from things to thought — as if any dealing with things in which thinking is not involved could possibly be educative. So understood, the maxim encourages mechanical routine or sensuous excitation at one end of the educational scale — the lower — and academic and unapplied learning at the upper end.

Nominally, all dealing with things, even the child's, is immersed in inferences; things are clothed by the suggestions they arouse, and are significant as challenges to interpretation or as evidences to substantiate a belief. Nothing could be more unnatural than instruction in things without thought; in sense-perceptions without judgments based upon them. And if the abstract to which we are to proceed denotes thought apart from things, the goal recommended is formal and empty, for effective thought always refers, more or less directly, to things.

Direct and indirect understanding again

Yet the maxim has a meaning which, understood and supplemented, states the line of development of logical capacity. What is this signification? Concrete denotes a meaning definitely marked off from other meanings so that it is readily apprehended by itself. When we hear the words, *table*, *chair*, *stove*, *coat*, we do not have to reflect in order to grasp what is meant. The terms convey meaning so directly that no effort at translating is needed. The meanings of some terms and things, however, are grasped only by first calling to mind more familiar things and then tracing out connections between them and what we do not understand. Roughly speaking, the former kind of meanings is concrete; the latter abstract.

What is familiar is mentally concrete

To one who is thoroughly at home in physics and chemistry, the notions of *atom* and *molecule* are fairly concrete. They are constantly used without involving any labor of thought in apprehending what they mean. But the layman and the beginner in science have first to remind themselves of things with which they already are well acquainted, and go through a process of slow translation; the terms *atom* and *molecule* losing, moreover, their hard-won meaning only too easily if familiar things, and the line of transition from them to the strange, drop out of mind. The same difference is illustrated by any technical terms: *coefficient* and *exponent* in algebra, *triangle* and *square* in their geometric as distinct from their popular meanings; *capital* and *value* as used in political economy, and so on.

Practical things are familiar

The difference as noted is purely relative to the intellectual progress of an individual; what is abstract at one period of growth is concrete at another; or even the contrary, as one finds that things supposed to be thoroughly familiar involve strange factors and unsolved problems. There is, nevertheless, a general line of cleavage which, deciding upon the whole what things fall within the limits of familiar acquaintance and what without, marks off the concrete and the abstract in a more permanent way. *These limits are fixed mainly by the demands of practical life*. Things such as sticks and stones, meat and potatoes, houses and trees, are such constant features of the environment of which we have to take account in order to live, that their important meanings are soon learnt, and indissolubly associated with objects.

We are acquainted with a thing (or it is familiar to us) when we have so much to do with it that its strange and unexpected corners are rubbed off. The necessities of social intercourse convey to adults a like concreteness upon such terms as *taxes, elections, wages, the law*, and so on. Things the meaning of which I personally do not take in directly, appliances of cook, carpenter, or weaver, for example, are nevertheless unhesitatingly classed as concrete, since they are so directly connected with our common social life.

The theoretical, or strictly intellectual, is abstract

By contrast, the abstract is the *theoretical*, or that not intimately associated with practical concerns. The abstract thinker (the man of pure science as he is sometimes called) deliberately abstracts from application in life; that is, he leaves practical uses out of account. This, however, is a merely negative statement. What remains when connections with use and application are excluded? *Evidently only what has to do with knowing considered as an end in itself.* Many notions of science are abstract, not only because they cannot be understood without a long apprenticeship in the science (which is equally true of technical matters in the arts), but also because the whole content of their meaning has been framed for the sole purpose of facilitating further knowledge, inquiry, and speculation. *When thinking is used as a means to some end, good, or value beyond itself, it is concrete; when it is employed simply as a means to more thinkings, it is abstract.* To a theorist an idea is adequate and self-contained just because it engages and rewards thought; to a medical practitioner, an engineer, an artist, a merchant, a politician, it is complete only when employed in the furthering of some interest in life — health, wealth, beauty, goodness, success, or what you will.

Contempt for theory

For the great majority of men under ordinary circumstances, the practical exigencies of life are almost, if not quite, coercive. Their main business is the proper conduct of their affairs. Whatever is of significance only as affording scope for thinking is pallid and remote — almost artificial. Hence the contempt felt by the practical and successful executive for the "mere theorist"; hence his conviction that certain things may be all very well in theory, but that they will not do in practice; in general, the depreciatory way in which he uses the terms *abstract, theoretical,* and *intellectual* — as distinct from *intelligent.*

But theory is highly practical

This attitude is justified, of course, under certain conditions. But depreciation of theory does not contain the whole truth, as common or practical sense recognizes. There is such a thing, even from the commonsense standpoint, as being "too practical," as being so intent upon the immediately practical as not to see beyond the end of one's nose or as to cut off the limb upon which one is sitting. The question is one of limits, of degrees and adjustments, rather than one of absolute separation. Truly practical men give their minds free play about a subject without asking too closely at every point for the advantage to be gained; exclusive preoccupation with matters of use and application so narrows the horizon as in the long run to defeat itself. It does not pay to tether one's thoughts to the post of use with too short a rope. Power in action requires some largeness and imaginativeness of vision. Men must at least have enough interest in thinking for the sake of thinking to escape the limits of routine and custom. Interest in knowledge for the sake of knowledge, in thinking for the sake of the free play of thought, is necessary then to the *emancipation* of practical life — to make it rich and progressive.

We may now recur to the pedagogic maxim of going from the concrete to the abstract.

Begin with the concrete means begin with practical manipulations

I. Since the *concrete* denotes thinking applied to activities for the sake of dealing effectively with the difficulties that present themselves practically, "beginning with the concrete" signifies that we should at the outset make much of *doing;* especially, make much in occupations that are not of a routine and mechanical kind and hence require intelligent selection and adaptation of means and materials. We do not "follow the order of nature" when we multiply mere sensations or accumulate physical objects. Instruction in number is not concrete merely because splints or beans or dots are employed, while whenever the use and bearing of number relations are clearly perceived, the number idea is concrete even if figures alone are used. Just what sort of symbol it is best to use at a given time — whether blocks, or lines, or figures — is entirely a matter of adjustment to the given case. If physical things used in teaching number or geography or anything else do not leave the mind illuminated with recognition of a *meaning* beyond themselves, the instruction that uses them is as abstract as that which doles out ready-made definitions and rules; for it distracts attention from ideas to mere physical excitations.

Confusion of the concrete with the sensibly isolated

The conception that we have only to put before the senses particular physical objects in order to impress certain ideas upon the mind amounts almost to a superstition. The introduction of object lessons and sensetraining scored a distinct advance over the prior method of linguistic symbols, and this advance tended to blind educators to the fact that only a halfway step had been taken. Things and sensations develop the child, indeed, but only because he *uses* them in mastering his body and in the scheme of his activities. Appropriate continuous occupations or activities involve the use of natural materials, tools, modes of energy, and do it in a way that compels thinking as to what they mean, how they are related to one another and to the realization of ends; while the mere isolated presentation of things remains barren and dead. A few generations ago the great obstacle in the way of reform of primary education was belief in the almost magical efficacy of the symbols of language (including number) to produce mental training; at present, belief in the efficacy of objects just as objects, blocks the way. As frequently happens, the better is an enemy of the best.

Transfer of interest to intellectual matters

II. The interest in results, in the successful carrying on of an activity, should be gradually transferred to study of objects — their properties, consequences, structures, causes, and effects. The adult when at work in his life calling is rarely free to devote time or energy — beyond the necessities of his immediate action — to the study of what he deals with. (*Ante*, p. 222.) The educative activities of childhood should be so arranged that direct interest in the activity and its outcome create a demand for attention to matters that have a more and more *indirect and remote* connection with the original activity. The direct interest in carpentering or shop work should yield organically and gradually an interest in geometric and mechanical problems. The interest in cooking should grow into an interest in chemical experimentation and in the physiology and hygiene of bodily growth. The making of pictures should pass to an interest in the technique of representation and the aesthetics of appreciation, and so on. This development is what the term *go* signifies in the maxim "*go* from the concrete to the abstract"; it represents the dynamic and truly educative factor of the process.

Development of delight in the activity of thinking

III. The outcome, the *abstract* to which education is to proceed, is an interest in intellectual matters for their own sake, a delight in thinking for the sake of thinking. It is an old story that acts and processes which at the outset are incidental to something else develop and maintain an absorbing value of their own. So it is with thinking and with knowledge; at first incidental to results and adjustments beyond themselves, they attract more and more attention to themselves till they become ends, not means. Children engage, unconstrainedly and continually, in reflective inspection and testing for the sake of what they are interested in doing successfully. Habits of thinking thus generated may increase in volume and extent till they become of importance on their own account.

Examples of the transition

The three instances cited in Chapter Six represented an ascending cycle from the practical to the theoretical. Taking thought to keep a personal engagement is obviously of the concrete kind. Endeavoring to work out the meaning of a certain part of a boat is an instance of an intermediate kind. The reason for the existence and position of the pole is a practical reason, so that to the architect the problem was purely concrete — the maintenance of a certain system of action. But for the passenger on the boat, the problem was theoretical, more or less speculative. It made no difference to his reaching his destination whether he worked out the meaning of the pole. The third case, that of the appearance and movement of the bubbles, illustrates a strictly theoretical or abstract case. No overcoming of physical obstacles, no adjustment of external means to ends, is at stake. Curiosity, intellectual curiosity, is challenged by a seemingly anomalous occurrence; and thinking tries simply to account for an apparent exception in terms of recognized principles.

Theoretical knowledge never the whole end

(*i*) Abstract thinking, it should be noted, represents *an* end, not *the* end. The power of sustained thinking on matters remote from direct use is an outgrowth of practical and immediate modes of thought, but not a substitute for them. The educational end is not the destruction of power to think so as to surmount obstacles and adjust means and ends; it is not its replacement by abstract reflection. Nor is theoretical thinking a higher type of thinking than practical. A person who has at command both types of thinking is of a higher order than he who possesses only one. Methods that in developing abstract intellectual abilities weaken habits of practical or concrete thinking, fall as much short of the educational ideal as do the methods that in cultivating ability to plan, to invent, to arrange, to forecast, fail to secure some delight in thinking irrespective of practical consequences.

Nor that most congenial to the majority of pupils

(*ii*) Educators should also note the very great individual differences that exist; they should not try to force one pattern and model upon all. In many (probably the majority) the executive tendency, the habit of mind that thinks for purposes of conduct and achievement, not for the sake of knowing, remains dominant to the end. Engineers, lawyers, doctors, merchants, are much more numerous in adult life than scholars, scientists, and philosophers. While education should strive to make men who, however prominent their professional interests and aims, partake of the spirit of the scholar, philosopher, and scientist, no good reason appears why education should esteem the one mental habit inherently superior to the other, and deliberately try to transform the type from practical to theoretical. Have not our schools (as already suggested, p. 228) been one-sidedly devoted to the more abstract type of thinking, thus doing injustice to the majority of pupils? Has not the idea of a "liberal" and "humane" education tended too often in practice to the production of technical, because overspecialized, thinkers?

Aim of education is a working balance

The aim of education should be to secure a balanced interaction of the two types of mental attitude, having sufficient regard to the disposition of the individual not to hamper and cripple whatever powers are naturally strong in him. The narrowness of individuals of strong concrete bent needs to be liberalized. Every opportunity that occurs within their practical activities for developing curiosity and susceptibility to intellectual problems should be seized. Violence is not done to natural disposition, but the latter is broadened. As regards the smaller number of those who have a taste for abstract, purely intellectual topics, pains should be taken to multiply opportunities and demands for the application of ideas; for translating symbolic truths into terms of social life and its ends. Every human being has both capabilities, and every individual will be more effective and happier if both powers are developed in easy and close interaction with each other.

CHAPTER 11 EMPIRICAL AND SCIENTIFIC THINKING

§ 1. Empirical Thinking

Empirical thinking depends on past habits

Apart from the development of scientific method, inferences depend upon habits that have been built up under the influence of a number of particular experiences not themselves arranged for logical purposes. A says, "It will probably rain tomorrow." B asks, "Why do you think so?" and A replies, "Because the sky was lowering at sunset." When B asks, "What has that to do with it?" A responds, "I do not know, but it generally does rain after such a sunset." He does not perceive any *connection* between the appearance of the sky and coming rain; he is not aware of any continuity in the facts themselves — any law or principle, as we usually say. He simply, from frequently recurring conjunctions of the events, has associated them so that when he sees one he thinks of the other. One *suggests* the other, or is *associated* with it. A man may believe it will rain tomorrow because he has consulted the barometer; but if he has no conception how the height of the mercury column (or the position of an index moved by its rise and fall) is connected with variations of atmospheric pressure, and how these in turn are connected with the amount of moisture in the air, his belief in the likelihood of rain is purely empirical. When men lived in the open and got their living by hunting, fishing, or pasturing flocks, the detection of the signs and indications of weather changes was a matter of great importance. A body of proverbs and maxims, forming an extensive section of traditional folklore, was developed. But as long as there was no understanding *why* or *how* certain events were signs, as long as foresight and weather shrewdness rested simply upon repeated conjunction among facts, beliefs about the weather were thoroughly empirical.

It is fairly adequate in some matters.

In similar fashion learned men in the Orient learned to predict, with considerable accuracy, the recurrent positions of the planets, the sun and the moon, and to foretell the time of eclipses, without understanding in any degree the laws of the movements of heavenly bodies — that is, without having a notion of the continuities existing among the facts themselves. They had learned from repeated observations that things happened in about such and such a fashion. Till a comparatively recent time, the truths of medicine were mainly in the same condition. Experience had shown that "upon the whole,""as a rule,""generally or usually speaking," certain results followed certain remedies, when symptoms were given. Our beliefs about human nature in individuals (psychology) and in masses (sociology) are still very largely of a purely empirical sort. Even the science of geometry, now frequently reckoned a typical rational science, began, among the Egyptians, as an accumulation of recorded observations about methods of approximate mensuration of land surfaces; and only gradually assumed, among the Greeks, scientific form.

The *disadvantages* of purely empirical thinking are obvious.

but is very apt to lead to false beliefs,

I. While many empirical conclusions are, roughly speaking, correct; while they are exact enough to be of great help in practical life; while the presages of a weatherwise sailor or hunter may be more accurate, within a certain restricted range, than those of a scientist who relies wholly upon scientific observations and tests; while, indeed, empirical observations and records furnish the raw or crude material of scientific knowledge, yet the empirical method affords no way of discriminating between right and wrong conclusions. Hence it is responsible for a multitude of *false* beliefs. The technical designation for one of the commonest fallacies is *post hoc, ergo propter hoc*; the belief that because one thing comes *after* another, it comes *because* of the other. Now this fallacy of method is the animating principle of empirical conclusions, even when correct — the correctness being almost as much a matter of good luck as of method. That potatoes should be planted only during the crescent moon, that near the sea people are born at high tide and die at low tide, that a comet is an omen of danger, that bad luck follows the cracking of a mirror, that a patent medicine cures a disease — these and a thousand like notions are asseverated on the basis of empirical coincidence and conjunction. Moreover, habits of expectation and belief are formed otherwise than by a number of repeated similar cases.

and does not enable us to cope with the novel,

II. The more numerous the experienced instances and the closer the watch kept upon them, the greater is the trustworthiness of constant conjunction as evidence of connection among the things themselves. Many of our most important beliefs still have only this sort of warrant. No one can yet tell, with certainty, the necessary cause of old age or of death — which are empirically the most certain of all expectations. But even the most reliable beliefs of this type fail when they confront the *novel*. Since they rest upon past uniformities, they are useless when further experience departs in any considerable measure from ancient incident and wonted precedent. Empirical inference follows the grooves and ruts that custom wears, and has no track to follow when the groove disappears. So important is this aspect of the matter that Clifford found the difference between ordinary skill and scientific thought right here. "Skill enables a man to deal with the same circumstances that he has met before, scientific thought enables him to deal with different circumstances that he has never met before." And he goes so far as to define scientific thinking as "the application of old experience to new circumstances."

and leads to laziness and presumption,

III. We have not yet made the acquaintance of the most harmful feature of the empirical method. Mental inertia, laziness, unjustifiable conservatism, are its probable accompaniments. Its general effect upon mental attitude is more serious than even the specific wrong conclusions in which it has landed. Wherever the chief dependence in forming inferences is upon the conjunctions observed in past experience, failures to agree with the usual order are slurred over, cases of successful confirmation are exaggerated. Since the mind naturally demands some principle of continuity, some connecting link between separate facts and causes, forces are arbitrarily invented for that purpose. Fantastic and mythological explanations are resorted to in order to supply missing links. The pump brings water because nature abhors a vacuum; opium makes men sleep because it has a dormitive potency; we recollect a past event because we have a faculty of memory. In the history of the progress of human knowledge, out and out myths accompany the first stage of empiricism; while "hidden essences" and "occult forces" mark its second stage. By their very nature, these "causes" escape observation, so that their explanatory value can be neither confirmed nor refuted by further observation or experience. Hence belief in them becomes purely traditionary. They give rise to doctrines which, inculcated and handed down, become dogmas; subsequent inquiry and reflection are actually stifled. (*Ante*, p. 206.)

and to dogmatism

Certain men or classes of men come to be the accepted guardians and transmitters — instructors — of established doctrines. To question the beliefs is to question their authority; to accept the beliefs is evidence of loyalty to the powers that be, a proof of good citizenship. Passivity, docility, acquiescence, come to be primal intellectual virtues. Facts and events presenting novelty and variety are slighted, or are sheared down till they fit into the Procrustean bed of habitual belief. Inquiry and doubt are silenced by citation of ancient laws or a multitude of miscellaneous and unsifted cases. This attitude of mind generates dislike of change, and the resulting aversion to novelty is fatal to progress. What will not fit into the established canons is outlawed; men who make new discoveries are objects of suspicion and even of persecution. Beliefs that perhaps originally were the products of fairly extensive and careful observation are stereotyped into fixed traditions and semisacred dogmas accepted simply upon authority, and are mixed with fantastic conceptions that happen to have won the acceptance of authorities.

§ 2. Scientific Method

Scientific thinking analyzes the present case

In contrast with the empirical method stands the scientific. Scientific method replaces the repeated conjunction or coincidence of separate facts by discovery of a single comprehensive fact, effecting this replacement by *breaking up the coarse or gross facts of observation into a number of minuter processes not directly accessible to perception.*

Illustration from *suction* of empirical method,

If a layman were asked why water rises from the cistern when an ordinary pump is worked, he would doubtless answer, "By suction." Suction is regarded as a force like heat or pressure. If such a person is confronted by the fact that water rises with a suction pump only about thirty-three feet, he easily disposes of the difficulty on the ground that all forces vary in their intensities and finally reach a limit at which they cease to operate. The variation with elevation above the sea level of the height to which water can be pumped is either unnoticed, or, if noted, is dismissed as one of the curious anomalies in which nature abounds.

of scientific method

Now the scientist advances by assuming that what seems to observation to be a single total fact is in truth complex. He attempts, therefore, to break up the single fact of water-rising-in-the-pipe into a number of lesser facts. His method of proceeding is by *varying conditions one by one* so far as possible, and noting just what happens when a given condition is eliminated. There are two methods for varying conditions.[1] The first is an extension of the empirical

[1] The next two paragraphs repeat, for purposes of the present discussion, what we have already noted in a different context. See p. 262 and p. 271.

Relies on differences,

method of observation. It consists in comparing very carefully the results of a great number of observations which have occurred under accidentally *different* conditions. The difference in the rise of the water at different heights above the sea level, and its total cessation when the distance to be lifted is, even at sea level, more than thirty-three feet, are emphasized, instead of being slurred over. The purpose is to find out what *special conditions* are present when the effect occurs and absent when it fails to occur. These special conditions are then substituted for the gross fact, or regarded as its principle — the key to understanding it.

and creates differences

The method of analysis by comparing cases is, however, badly handicapped; it can do nothing until it is presented with a certain number of diversified cases. And even when different cases are at hand, it will be questionable whether they vary in just these respects in which it is important that they should vary in order to throw light upon the question at issue. The method is passive and dependent upon external accidents. Hence the superiority of the active or experimental method. Even a small number of observations may suggest an explanation — a hypothesis or theory. Working upon this suggestion, the scientist may then *intentionally* vary conditions and note what happens. If the empirical observations have suggested to him the possibility of a connection between air pressure on the water and the rising of the water in the tube where air pressure is absent, he deliberately empties the air out of the vessel in which the water is contained and notes that suction no longer works; or he intentionally increases atmospheric pressure on the water and notes the result. He institutes experiments to calculate the weight of air at the sea level and at various levels above, and compares the results of reasoning based upon the pressure of air of these various weights upon a certain volume of water with the results actually obtained by observation. *Observations formed by variation of conditions on the basis of some idea or theory constitute experiment.* Experiment is the chief resource in scientific reasoning because it facilitates the picking out of significant elements in a gross, vague whole.

Analysis and synthesis again

Experimental thinking, or scientific reasoning, is thus a conjoint process of *analysis and synthesis*, or, in less technical language, of discrimination and assimilation or identification. The gross fact of water rising when the suction valve is worked is resolved or discriminated into a number of independent variables, some of which had never before been observed or even thought of in connection with the fact. One of these facts, the weight of the atmosphere, is then selectively seized upon as the key to the entire phenomenon. This disentangling constitutes *analysis*. But atmosphere and its pressure or weight is a fact not confined to this single instance. It is a fact familiar or at least discoverable as operative in a great number of other events. In fixing upon this imperceptible and minute fact as the essence or key to the elevation of water by the pump, the pump-fact has thus been assimilated to a whole group of ordinary facts from which it was previously isolated. This assimilation constitutes *synthesis*. Moreover, the fact of atmospheric pressure is itself a case of one of the commonest of all facts — weight or gravitational force. Conclusions that apply to the common fact of weight are thus transferable to the consideration and interpretation of the *relatively* rare and exceptional case of the suction of water. The suction pump is seen to be a case of the same kind or sort as the siphon, the barometer, the rising of the balloon, and a multitude of other things with which at first sight it has no connection at all. This is another instance of the synthetic or assimilative phase of scientific thinking.

If we revert to the advantages of scientific over empirical thinking, we find that we now have the clue to them.

Lessened liability to error

(*i*) The increased security, the added factor of certainty or proof, is due to the substitution of the d*etailed and specific fact* of atmospheric pressure for the gross and total and relatively miscellaneous fact of suction. The latter is complex, and its complexity is due to many unknown and unspecified factors; hence, any statement about it is more or less random, and likely to be defeated by any unforeseen variation of circumstances. *Comparatively,* at least, the minute and detailed fact of air pressure is a measurable and definite fact — one that can be picked out and managed with assurance.

Ability to manage the new

(*ii*) As analysis accounts for the added certainty, so synthesis accounts for ability to cope with the novel and variable. Weight is a much commoner fact than atmospheric weight, and this in turn is a much commoner fact than the workings of the suction pump. To be able to substitute the common and frequent fact for that which is relatively rare and peculiar is to reduce the seemingly novel and exceptional to cases of a general and familiar principle, and thus to bring them under control for interpretation and prediction.

As Professor James says: "Think of heat as motion and whatever is true of motion will be true of heat; but we have a hundred experiences of motion for every one of heat. Think of rays passing through this lens as cases of bending toward the perpendicular, and you substitute for the comparatively unfamiliar lens the very familiar notion of a particular change in direction of a line, of which notion every day brings us countless examples." [1]

Interest in the future or in progress

(*iii*) The change of attitude from conservative reliance upon the past, upon routine and custom, to faith in progress through the intelligent regulation of existing conditions, is, of course, the reflex of the scientific method of experimentation. The empirical method inevitably magnifies the influences of the past; the experimental method throws into relief the possibilities of the future. The empirical method says, "*Wait* till there is a sufficient number of cases;" the experimental method says, "*Produce* the cases." The former depends upon nature's accidentally happening to present us with certain conjunctions of circumstances; the latter deliberately and intentionally

[1] *Psychology*, vol. II. p. 342.

endeavors to bring about the conjunction. By this method the notion of progress secures scientific warrant.

Physical *versus* logical force

Ordinary experience is controlled largely by the direct strength and intensity of various occurrences. What is bright, sudden, loud, secures notice and is given a conspicuous rating. What is dim, feeble, and continuous gets ignored, or is regarded as of slight importance. Customary experience tends to the control of thinking by considerations of *direct and immediate strength* rather than by those of importance in the long run. Animals without the power of forecast and planning must, upon the whole, respond to the stimuli that are most urgent at the moment, or cease to exist. These stimuli lose nothing of their direct urgency and clamorous insistency when the thinking power develops; and yet thinking demands the subordination of the immediate stimulus to the remote and distant. The feeble and the minute may be of much greater importance than the glaring and the big. The latter may be signs of a force that is already exhausting itself; the former may indicate the beginnings of a process in which the whole fortune of the individual is involved. The prime necessity for scientific thought is that the thinker be freed from the tyranny of sense stimuli and habit, and this emancipation is also the necessary condition of progress.

Illustration from moving water

Consider the following quotation: "When it first occurred to a reflecting mind that moving water had a property identical with human or brute force, namely, the property of setting other masses in motion, overcoming inertia and resistance, — when the sight of the stream suggested through this point of likeness the power of the animal, — a new addition was made to the class of prime movers, and when circumstances permitted, this power could become a substitute for the others. It may seem to the modern understanding, familiar with water wheels and drifting rafts, that the similarity here was an extremely obvious one. But if we put ourselves back into an early state of mind, when running water affected the mind *by its brilliancy, its roar and irregular devastation*, we may easily suppose that to identify this with animal muscular energy was by no means an obvious effort."[1]

Value of abstraction

If we add to these obvious sensory features the various social customs and expectations which fix the attitude of the individual, the evil of the subjection of free and fertile suggestion to empirical considerations becomes clear. A certain power of *abstraction*, of deliberate turning away from the habitual responses to a situation, was required before men could be emancipated to follow up suggestions that in the end are fruitful.

Experience as inclusive of thought

In short, the term *experience* may be interpreted either with reference to the *empirical* or the *experimental* attitude of mind. Experience is not a rigid and closed thing; it is vital, and hence growing. When dominated by the past, by custom and routine, it is often opposed to the reasonable, the thoughtful. But experience also includes the reflection that sets us free from the limiting influence of sense, appetite, and tradition. Experience may welcome and assimilate all that the most exact and penetrating thought discovers. Indeed, the business of education might be defined as just such an emancipation and enlargement of experience. Education takes the individual while he is relatively plastic, before he has become so indurated by isolated experiences as to be rendered hopelessly empirical in his habit of mind. The attitude of childhood is naive, wondering, experimental; the world of man and nature is new. Right methods of education preserve and perfect this attitude, and thereby short-circuit for the individual the slow progress of the race, eliminating the waste that comes from inert routine.

[1] Bain, *The Senses and Intellect*, third American ed., 1879, p. 492 (italics not in original).

PART THREE
THE TRAINING OF THOUGHT

CHAPTER 12 ACTIVITY AND THE TRAINING OF THOUGHT

In this chapter we shall gather together and amplify considerations that have already been advanced, in various passages of the preceding pages, concerning the relation of *action to thought*. We shall follow, though not with exactness, the order of development in the unfolding human being.

§ 1. The Early Stage of Activity

1. The baby's problem determines his thinking

The sight of a baby often calls out the question: "What do you suppose he is thinking about?" By the nature of the case, the question is unanswerable in detail; but, also by the nature of the case, we may be sure about a baby's chief interest. His primary problem is mastery of his body as a tool of securing comfortable and effective adjustments to his surroundings, physical and social. The child has to learn to do almost everything: to see, to hear, to reach, to handle, to balance the body, to creep, to walk, and so on. Even if it be true that human beings have even more instinctive reactions than lower animals, it is also true that instinctive tendencies are much less perfect in men, and that most of them are of little use till they are intelligently combined and directed. A little chick just out of the shell will after a few trials peck at and grasp grains of food with its beak as well as at any later time.

This involves a complicated coordination of the eye and the head. An infant does not even begin to reach definitely for things that the eye sees till he is several months old, and even then several weeks' practice is required before he learns the adjustment so as neither to overreach nor to underreach. It may not be literally true that the child will grasp for the moon, but it is true that he needs much practice before he can tell whether an object is within reach or not. The arm is thrust out instinctively in response to a stimulus from the eye, and this tendency is the origin of the ability to reach and grasp exactly and quickly; but nevertheless final mastery requires observing and selecting the successful movements, and arranging them in view of an end. *These operations of conscious selection and arrangement constitute thinking*, though of a rudimentary type.

Mastery of the body is an intellectual problem

Since mastery of the bodily organs is necessary for all later developments, such problems are both interesting and important, and solving them supplies a very genuine training of thinking power. The joy the child shows in learning to use his limbs, to translate what he sees into what he handles, to connect sounds with sights, sights with taste and touch, and the rapidity with which intelligence grows in the first year and a half of life (the time during which the more fundamental problems of the use of the organism are mastered), are sufficient evidence that the development of physical control is not a physical but an intellectual achievement.

2. The problem of social adjustment and intercourse

Although in the early months the child is mainly occupied in learning to use his body to accommodate himself to physical conditions in a comfortable way and to use things skillfully and effectively, yet social adjustments are very important. In connection with parents, nurse, brother, and sister, the child learns the signs of satisfaction of hunger, of removal of discomfort, of the approach of agreeable light, color, sound, and so on. His contact with physical things is regulated by persons, and he soon distinguishes persons as the most important and interesting of all the objects with which he has to do. Speech, the accurate adaptation of sounds heard to the movements of tongue and lips, is, however, the great instrument of social adaptation; and with the development of speech (usually in the second year) adaptation of the baby's activities to and with those of other persons gives the keynote of mental life. His range of possible activities is indefinitely widened as he watches what other persons do, and as he tries to understand and to do what they encourage him to attempt. The outline pattern of mental life is thus set in the first four or five years. Years, centuries, generations of invention and planning, may have gone to the development of the performances and occupations of the adults surrounding the child. Yet for him their activities are direct stimuli; they are part of his natural environment; they are carried on in physical terms that appeal to his eye, ear, and touch. He cannot, of course, appropriate their meaning directly through his senses; but they furnish stimuli to which he responds, so that his attention is focussed upon a higher order of materials and of problems. Were it not for this process by which the achievements of one generation form the stimuli that direct the activities of the next, the story of civilization would be writ in water, and each generation would have laboriously to make for itself, if it could, its way out of savagery.

Social adjustment results in imitation but is not caused by it

Imitation is one (though only one, see p. 227) of the means by which the activities of adults supply stimuli which are so interesting, so varied, so complex, and so novel, as to occasion a rapid progress of thought. Mere imitation, however, would not give rise to thinking; if we could learn like parrots by simply copying the outward acts of others, we should never have to think; nor should we know, after we had mastered the copied act, what was the meaning of the thing we had done. Educators (and psychologists) have often assumed that acts which reproduce the behavior of others are acquired merely by imitation. But a child rarely learns by conscious imitation; and to say that his imitation is unconscious is to say that it is not from his standpoint imitation at all. The word, the gesture, the act, the occupation of another, falls in line with *some impulse already active* and suggests some satisfactory mode of expression, some end in which it may find fulfillment. Having this end of his own, the child then notes other persons, as he notes natural events, to get further suggestions as to means of its realization. He selects some of the means he observes, tries them on, finds them successful or unsuccessful, is confirmed or weakened in his belief in their value, and so continues selecting, arranging, adapting, testing, till he can accomplish what he wishes. The onlooker may then observe the resemblance of this act to some act of an adult, and conclude that it was acquired by imitation, while as a matter of fact it was acquired by attention, observation, selection, experimentation, and confirmation by results. Only because this method is employed is there intellectual discipline and an educative result. The presence of adult activities plays an enormous role in the intellectual growth of the child because they add to the natural stimuli of the world new stimuli which are more exactly adapted to the needs of a human being, which are richer, better organized, more complex in range, permitting more flexible adaptations, and calling out novel reactions. But in utilizing these stimuli the child follows the same methods that he uses when he is forced to think in order to master his body.

§ 2. Play, Work, and Allied Forms of Activity

Play indicates the domination of activity by meanings or ideas

When things become signs, when they gain a representative capacity as standing for other things, play is transformed from mere physical exuberance into an activity involving a mental factor. A little girl who had broken her doll was seen to perform with the leg of the doll all the operations of washing, putting to bed, and fondling, that she had been accustomed to perform with the entire doll. The part stood for the whole; she reacted not to the stimulus sensibly present, but to the meaning suggested by the sense object. So children use a stone for a table, leaves for plates, acorns for cups. So they use their dolls, their trains, their blocks, their other toys. In manipulating them, they are living not with the physical things, but in the large world of meanings, natural and social, evoked by these things. So when children play horse, play store, play house or making calls, they are subordinating the physically present to the ideally signified. In this way, a world of meanings, a store of concepts (so fundamental to all intellectual achievement), is defined and built up. Moreover, not only do meanings thus become familiar acquaintances, but they are organized, arranged in groups, made to cohere in connected ways. A play and a story blend insensibly into each other. The most fanciful plays of children rarely lose all touch with the mutual fitness and pertinency of various meanings to one another; the "freest" plays observe some principles of coherence and unification. They have a beginning, middle, and end. In games, rules of order run through various minor acts and bind them into a connected whole. The rhythm, the competition, and cooperation involved in most plays and games also introduce organization. There is, then, nothing mysterious or mystical in the discovery made by Plato and remade by Froebel that play is the chief, almost the only, mode of education for the child in the years of later infancy.

Organization of ideas involved in play

Playfulness is a more important consideration than play. The former is an attitude of mind; the latter is a passing outward manifestation of this attitude. When things are treated simply as vehicles of suggestion, what is suggested overrides the thing. Hence the playful attitude is one of freedom. The person is not bound to the physical traits of things, nor does he care whether a thing really means (as we say) what he takes it to represent. When the child plays horse with a broom and cars with chairs, the fact that the broom does not really represent a horse, or a chair a locomotive, is of no account. In order, then, that playfulness may not terminate in arbitrary fancifulness and in building up an imaginary world alongside the world of actual things, it is necessary that the play attitude should gradually pass into a work

The playful attitude

attitude.

The work attitude is interested in means and ends

What is work — work not as mere external performance, but as attitude of mind? It signifies that the person is not content longer to accept and to act upon the meanings that things suggest, but demands congruity of meaning with the things themselves. In the natural course of growth, children come to find irresponsible make-believe plays inadequate. A fiction is too easy a way out to afford content. There is not enough stimulus to call forth satisfactory mental response. When this point is reached, the ideas that things suggest must be applied to the things with some regard to fitness. A small cart, resembling a "real" cart, with "real" wheels, tongue, and body, meets the mental demand better than merely making believe that anything which comes to hand is a cart. Occasionally to take part in setting a "real" table with "real" dishes brings more reward than forever to make believe a flat stone is a table and that leaves are dishes. The interest may still center in the meanings, the things may be of importance only as amplifying a certain meaning. So far the attitude is one of play. But the meaning is now of such a character that it must find appropriate embodiment in actual things.

The dictionary does not permit us to call such activities work. Nevertheless, they represent a genuine passage of play into work. For work (as a mental attitude, not as mere external performance) *means interest in the adequate embodiment of a meaning* (a suggestion, purpose, aim) *in objective form through the use of appropriate materials and appliances*. Such an attitude takes advantage of the meanings aroused and built up in free play, but *controls their development by seeing to it that they are applied to things in ways consistent with the observable structure of the things themselves.*

and in processes on account of their results

The point of this distinction between play and work may be cleared up by comparing it with a more usual way of stating the difference. In play activity, it is said, the interest is in the activity for its own sake; in work, it is in the product or result in which the activity terminates.

Hence the former is purely free, while the latter is tied down by the end to be achieved. When the difference is stated in this sharp fashion, there is almost always introduced a false, unnatural separation between process and product, between activity and its achieved outcome. The true distinction is not between an interest in activity for its own sake and interest in the external result of that activity, but between an interest in an activity just as it flows on from moment to moment, and an interest in an activity as tending to a culmination, to an outcome, and therefore possessing a thread of continuity binding together its successive stages. Both may equally exemplify interest in an activity "for its own sake" ; but in one case the activity in which the interest resides is more or less casual, following the accident of circumstance and whim, or of dictation; in the other, the activity is enriched by the sense that it leads somewhere, that it amounts to something.

Consequences of the sharp separation of play and work

Were it not that the false theory of the relation of the play and the work attitudes has been connected with unfortunate modes of school practice, insistence upon a truer view might seem an unnecessary refinement. But the sharp break that unfortunately prevails between the kindergarten and the grades is evidence that the theoretical distinction has practical implications. Under the title of play, the former is rendered unduly symbolic, fanciful, sentimental, and arbitrary; while under the antithetical caption of work the latter contains many *tasks externally assigned.* The former has no end and the latter an end so remote that only the educator, not the child, is aware that it is an end.

There comes a time when children must extend and make more exact their acquaintance with existing things; must conceive ends and consequences with sufficient definiteness to guide their actions by them, and must acquire some technical skill in selecting and arranging means to realize these ends. Unless these factors are gradually introduced in the earlier play period, they must be introduced later abruptly and arbitrarily, to the manifest disadvantage of both the earlier and the later stages.

False notions of imagination and utility

The sharp opposition of play and work is usually associated with false notions of utility and imagination. Activity that is directed upon matters of home and neighborhood interest is depreciated as merely utilitarian. To let the child wash dishes, set the table, engage in cooking, cut and sew dolls' clothes, make boxes that will hold "real things," and construct his own playthings by using hammer and nails, excludes, so it is said, the aesthetic and appreciative factor, eliminates imagination, and subjects the child's development to material and practical concerns; while (so it is said) to reproduce symbolically the domestic relationships of birds and other animals, of human father and mother and child, of workman and tradesman, of knight, soldier, and magistrate, secures a liberal exercise of mind, of great moral as well as intellectual value. It has been even stated that it is over-physical and utilitarian if a child plants seeds and takes care of growing plants in the kindergarten; while reproducing dramatically operations of planting, cultivating, reaping, and so on, either with no physical materials or with symbolic representatives, is highly educative to the imagination and to spiritual appreciation. Toy dolls, trains of cars, boats, and engines are rigidly excluded, and the employ of cubes, balls, and other symbols for representing these social activities is recommended on the same ground. The more unfitted the physical object for its imagined purpose, such as a cube for a boat, the greater is the supposed appeal to the imagination.

There are several fallacies in this way of thinking.

Imagination a medium of realizing the absent and significant

(*i*) The healthy imagination deals not with the unreal, but with the mental realization of what is suggested. Its exercise is not a flight into the purely fanciful and ideal, but a method of expanding and filling in what is real. To the child the homely activities going on about him are not utilitarian devices for accomplishing physical ends; they exemplify a wonderful world the depths of which he has not sounded, a world full of the mystery and promise that attend all the doings of the grown-ups whom he admires. However prosaic this world may be to the adults who find its duties routine affairs, to the child it is fraught with social meaning. To engage in it is to exercise the imagination in constructing an experience of wider value than any the child has yet mastered.

Only the already experienced can be symbolized

(*ii*) Educators sometimes think children are reacting to a great moral or spiritual truth when the children's reactions are largely physical and sensational. Children have great powers of dramatic simulation, and their physical bearing may seem (to adults prepossessed with a philosophic theory) to indicate they have been impressed with some lesson of chivalry, devotion, or nobility, when the children themselves are occupied only with transitory physical excitations. To symbolize great truths far beyond the child's range of actual experience is an impossibility, and to attempt it is to invite love of momentary stimulation.

Useful work is not necessarily labor

(*iii*) Just as the opponents of play in education always conceive of play as mere amusement, so the opponents of direct and useful activities confuse occupation with labor. The adult is acquainted with responsible labor upon which serious financial results depend. Consequently he seeks relief, relaxation, amusement. Unless children have prematurely worked for hire, unless they have come under the blight of child labor, no such division exists for them. Whatever appeals to them at all, appeals directly on its own account. There is no contrast between doing things for utility and for fun. Their life is more united and more wholesome. To suppose that activities customarily performed by adults only under the pressure of utility may not be done perfectly freely and joyously by children indicates a lack of imagination. Not the thing done but the quality of mind that goes into the doing settles what is utilitarian and what is unconstrained and educative.

§ 3. Constructive Occupations

The historic growth of sciences out of occupations

The history of culture shows that mankind's scientific knowledge and technical abilities have developed, especially in all their earlier stages, out of the fundamental problems of life. Anatomy and physiology grew out of the practical needs of keeping healthy and active; geometry and mechanics out of demands for measuring land, for building, and for making labor-saving machines; astronomy has been closely connected with navigation, keeping record of the passage of time; botany grew out of the requirements of medicine and of agronomy; chemistry has been associated with dyeing, metallurgy, and other industrial pursuits. In turn, modern industry is almost wholly a matter of applied science; year by year the domain of routine and crude empiricism is narrowed by the translation of scientific discovery into industrial invention. The trolley, the telephone, the electric light, the steam engine, with all their revolutionary consequences for social intercourse and control, are the fruits of science.

The intellectual possibilities of school occupations

These facts are full of educational significance. Most children are preeminently active in their tendencies. The schools have also taken on — largely from utilitarian, rather than from strictly educative reasons — a large number of active pursuits commonly grouped under the head of manual training, including also school gardens, excursions, and various graphic arts. Perhaps the most pressing problem of education at the present moment is to organize and relate these subjects so that they will become instruments for forming alert, persistent, and fruitful intellectual habits. That they take hold of the more primary and native equipment of children (appealing to their desire to do) is generally recognized; that they afford great opportunity for training in self-reliant and efficient social service is gaining acknowledgment. But they may also be used for presenting *typical problems to be solved by personal reflection and experimentation, and by acquiring definite bodies of knowledge leading later to more specialized scientific knowledge.* There is indeed no magic by which mere physical activity or deft manipulation will secure intellectual results. (See p. 222.) Manual subjects may be taught by routine, by dictation, or by convention as readily as bookish subjects. But intelligent consecutive work in gardening, cooking, or weaving, or in elementary wood and iron, may be planned which will inevitably result in students not only amassing information of practical and scientific importance in botany, zoology, chemistry, physics, and other sciences, but (what is more significant) in their becoming versed in methods of experimental inquiry and proof.

Reorganization of the course of study

That the elementary curriculum is overloaded is a common complaint. The only alternative to a reactionary return to the educational traditions of the past lies in working out the intellectual possibilities resident in the various arts, crafts, and occupations, and reorganizing the curriculum accordingly. Here, more than elsewhere, are found the means by which the blind and routine experience of the race may be transformed into illuminated and emancipated experiment.

CHAPTER 13 LANGUAGE AND THE TRAINING OF THOUGHT

§ 1. Language as the Tool of Thinking

Ambiguous position of language

Speech has such a peculiarly intimate connection with thought as to require special discussion. Although the very word logic comes from logos (λόγος), meaning indifferently both word or speech, and thought or reason, yet "words, words, words" denote intellectual barrenness, a sham of thought. Although schooling has language as its chief instrument (and often as its chief matter) of study, educational reformers have for centuries brought their severest indictments against the current use of language in the schools. The conviction that language is necessary to thinking (is even identical with it) is met by the contention that language perverts and conceals thought.

Language a necessary tool of thinking,

Three typical views have been maintained regarding the relation of thought and language: first, that they are identical; second, that words are the garb or clothing of thought, necessary not for thought but only for conveying it; and third (the view we shall here maintain) that while language is not thought it is necessary for thinking as well as for its communication. When it is said, however, that thinking is impossible without language, we must recall that language includes much more than oral and written speech. Gestures, pictures, monuments, visual images, finger movements — anything consciously employed as a *sign* is, logically, language. To say that language is necessary for thinking is to say that signs are necessary. Thought deals not with bare things, but with their *meanings*, their suggestions; and meanings, in order to be apprehended, must be embodied in sensible and particular existences. Without meaning, things are nothing but blind stimuli or chance sources of pleasure and pain; and since meanings are not themselves tangible things, they must be anchored by attachment to some physical existence. Existences that are especially set aside to fixate and convey meanings are *signs* or *symbols*. If a man moves toward another to throw him out of the room, his movement is not a sign. If, however, the man points to the door with his hand, or utters the sound *go*, his movement is reduced to a vehicle of meaning: it is a sign or symbol. In the case of signs we care nothing for what they are in themselves, but everything for what they signify and represent. *Canis, hund, chien,* dog — it makes no difference what the outward thing is, so long as the meaning is presented.

for it alone fixes meanings

Limitations of natural symbols

Natural objects are signs of other things and events. Clouds stand for rain; a footprint represents game or an enemy; a projecting rock serves to indicate minerals below the surface. The limitations of natural signs are, however, great. (*a*) The physical or direct sense excitation tends to distract attention from what is meant or indicated.[1] Almost every one will recall pointing out to a kitten or puppy some object of food, only to have the animal devote himself to the hand pointing, not to the thing pointed at. (*b*) Where natural signs alone exist, we are mainly at the mercy of external happenings; we have to wait until the natural event presents itself in order to be warned or advised of the possibility of some other event. (*c*) Natural signs, not being originally intended to be signs, are cumbrous, bulky, inconvenient, unmanageable.

Artificial signs overcome these restrictions.

It is therefore indispensable for any high development of thought that there should be also intentional signs. Speech supplies the requirement. Gestures, sounds, written or printed forms, are strictly physical existences, but their native value is intentionally

[1] Compare the quotation from Bain on p. 319.

subordinated to the value they acquire as representative of meanings. (*a*) The direct and sensible value of faint sounds and minute written or printed marks is very slight. Accordingly, attention is not distracted from their *representative* function. (*b*) Their production is under our direct control so that they may be produced when needed. When we can make the word *rain*, we do not have to wait for some physical forerunner of rain to call our thoughts in that direction. We cannot make the cloud; we can make the sound, and as a token of meaning the sound serves the purpose as well as the cloud. (*c*) Arbitrary linguistic signs are convenient and easy to manage. They are compact, portable, and delicate. As long as we live we breathe; and modifications by the muscles of throat and mouth of the volume and quality of the air are simple, easy, and indefinitely controllable. Bodily postures and gestures of the hand and arm are also employed as signs, but they are coarse and unmanageable compared with modifications of breath to produce sounds. No wonder that oral speech has been selected as the main stuff of intentional intellectual signs. Sounds, while subtle, refined, and easily modifiable, are transitory. This defect is met by the system of written and printed words, appealing to the eye. *Litera scripta manet.*

Bearing in mind the intimate connection of meanings and signs (or language), we may note in more detail what language does (*a*) for specific meanings, and (*b*) for the organization of meanings.

I. Individual Meanings. A verbal sign (*a*) selects, detaches, a meaning from what is otherwise a vague flux and blur (see p. 291); (*b*) it retains, registers, stores that meaning; and (*c*) applies it, when needed, to the comprehension of other things. Combining these various functions in a mixture of metaphors, we may say that a linguistic sign is a fence, a label, and a vehicle — all in one.

A sign makes a meaning distinct

(*i*) Every one has experienced how learning an appropriate name for what was dim and vague cleared up and crystallized the whole matter. Some meaning seems almost within reach, but is elusive; it refuses to condense into definite form; the attaching of a word somehow (just how, it is almost impossible to say) puts limits around the meaning, draws it out from the void, makes it stand out as an entity on its own account. When Emerson said that he would almost rather know the true name, the poet's name, for a thing, than to know the thing itself, he presumably had this irradiating and illuminating function of language in mind. The delight that children take in demanding and learning the names of everything about them indicates that meanings are becoming concrete individuals to them, so that their commerce with things is passing from the physical to the intellectual plane. It is hardly surprising that savages attach a magic efficacy to words. To name anything is to give it a title; to dignify and honor it by raising it from a mere physical occurrence to a meaning that is distinct and permanent. To know the names of people and things and to be able to manipulate these names is, in savage lore, to be in possession of their dignity and worth, to master them.

A sign preserves a meaning

(*ii*) Things come and go; or we come and go, and either way things escape our notice. Our direct sensible relation to things is very limited. The suggestion of meanings by natural signs is limited to occasions of direct contact or vision. But a meaning fixed by a linguistic sign is conserved for future use. Even if the thing is not there to represent the meaning, the word may be produced so as to evoke the meaning. Since intellectual life depends on possession of a store of meanings, the importance of language as a tool of preserving meanings cannot be overstated. To be sure, the method of storage is not wholly aseptic; words often corrupt and modify the meanings they are supposed to keep intact, but liability to infection is a price paid by every living thing for the privilege of living.

A sign transfers a meaning

(*iii*) When a meaning is detached and fixed by a sign, it is possible to use that meaning in a new context and situation. This transfer and reapplication is the key to all judgment and inference. It would little profit a man to recognize that a given particular cloud was the premonitor of a given particular rainstorm if his recognition ended there, for he would then have to learn over and over again, since the next cloud and the next rain are different events. No cumulative growth of intelligence would occur; experience might form habits of physical adaptation but it would not teach anything, for we should not be able to use a prior experience consciously to anticipate and regulate a further experience. To be able to use the past to judge and infer the new and unknown implies that, although the past thing has gone, its *meaning* abides in such a way as to be applicable in determining the character of the new. Speech forms are our great carriers: the easy-running vehicles by which meanings are transported from experiences that no longer concern us to those that are as yet dark and dubious.

Logical organization depends upon signs

II. Organization of Meanings. In emphasizing the importance of signs in relation to specific meanings, we have overlooked another aspect, equally valuable. Signs not only mark off specific or individual meanings, but they are also instruments of grouping meanings in relation to one another. Words are not only names or titles of single meanings; they also form *sentences* in which meanings are organized in relation to one another. When we say "That book is a dictionary," or "That blur of light in the heavens is Halley's comet," we express a *logical* connection — an act of classifying and defining that goes beyond the physical thing into the logical region of genera and species, things and attributes. Propositions, sentences, bear the same relation to judgments that distinct words, built up mainly by analyzing propositions in their various types, bear to meanings or conceptions; and just as words imply a sentence, so a sentence implies a larger whole of consecutive discourse into which it fits. As is often said, grammar expresses the unconscious logic of the popular mind. *The chief intellectual classifications that constitute the working capital of thought have been built up for us by our mother tongue.* Our very lack of explicit consciousness in using language that we are employing the intellectual systematizations of the race shows how thoroughly accustomed we have become to its logical distinctions and groupings.

§ 2. The Abuse of Linguistic Methods in Education

Teaching merely things, not educative

Taken literally, the maxim,"Teach things, not words," or "Teach things before words," would be the negation of education; it would reduce mental life to mere physical and sensible adjustments. Learning, in the proper sense, is not learning things, but the *meanings* of things, and this process involves the use of signs, or language in its generic sense. In like fashion, the warfare of some educational reformers against symbols, if pushed to extremes, involves the destruction of the intellectual life, since this lives, moves, and has its being in those processes of definition, abstraction, generalization, and classification that are made possible by symbols alone. Nevertheless, these contentions of educational reformers have been needed. The liability of a thing to abuse is in proportion to the value of its right use.

Symbols are themselves, as pointed out above, particular, physical, sensible existences, like any other things. They are symbols only by virtue of what they suggest and represent, *i.e.* meanings.

But words separated from things are not true signs

(*i*) They stand for these meanings to any individual only when he has had *experience* of some situation to which these meanings are actually relevant. Words can detach and preserve a meaning only when the meaning has been first involved in our own direct intercourse with things. To attempt to give a meaning through a word alone without any dealings with a thing is to deprive the word of intelligible signification; against this attempt, a tendency only too prevalent in education, reformers have protested. Moreover, there is a tendency to assume that whenever there is a definite word or form of speech there is also a definite idea; while, as a matter of fact, adults and children alike are capable of using even precise verbal formulae with only the vaguest and most confused sense of what they mean. Genuine ignorance is more profitable because likely to be accompanied by humility, curiosity, and open-mindedness; while ability to repeat catch-phrases, cant terms, familiar propositions, gives the conceit of learning and coats the mind with a varnish waterproof to new ideas.

Language tends to arrest personal inquiry and reflection

(*ii*) Again, although new combinations of words without the intervention of physical things may supply new ideas, there are limits to this possibility. Lazy inertness causes individuals to accept ideas that have currency about them without personal inquiry and testing. A man uses thought, perhaps, to find out what others believe, and then stops. The ideas of others as embodied in language become substitutes for one's own ideas. The use of linguistic studies and methods to halt the human mind on the level of the attainments of the past, to prevent new inquiry and discovery, to put the authority of tradition in place of the authority of natural facts and laws, to reduce the individual to a parasite living on the secondhand experience of others — these things have been the source of the reformers' protest against the preeminence assigned to language in schools.

Words as mere stimuli

(*iii*) Words that originally stood for ideas come, with repeated use, to be mere counters; they become physical things to be manipulated according to certain rules, or reacted to by certain operations without consciousness of their meaning. Mr. Stout (who has called such terms "substitute signs") remarks that "algebraical and arithmetical signs are to a great extent used as mere substitute signs. ... It is possible to use signs of this kind whenever fixed and definite rules of operation can be derived from the nature of the things symbolized, so as to be applied in manipulating the signs, without further reference to their signification. A word is an instrument for thinking about the meaning which it expresses; a substitute sign is a means of *not* thinking about the meaning which it symbolizes." The principle applies, however, to ordinary words, as well as to algebraic signs; they also enable us to use meanings so as to get results without thinking. In many respects, signs that are means of not thinking are of great advantage; standing for the familiar, they release attention for meanings that, being novel, require conscious interpretation. Nevertheless, the premium put in the schoolroom upon attainment of technical facility, upon skill in producing external results (*ante*, p. 230), often changes this advantage into a positive detriment. In manipulating symbols so as to recite well, to get and give correct answers, to follow prescribed formulae of analysis, the pupil's attitude becomes mechanical, rather than thoughtful; verbal memorizing is substituted for inquiry into the meaning of things. This danger is perhaps the one uppermost in mind when verbal methods of education are attacked.

§ 3. The Use of Language in its Educational Bearings

Language stands in a twofold relation to the work of education. On the one hand, it is continually used in all studies as well as in all the social discipline of the school; on the other, it is a distinct object of study. We shall consider only the ordinary use of language, since its effects upon habits of thought are much deeper than those of conscious study.

Language not primarily intellectual in purpose

The common statement that "language is the expression of thought" conveys only a half-truth, and a half-truth that is likely to result in positive error. Language does express thought, but not primarily, nor, at first, even consciously. The primary motive for language is to influence (through the expression of desire, emotion, and thought) the activity of others; its secondary use is to enter into more intimate sociable relations with them; its employment as a conscious vehicle of thought and knowledge is a tertiary, and relatively late, formation. The contrast is well brought out by the statement of John Locke that words have a double use, — "civil" and "philosophical." "By their civil use, I mean such a communication of thoughts and ideas by words as may serve for the upholding of common conversation and commerce about the ordinary affairs and conveniences of civil life. ... By the philosophical use of words, I mean such a use of them as may serve to convey the precise notions of things, and to express in general propositions certain and undoubted truths."

This distinction of the practical and social from the intellectual use of language throws much light on the problem of the school in respect to speech. That problem is *to direct pupils' oral and written speech, used primarily for practical and social ends, so that gradually it shall become a conscious tool of conveying knowledge and assisting thought.* How without checking the spontaneous, natural motives — motives to which language owes its vitality, force, vividness, and variety — are we to modify speech habits so as to render them accurate and flexible *intellectual* instruments? It is comparatively easy to encourage the original spontaneous flow and not make language over into a servant of reflective thought; it is comparatively easy to check and almost destroy (so far as the schoolroom is concerned) native aim and interest, and to set up artificial and formal modes of expression in some isolated and technical matters. The difficulty lies in making over habits that have to do with "ordinary affairs and conveniences" into habits concerned with "precise notions." The successful accomplishing of the transformation requires (*a*) enlargement of the pupil's vocabulary; (*b*) rendering its terms more precise and accurate, and (*c*) formation of habits of consecutive discourse.

Hence education has to transform it into an intellectual tool

I. Enlargement of vocabulary. This takes place, of course, by wider intelligent contact with things and persons, and also vicariously, by gathering the meanings of words from the context in which they are heard or read. To grasp by either method a word in its meaning is to exercise intelligence, to perform an act of intelligent selection or analysis, and it is also to widen the fund of meanings or concepts readily available in further intellectual enterprises (*ante*, p. 295). It is usual to distinguish between one's active and one's passive vocabulary, the latter being composed of the words that are understood when they are heard or seen, the former of words that are used intelligently. The fact that the passive vocabulary is ordinarily much

To enlarge vocabulary, the fund of concepts should be enlarged larger than the active indicates a certain amount of inert energy, of power not freely controlled by an individual. Failure to use meanings that are nevertheless understood reveals dependence upon external stimulus, and lack of intellectual initiative. This mental laziness is to some extent an artificial product of education. Small children usually attempt to put to use every new word they get hold of, but when they learn to read they are introduced to a large variety of terms that there is no ordinary opportunity to use. The result is a kind of mental suppression, if not smothering. Moreover, the meaning of words not actively used in building up and conveying ideas is never quite clearcut or complete.

Looseness of thinking accompanies a limited vocabulary

While a limited vocabulary may be due to a limited range of experience, to a sphere of contact with persons and things so narrow as not to suggest or require a full store of words, it is also due to carelessness and vagueness. A happy-go-lucky frame of mind makes the individual averse to clear discriminations, either in perception or in his own speech. Words are used loosely in an indeterminate kind of reference to things, and the mind approaches a condition where practically everything is just a thing-um-bob or a what-do-you-call-it. Paucity of vocabulary on the part of those with whom the child associates, triviality and meagerness in the child's reading matter (as frequently even in his school readers and textbooks), tend to shut down the area of mental vision.

Command of language involves command of things

We must note also the great difference between flow of words and command of language. Volubility is not necessarily a sign of a large vocabulary; much talking or even ready speech is quite compatible with moving round and round in a circle of moderate radius. Most schoolrooms suffer from a lack of materials and appliances save perhaps books — and even these are "written down" to the supposed capacity, or incapacity, of children. Occasion and demand for an enriched vocabulary are accordingly restricted. The vocabulary of things studied in the schoolroom is very largely isolated; it does not link itself organically to the range of the ideas and words that are in vogue outside the school. Hence the enlargement that takes place is often nominal, adding to the inert, rather than to the active, fund of meanings and terms.

II. Accuracy of vocabulary. One way in which the fund of words and concepts is increased is by discovering and naming shades of meaning — that is to say, by making the vocabulary more precise. Increase in definiteness is as important relatively as is the enlargement of the capital stock absolutely.

The *general* as the vague and as the distinctly generic

The first meanings of terms, since they are due to superficial acquaintance with things, are general in the sense of being vague. The little child calls all men papa; acquainted with a dog, he may call the first horse he sees a big dog. Differences of quantity and intensity are noted, but the fundamental meaning is so vague that it covers things that are far apart. To many persons trees are just trees, being discriminated only into deciduous trees and evergreens, with perhaps recognition of one or two kinds of each. Such vagueness tends to persist and to become a barrier to the advance of thinking. Terms that are miscellaneous in scope are clumsy tools at best; in addition they are frequently treacherous, for their ambiguous reference causes us to confuse things that should be distinguished.

Twofold growth of words in sense or signification

The growth of precise terms out of original vagueness takes place normally in two directions: toward words that stand for relationships and words that stand for highly individualized traits (compare what was said about the development of meanings, p. 292); the first being associated with abstract, the second with concrete, thinking. Some Australian tribes are said to have no words for *animal* or for *plant,* while they have specific names for every variety of plant and animal in their neighborhoods. This minuteness of vocabulary represents progress toward definiteness, but in a one-sided way. Specific properties are distinguished, but not relationships.[1] On the other hand, students of philosophy and of the general aspects of natural and social science are apt to acquire a store of terms that signify relations without balancing them up with terms that designate specific individuals and traits. The ordinary use of such terms as *causation, law, society, individual, capital,* illustrates this tendency.

Words alter their meanings so as to change their logical functions

In the history of language we find both aspects of the growth of vocabulary illustrated by changes in the sense of words: some words originally wide in their application are narrowed to denote shades of meaning; others originally specific are widened to express relationships. The term *vernacular,* now meaning mother speech, has been generalized from the word *verna,* meaning a slave born in the master's household. *Publication* has evolved its meaning of communication by means of print, through restricting an earlier meaning of any kind of communication — although the wider meaning is retained in legal procedure, as publishing a libel. The sense of the word *average* has been generalized from a use connected with dividing loss by shipwreck proportionately among various sharers in an enterprise.[2]

Similar changes occur in the vocabulary of every student

These historical changes assist the educator to appreciate the changes that occur with individuals together with advance in intellectual resources. In studying geometry, a pupil must learn both to narrow and to extend the meanings of such familiar words as *line, surface, angle, square, circle;* to narrow them to the precise meanings involved in demonstrations; to extend them to cover generic relations not expressed in ordinary usage. Qualities of color and size must be

[1] The term *general* is itself an ambiguous term, meaning (in its best logical sense) the related and also (in its natural usage) the indefinite, the vague. *General*, in the first sense, denotes the discrimination of a principle or generic relation; in the second sense, it denotes the absence of discrimination of specific or individual properties.

[2] A large amount of material illustrating the twofold change in the sense of words will be found in Jevons, *Lessons in Logic*.

excluded; relations of direction, of variation in direction, of limit, must be definitely seized. A like transformation occurs, of course, in every subject of study. Just at this point lies the danger, alluded to above, of simply overlaying common meanings with new and isolated meanings instead of effecting a genuine working-over of popular and practical meanings into adequate logical tools.

The value of technical terms

Terms used with intentional exactness so as to express a meaning, the whole meaning, and only the meaning, are called *technical.* For educational purposes, a technical term indicates something relative, not absolute; for a term is technical not because of its verbal form or its unusualness, but because it is employed to fix a meaning precisely. Ordinary words get a technical quality when used intentionally for this end. Whenever thought becomes more accurate, a (relatively) technical vocabulary grows up. Teachers are apt to oscillate between extremes in regard to technical terms. On the one hand, these are multiplied in every direction, seemingly on the assumption that learning a new piece of terminology, accompanied by verbal description or definition, is equivalent to grasping a new idea. When it is seen how largely the net outcome is the accumulation of an isolated set of words, a jargon or scholastic cant, and to what extent the natural power of judgment is clogged by this accumulation, there is a reaction to the opposite extreme. Technical terms are banished; "name words" exist but not nouns; "action words" but not verbs; pupils may "take away," but not subtract; they may tell what four fives are, but not what four times five are, and so on. A sound instinct underlies this reaction — aversion to words that give the pretense, but not the reality, of meaning. Yet the fundamental difficulty is not with the word, but with the idea. If the idea is not grasped, nothing is gained by using a more familiar word; if the idea is perceived, the use of the term that exactly names it may assist in fixing the idea. Terms denoting highly exact meanings should be introduced only sparingly, that is, a few at a time; they should be led up to gradually, and great pains should be taken to secure the circumstances that render precision of meaning significant.

III. Consecutive discourse. As we saw, language connects and organizes meanings as well as selects and fixes them. As every meaning is set in the context of some situation, so every word in concrete use belongs to some sentence (it may itself represent a condensed sentence), and the sentence, in turn, belongs to some larger story, description, or reasoning process. It is unnecessary to repeat what has been said about the importance of continuity and ordering of meanings. We may, however, note some ways in which school practices tend to interrupt consecutiveness of language and thereby interfere harmfully with systematic reflection.

Importance of consecutive discourse

(*i*) Teachers have a habit of monopolizing continued discourse. Many, if not most, instructors would be surprised if informed at the end of the day of the amount of time they have talked as compared with any pupil. Children's conversation is often confined to answering questions in brief phrases, or in single disconnected sentences. Expatiation and explanation are reserved for the teacher, who often admits any hint at an answer on the part of the pupil, and then amplifies what he supposes the child must have meant. The habits of sporadic and fragmentary discourse thus promoted have inevitably a disintegrating intellectual influence.

Too minute questioning

(*ii*) Assignment of too short lessons when accompanied (as it usually is in order to pass the time of the recitation period) by minute "analytic" questioning has the same effect. This evil is usually at its height in such subjects as history and literature, where not infrequently the material is so minutely subdivided as to break up the unity of meaning belonging to a given portion of the matter, to destroy perspective, and in effect to reduce the whole topic to an accumulation of disconnected details all upon the same level. More often than the teacher is aware, *his* mind carries and supplies the background of unity of meaning against which pupils project isolated scraps.

(*iii*) Insistence upon avoiding error instead of attaining power tends also to interruption of continuous discourse and thought. Children who begin with something to say and with intellectual eagerness to say it are sometimes made so conscious of minor errors in substance and form that the energy that should go into constructive thinking is diverted into anxiety not to make mistakes, and even, in extreme cases, into passive quiescence as the best method of minimizing error. This tendency is especially marked in connection with the writing of compositions, essays, and themes. It has even been gravely recommended that little children should always write on trivial subjects and in short sentences because in that way they are less likely to make mistakes, while the teaching of writing to high school and college students occasionally reduces itself to a technique for detecting and designating mistakes. The resulting self-consciousness and constraint are only part of the evil that comes from a negative ideal.

Making avoidance of error the aim

CHAPTER 14 OBSERVATION AND INFORMATION IN THE TRAINING OF MIND

Thinking is an ordering of subject-matter with reference to discovering what it signifies or indicates. Thinking no more exists apart from this arranging of subject-matter than digestion occurs apart from the assimilating of food. The way in which the subject-matter is furnished marks, therefore, a fundamental point. If the subject-matter is provided in too scanty or too profuse fashion, if it comes in disordered array or in isolated scraps, the effect upon habits of thought is detrimental. If personal observation and communication of information by others (whether in books or speech) are rightly conducted, half the logical battle is won, for they are the channels of obtaining subject-matter.

No thinking without acquaintance with facts

§ 1. The Nature and Value of Observation

The protest, mentioned in the last chapter, of educational reformers against the exaggerated and false use of language, insisted upon personal and direct observation as the proper alternative course. The reformers felt that the current emphasis upon the linguistic factor eliminated all opportunity for first-hand acquaintance with real things; hence they appealed to sense-perception to fill the gap. It is not surprising that this enthusiastic zeal failed frequently to ask how and why observation is educative, and hence fell into the error of making observation an end in itself and was satisfied with any kind of material under any kind of conditions. Such isolation of observation is

Fallacy of making "facts" an end in themselves

still manifested in the statement that this faculty develops first, then that of memory and imagination, and finally the faculty of thought. From this point of view, observation is regarded as furnishing crude masses of raw material, to which, later on, reflective processes may be applied. Our previous pages should have made obvious the fallacy of this point of view by bringing out the fact that simple concrete thinking attends all our intercourse with things which is not on a purely physical level.

The sympathetic motive in extending acquaintance

I. All persons have a natural desire — akin to curiosity — for a widening of their range of acquaintance with persons and things. The sign in art galleries that forbids the carrying of canes and umbrellas is obvious testimony to the fact that simply to see is not enough for many people; there is a feeling of lack of acquaintance until some direct contact is made. This demand for fuller and closer knowledge is quite different from any conscious interest in observation for its own sake. Desire for expansion, for "self-realization," is its motive. The interest is sympathetic, socially and aesthetically sympathetic, rather than cognitive. While the interest is especially keen in children (because their actual experience is so small and their possible experience so large), it still characterizes adults when routine has not blunted its edge. This sympathetic interest provides the medium for carrying and binding together what would otherwise be a multitude of items, diverse, disconnected, and of no intellectual use. These systems are indeed social and aesthetic rather than consciously intellectual; but they provide the natural medium for more conscious intellectual explorations. Some educators have recommended that nature study in the elementary schools be conducted with a love of nature and a cultivation of aesthetic appreciation in view rather than in a purely analytic spirit. Others have urged making much of the care of animals and plants. Both of these important recommendations have grown out of experience, not out of theory, but they afford excellent exemplifications of the theoretic point just made.

II. In normal development, specific analytic observations are originally connected almost exclusively with the imperative need for noting means and ends in carrying on activities. When one is *doing* something, one is compelled, if the work is to succeed (unless it is purely routine), to use eyes, ears, and sense of touch as guides to action. Without a constant and alert exercise of the senses, not even plays and games can go on; in any form of work, materials, obstacles, appliances, failures, and successes, must be intently watched. Sense-perception does not occur for its own sake or for purposes of training, but because it is an indispensable factor of success in doing what one is interested in doing. Although not designed for sense-training, this method effects sense-training in the most economical and thoroughgoing way. Various schemes have been designed by teachers for cultivating sharp and prompt observation of forms, as by writing words, — even in an unknown language, — making arrangements of figures and geometrical forms, and having pupils reproduce them after a momentary glance. Children often attain great skill in quick seeing and full reproducing of even complicated meaningless combinations. But such methods of training — however valuable as occasional games and diversions — compare very unfavorably with the training of eye and hand that comes as an incident of work with tools in wood or metals, or of gardening, cooking, or the care of animals. Training by isolated exercises leaves no deposit, leads nowhere; and even the technical skill acquired has little radiating power, or transferable value. Criticisms made upon the training of observation on the ground that many persons cannot correctly reproduce the forms and arrangement of the figures on the face of their watches misses the point because persons do not look at a watch to find out whether four o'clock is indicated by IIII or by IV, but to find out what time it is, and, if observation decides this matter, noting other details is irrelevant and a waste of time. In the training of observation the question of end and motive is allimportant.

Analytic inspection for the sake of doing

Direct and indirect sense training

Scientific observations are linked to problems

III. The further, more intellectual or scientific, development of observation follows the line of the growth of practical into theoretical reflection already traced (*ante*, Chapter 10). As problems emerge and are dwelt upon, observation is directed less to the facts that bear upon a practical aim and more upon what bears upon a problem as such. What makes observations in schools often intellectually ineffective is (more than anything else) that they are carried on independently of a sense of a problem that they serve to define or help to solve. The evil of this isolation is seen through the entire educational system, from the kindergarten, through the elementary and high schools, to the college. Almost everywhere may be found, at some time, recourse to observations as if they were of complete and final value in themselves, instead of the means of getting material that bears upon some difficulty and its solution. In the kindergarten are heaped up observations regarding geometrical forms, lines, surfaces, cubes, colors, and so on. In the elementary school, under the name of "object-lessons," the form and properties of objects, — apple, orange, chalk, — selected almost at random, are minutely noted, while under the name of "nature study" similar observations are directed upon leaves, stones, insects, selected in almost equally arbitrary fashion. In high school and college, laboratory and microscopic observations are carried on as if the accumulation of observed facts and the acquisition of skill in manipulation were educational ends in themselves.

"Object-lessons" rarely supply problems

Compare with these methods of isolated observations the statement of Jevons that observation as conducted by scientific men is effective "only when excited and guided by hope of verifying a theory" ; and again, "the number of things which can be observed and experimented upon are infinite, and if we merely set to work to record facts without any distinct purpose, our records will have no value." Strictly speaking, the first statement of Jevons is too narrow. Scientific men institute observations not merely to test an idea (or suggested explanatory meaning), but also to locate the nature of a problem and thereby guide the formation of a hypothesis. But the principle of his remark, namely, that scientific men never make the accumulation of observations an end in itself, but always a means to a general intellectual conclusion, is absolutely sound. Until the force of this principle is adequately recognized in education, observation will be largely a matter of uninteresting dead work or of acquiring forms of technical skill that are not available as intellectual resources.

§ 2. Methods and Materials of Observation in the Schools

The best methods in use in our schools furnish many suggestions for giving observation its right place in mental training.

Observation should involve discovery

I. They rest upon the sound assumption that observation is an *active* process. Observation is exploration, inquiry for the sake of discovering something previously hidden and unknown, this something being needed in order to reach some end, practical or theoretical. Observation is to be discriminated from recognition, or perception of what is familiar. The identification of something already understood is, indeed, an indispensable function of further investigation (*ante*, p. 290); but it is relatively automatic and passive, while observation proper is searching and deliberate. Recognition refers to the already mastered; observation is concerned with mastering the unknown. The common notions that perception is like writing on a blank piece of paper, or like impressing an image on the mind as a seal is imprinted on wax or as a picture is formed on a photographic plate (notions that have played a disastrous role in educational methods), arise from a failure to distinguish between automatic recognition and the searching attitude of genuine observation.

and suspense during an unfolding change

II. Much assistance in the selection of appropriate material for observation may be derived from considering the eagerness and closeness of observation that attend the following of a story or drama. Alertness of observation is at its height wherever there is "plot interest." Why? Because of the balanced combination of the old and the new, of the familiar and the unexpected. We hang on the lips of the story-teller because of the element of mental suspense. Alternatives are suggested, but are left ambiguous, so that our whole being questions: What befell next? Which way did things turn out? Contrast the ease and fullness with which a child notes all the salient traits of a story, with the labor and inadequacy of his observation of some dead and static thing where nothing raises a question or suggests alternative outcomes.

This "plot interest" manifested in activity,

When an individual is engaged in doing or making something (the activity not being of such a mechanical and habitual character that its outcome is assured), there is an analogous situation. Something is going to come of what is present to the sense, but just what is doubtful. The plot is unfolding toward success or failure, but just when or how is uncertain. Hence the keen and tense observation of conditions and results that attends constructive manual operations. Where the subject-matter is of a more impersonal sort, the same principle of movement toward a denouement may apply. It is a commonplace that what is moving attracts notice when that which is at rest escapes it. Yet too often it would almost seem as if pains had been taken to deprive the material of school observations of all life and dramatic quality, to reduce it to a dead and inert form. Mere change is not enough, however. Vicissitude, alteration, motion, excite observation; but if they merely excite it, there is no thought. The changes must (like the incidents of a well-arranged story or plot) take place in a certain cumulative order; each successive change must at once remind us of its predecessor and arouse interest in its successor if observations of change are to be logically fruitful.

and in cycles of growth

Living beings, plants, and animals, fulfill the twofold requirement to an extraordinary degree. Where there is growth, there is motion, change, process; and there is also arrangement of the changes in a cycle. The first arouses, the second organizes, observation. Much of the extraordinary interest that children take in planting seeds and watching the stages of their growth is due to the fact that a drama is enacting before their eyes; there is something doing, each step of which is important in the destiny of the plant. The great practical improvements that have occurred of late years in the teaching of botany and zoology will be found, upon inspection, to involve treating plants and animals as beings that act, that do something, instead of as mere inert specimens having static properties to be inventoried, named, and registered. Treated in the latter fashion, observation is inevitably reduced to the falsely "analytic" (*ante*, p. 282), — to mere dissection and enumeration.

Observation of structure grows out of noting function

There is, of course, a place, and an important place, for observation of the mere static qualities of objects. When, however, the primary interest is in *function*, in what the object does, there is a motive for more minute analytic study, for the observation of *structure*. Interest in noting an activity passes insensibly into noting how the activity is carried on; the interest in what is accomplished passes over into an interest in the organs of its accomplishing. But when the beginning is made with the morphological, the anatomical, the noting of peculiarities of form, size, color, and distribution of parts, the material is so cut off from significance as to be dead and dull. It is as natural for children to look intently for the *stomata* of a plant after they have become interested in its function of breathing, as it is repulsive to attend minutely to them when they are considered as isolated peculiarities of structure.

Scientific observation

III. As the center of interest of observations becomes less personal, less a matter of means for effecting one's own ends, and less aesthetic, less a matter of contribution of parts to a total emotional effect, observation becomes more consciously intellectual in quality. Pupils learn to observe for the sake (*a*) of finding out what sort of perplexity confronts them; (*b*) of inferring hypothetical explanations for the puzzling features that observation reveals; and (*c*) of testing the ideas thus suggested.

In short, observation becomes scientific in nature. Of such observations it may be said that they should follow a rhythm between the extensive and the intensive. Problems become definite, and suggested explanations significant by a certain alternation between a wide and somewhat loose soaking in of relevant facts and a minutely accurate study of a few selected facts. The wider, less exact observation is necessary to give the student a feeling for the reality of the field of inquiry, a sense of its bearings and possibilities, and to store his mind with materials that imagination may transform into suggestions. The intensive study is necessary for limiting the problem, and for securing the conditions of experimental testing. As the latter by itself is too specialized and technical to arouse intellectual growth, the former by itself is too superficial and scattering for control of intellectual development. In the sciences of life, field study, excursions, acquaintance with living things in their natural habitats, may alternate with microscopic and laboratory observation. In the physical sciences, phenomena of light, of heat, of electricity, of moisture, of gravity, in their broad setting in nature — their physiographic setting — should prepare for an exact study of selected facts under conditions of laboratory control. In this way, the student gets the benefit of technical scientific methods of discovery and testing, while he retains his sense of the identity of the laboratory modes of energy with large out-of-door realities, thereby avoiding the impression (that so often accrues) that the facts studied are peculiar to the laboratory.

should be extensive

and intensive

§ 3. Communication of Information

Importance of hearsay acquaintance

When all is said and done the field of fact open to any one observer by himself is narrow. Into every one of our beliefs, even those that we have worked out under the conditions of utmost personal, first-hand acquaintance, much has insensibly entered from what we have heard or read of the observations and conclusions of others. In spite of the great extension of direct observation in our schools, the vast bulk of educational subject-matter is derived from other sources — from textbook, lecture, and viva-voce interchange. No educational question is of greater import than how to get the most logical good out of learning through transmission from others.

Doubtless the chief meaning associated with the word *instruction* is this conveying and instilling of the results of the observations and inferences of others. Doubtless the undue prominence in education of the ideal of amassing information (*ante*, p. 231) has its source in the prominence of the learning of other persons. The problem then is how to convert it into an intellectual asset. In logical terms, the material supplied from the experience of others is *testimony*: that is to say, *evidence* submitted by others to be employed by one's own judgment in reaching a conclusion. How shall we treat the subject-matter supplied by textbook and teacher so that it shall rank as material for reflective inquiry, not as ready-made intellectual pabulum to be accepted and swallowed just as supplied by the store?

Logically, this ranks only as evidence or testimony

In reply to this question, we may say that:

(*i*) The communication of material should be *needed*. That is to say, it should be such as cannot readily be attained by personal observation. For teacher or book to cram pupils with facts which, with little more trouble, they could discover by direct inquiry is to violate their intellectual integrity by cultivating mental servility. This does not mean that the material supplied through communication of others should be meager or scanty. With the utmost range of the senses, the world of nature and history stretches out almost infinitely beyond. But the fields within which direct observation is feasible should be carefully chosen and sacredly protected.

Communication by others should not encroach on observation,

(*ii*) Material should be supplied by way of stimulus, not with dogmatic finality and rigidity. When pupils get the notion that any field of study has been definitely surveyed, that knowledge about it is exhaustive and final, they may continue docile pupils, but they cease to be students. All thinking whatsoever — so be it *is* thinking

should not be dogmatic in tone,

— contains a phase of originality. This originality does not imply that the student's conclusion varies from the conclusions of others, much less that it is a radically novel conclusion. His originality is not incompatible with large use of materials and suggestions contributed by others. Originality means personal interest in the question, personal initiative in turning over the suggestions furnished by others, and sincerity in following them out to a tested conclusion. Literally, the phrase "Think for yourself" is tautological; any thinking is thinking for one's self.

should have relation to a personal problem,

(*iii*) The material furnished by way of information should be relevant to a question that is vital in the student's own experience. What has been said about the evil of observations that begin and end in themselves may be transferred without change to communicated learning. Instruction in subject-matter that does not fit into any problem already stirring in the student's own experience, or that is not presented in such a way as to arouse a problem, is worse than useless for intellectual purposes. In that it fails to enter into any process of reflection, it is useless; in that it remains in the mind as so much lumber and debris, it is a barrier, an obstruction in the way of effective thinking when a problem arises.

and to prior systems of experience

Another way of stating the same principle is that material furnished by communication must be such as to enter into some existing system or organization of experience. All students of psychology are familiar with the principle of apperception — that we assimilate new material with what we have digested and retained from prior experiences. Now the "apperceptive basis" of material furnished by teacher and textbook should be found, as far as possible, in what the learner has derived from more direct forms of his own experience. There is a tendency to connect material of the schoolroom simply with the material of prior school lessons, instead of linking it to what the pupil has acquired in his out-of-school experience. The teacher says, "Do you not remember what we learned from the book last week?" — instead of saying, "Do you not recall such and such a thing that you have seen or heard?" As a result, there are built up detached and independent systems of school knowledge that inertly overlay the ordinary systems of experience instead of reacting to enlarge and refine them. Pupils are taught to live in two separate worlds, one the world of out-of-school experience, the other the world of books and lessons.

CHAPTER 15 THE RECITATION AND THE TRAINING OF THOUGHT

Importance of the recitation

In the recitation the teacher comes into his closest contact with the pupil. In the recitation focus the possibilities of guiding children's activities, influencing their language habits, and directing their observations. In discussing the significance of the recitation as an instrumentality of education, we are accordingly bringing to a head the points considered in the last three chapters, rather than introducing a new topic. The method in which the recitation is carried on is a crucial test of a teacher's skill in diagnosing the intellectual state of his pupils and in supplying the conditions that will arouse serviceable mental responses: in short, of his art as a teacher.

Re-citing *versus* reflecting

The use of the word *recitation* to designate the period of most intimate intellectual contact of teacher with pupil and pupil with pupil is a fateful fact. To re-cite is to cite again, to repeat, to tell over and over. If we were to call this period *reiteration*, the designation would hardly bring out more clearly than does the word *recitation*, the complete domination of instruction by rehearsing of secondhand information, by memorizing for the sake of producing correct replies at the proper time. Everything that is said in this chapter is insignificant in comparison with the primary truth that the recitation is a place and time for stimulating and directing reflection, and that reproducing memorized matter is only an incident — even though an indispensable incident — in the process of cultivating a thoughtful attitude.

§ 1. The Formal Steps of Instruction

Herbart's analysis of method of teaching

But few attempts have been made to formulate a method, resting on general principles, of conducting a recitation. One of these is of great importance and has probably had more and better influence upon the "hearing of lessons" than all others put together; namely, the analysis by Herbart of a recitation into five successive steps. The steps are commonly known as "the formal steps of instruction." The underlying notion is that no matter how subjects vary in scope and detail there is one and only one best way of mastering them, since there is a single "general method" uniformly followed by the mind in effective attack upon any subject. Whether it be a first-grade child mastering the rudiments of number, a grammar-school pupil studying history, or a college student dealing with philology, in each case the first step is preparation, the second presentation, followed in turn by comparison and generalization, ending in the application of the generalizations to specific and new instances.

Illustration of method

By preparation is meant asking questions to remind pupils of familiar experiences of their own that will be useful in acquiring the new topic. What one already knows supplies the means with which one apprehends the unknown. Hence the process of learning the new will be made easier if related ideas in the pupil's mind are aroused to activity — are brought to the foreground of consciousness. When pupils take up the study of rivers, they are first questioned about streams or brooks with which they are already acquainted; if they have never seen any, they may be asked about water running in gutters. Somehow "apperceptive masses" are stirred that will assist in getting hold of the new subject. The step of preparation ends with statement of the aim of the lesson. Old knowledge having been made active, new material is then "presented" to the pupils. Pictures and relief models of rivers are shown; vivid oral descriptions are given; if possible, the children are taken to see an actual river. These two steps terminate the acquisition of particular facts.

The next two steps are directed toward getting a general principle or conception. The local river is compared with, perhaps, the Amazon, the St. Lawrence, the Rhine; by this comparison accidental and unessential features are eliminated and the river *concept* is formed: the elements involved in the river-meaning are gathered together and formulated. This done, the resulting principle is fixed in mind and is clarified by being applied to other streams, say to the Thames, the Po, the Connecticut.

Comparison with our prior analysis of reflection

If we compare this account of the methods of instruction with our own analysis of a complete operation of thinking, we are struck by obvious resemblances. In our statement (compare Chapter 6) the "steps" are the occurrence of a problem or a puzzling phenomenon; then observation, inspection of facts, to locate and clear up the problem; then the formation of a hypothesis or the suggestion of a possible solution together with its elaboration by reasoning; then the testing of the elaborated idea by using it as a guide to new observations and experimentations. In each account, there is the sequence of (*i*) specific facts and events, (*ii*) ideas and reasonings, and (*iii*) application of their result to specific facts. In each case, the movement is inductive-deductive. We are struck also by one difference: the Herbartian method makes no reference to a difficulty, a discrepancy requiring explanation, as the origin and stimulus of the whole process. As a consequence, it often seems as if the Herbartian method deals with thought simply as an incident in the process of acquiring information, instead of treating the latter as an incident in the process of developing thought.

The formal steps concern the teacher's preparation rather than the recitation itself

Before following up this comparison in more detail, we may raise the question whether the recitation should, in any case, follow a uniform prescribed series of steps — even if it be admitted that this series expresses the normal logical order. In reply, it may be said that just because the order is logical, it represents the survey of subject-matter made by one who already understands it, not the path of progress followed by a mind that is learning. The former may describe a uniform straightway course, the latter must be a series of tacks, of zigzag movements back and forth. In short, the formal steps indicate the points that should be covered by the teacher in preparing to conduct a recitation, but should not prescribe the actual course of teaching.

The teacher's problem

Lack of any preparation on the part of a teacher leads, of course, to a random, haphazard recitation, its success depending on the inspiration of the moment, which may or may not come. Preparation in simply the subject-matter conduces to a rigid order, the teacher examining pupils on their exact knowledge of their text. But the teacher's problem — as a teacher — does not reside in mastering a subject-matter, but in adjusting a subject-matter to the nurture of thought. Now the formal steps indicate excellently well the questions a teacher should ask in working out the problem of teaching a topic. What preparation have my pupils for attacking this subject? What familiar experiences of theirs are available? What have they already learned that will come to their assistance? How shall I present the matter so as to fit economically and effectively into their present equipment? What pictures shall I show? To what objects shall I call their attention? What incidents shall I relate? What comparisons shall I lead them to draw, what similarities to recognize? What is the general principle toward which the whole discussion should point as its conclusion? By what applications shall I try to fix, to clear up, and to make real their grasp of this general principle? What activities of their own may bring it home to them as a genuinely significant principle?

Only flexibility of procedure gives a recitation vitality

No teacher can fail to teach better if he has considered such questions somewhat systematically. But the more the teacher has reflected upon pupils' probable intellectual response to a topic from the various standpoints indicated by the five formal steps, the more he will be prepared to conduct the recitation in a flexible and free way, and yet not let the subject go to pieces and the pupils' attention drift in all directions; the less necessary will he find it, in order to preserve a semblance of intellectual order, to follow some one uniform scheme. He will be ready to take advantage of any sign of vital response that shows itself from any direction. One pupil may already have some inkling — probably erroneous — of a general principle. Application may then come at the very beginning in order to show that the principle will not work, and thereby induce search for new facts and a new generalization. Or the abrupt presentation of some fact or object may so stimulate the minds of pupils as to render quite superfluous any preliminary preparation. If pupils' minds are at work at all, it is quite impossible that they should wait until the teacher has conscientiously taken them through the steps of preparation, presentation, and comparison before they form at least a working hypothesis or generalization. Moreover, unless comparison of the familiar and the unfamiliar is introduced at the beginning, both preparation and presentation will be aimless and without logical motive, isolated, and in so far meaningless. The student's mind cannot be prepared at large, but only for something in particular, and presentation is usually the best way of evoking associations. The emphasis may fall now on the familiar concept that will help grasp the new, now on the new facts that frame the problem; but in either case it is comparison and contrast with the other term of the pair which gives either its force. In short, to transfer the logical steps from the points that the teacher needs to consider to uniform successive steps in the conduct of a recitation, is to impose the logical review of a mind that already understands the subject, upon the mind that is struggling to comprehend it, and thereby to obstruct the logic of the student's own mind.

Any step may come first

§ 2. The Factors in the Recitation

Bearing in mind that the formal steps represent intertwined factors of a student's progress and not mileposts on a beaten highway, we may consider each by itself. In so doing, it will be convenient to follow the example of many of the Herbartians and reduce the steps to three: first, the apprehension of specific or particular facts; second, rational generalization; third, application and verification.

Preparation is getting the sense of a problem

I. The processes having to do with particular facts are preparation and presentation. The best, indeed the only preparation is arousal to a perception of something that needs explanation, something unexpected, puzzling, peculiar. When the feeling of a genuine perplexity lays hold of any mind (no matter how the feeling arises), that mind is alert and inquiring, because stimulated from within. The shock, the bite, of a question will force the mind to go wherever it is capable of going, better than will the most ingenious pedagogical devices unaccompanied by this mental ardor. It is the sense of a problem that forces the mind to a survey and recall of the past to discover what the question means and how it may be dealt with.

Pitfalls in preparation

The teacher in his more deliberate attempts to call into play the familiar elements in a student's experience, must guard against certain dangers. (*a*) The step of preparation must not be too long continued or too exhaustive, or it defeats its own end. The pupil loses interest and is bored, when a plunge *in medias res* might have braced him to his work. The preparation part of the recitation period of some conscientious teachers reminds one of the boy who takes so long a run in order to gain headway for a jump that when he reaches the line, he is too tired to jump far. (*b*) The organs by which we apprehend new material are our habits. To insist too minutely upon turning over habitual dispositions into conscious ideas is to interfere with their best workings. Some factors of familiar experience must indeed be brought to conscious recognition, just as transplanting is necessary for the best growth of some plants. But it is fatal to be forever digging up either experiences or plants to see how they are getting along. Constraint, self-consciousness, embarrassment, are the consequence of too much conscious refurbishing of familiar experiences.

Strict Herbartians generally lay it down that statement — by the teacher — of the aim of a lesson is an indispensable part of preparation. This preliminary statement of the aim of the lesson hardly seems more intellectual in character, however, than tapping a bell or giving any other signal for attention and transfer of thoughts from diverting subjects. To the teacher the statement of an end is significant, because he has already been at the end; from a pupil's standpoint the statement of what he is *going* to learn is something of an Irish bull. If the statement of the aim is taken too seriously by the instructor, as meaning more than a signal to attention, its probable result is forestalling the pupil's own reaction, relieving him of the responsibility of developing a problem and thus arresting his mental initiative.

Statement of aim of lesson

It is unnecessary to discuss at length presentation as a factor in the recitation, because our last chapter covered the topic under the captions of observation and communication. The function of presentation is to supply materials that force home the nature of a problem and furnish suggestions for dealing with it. The practical problem of the teacher is to preserve a balance between so little showing and telling as to fail to stimulate reflection and so much as to choke thought. Provided the student is genuinely engaged upon a topic, and provided the teacher is willing to give the student a good deal of leeway as to what he assimilates and retains (not requiring rigidly that everything be grasped or reproduced), there is comparatively little danger that one who is himself enthusiastic will communicate too much concerning a topic.

How much the teacher should tell or show

II. The distinctively rational phase of reflective inquiry consists, as we have already seen, in the elaboration of an idea, or working hypothesis, through conjoint comparison and contrast, terminating in definition or formulation.

The pupil's responsibility for making out a reasonable case

(*i*) So far as the recitation is concerned, the primary requirement is that the student be held responsible for working out mentally every suggested principle so as to show what he means by it, how it bears upon the facts at hand, and how the facts bear upon it. Unless the pupil is made responsible for developing on his own account the *reasonableness* of the guess he puts forth, the recitation counts for practically nothing in the training of reasoning power. A clever teacher easily acquires great skill in dropping out the inept and senseless contributions of pupils, and in selecting and emphasizing those in line with the result he wishes to reach. But this method (sometimes called "suggestive questioning")relieves the pupils of intellectual responsibility, save for acrobatic agility in following the teacher's lead.

The necessity for mental leisure

(*ii*) The working over of a vague and more or less casual idea into coherent and definite form is impossible without a pause, without freedom from distraction. We say "Stop and think"; well, all reflection involves, at some point, stopping external observations and reactions so that an idea may mature. Meditation, withdrawal or abstraction from clamorous assailants of the senses and from demands for overt action, is as necessary at the reasoning stage, as are observation and experiment at other periods. The metaphors of digestion and assimilation, that so readily occur to mind in connection with rational elaboration, are highly instructive. A silent, uninterrupted working-over of considerations by comparing and weighing alternative suggestions, is indispensable for the development of coherent and compact conclusions. Reasoning is no more akin to disputing or arguing, or to the abrupt seizing and dropping of suggestions, than digestion is to a noisy champing of the jaws. The teacher must secure opportunity for leisurely mental digestion.

A typical central object necessary

(*iii*) In the process of comparison, the teacher must avert the distraction that ensues from putting before the mind a number of facts on the same level of importance. Since attention is selective, some one object normally claims thought and furnishes the center of departure and reference. This fact is fatal to the success of the pedagogical methods that endeavor to conduct comparison on the basis of putting before the mind a row of objects of equal importance. In comparing, the mind does not naturally begin with objects *a*, *b*, *c*, *d*, and try to find the respect in which they agree. It begins with a single object or situation more or less vague and inchoate in meaning, and makes excursions to other objects in order to render understanding of the central object consistent and clear. The mere multiplication of objects of comparison is adverse to successful reasoning. Each fact brought within the field of comparison should clear up some obscure feature or extend some fragmentary trait of the primary object.

Importance of types

In short, pains should be taken to see that the object on which thought centers is *typical:* material being typical when, although individual or specific, it is such as readily and fruitfully suggests the principles of an entire class of facts. No sane person begins to think about rivers wholesale or at large. He begins with the one river that has presented some puzzling trait. Then he studies other rivers to get light upon the baffling features of this one, and at the same time he employs the characteristic traits of his original object to reduce to order the multifarious details that appear in connection with other rivers. This working back and forth preserves unity of meaning, while protecting it from monotony and narrowness. Contrast, unlikeness, throws significant features into relief, and these become instruments for binding together into an organized or coherent meaning dissimilar characters. The mind is defended against the deadening influence of many isolated particulars and also against the barrenness of a merely formal principle. Particular cases and properties supply emphasis and concreteness; general principles convert the particulars into a single system.

All insight into meaning effects generalization

(*iv*) Hence generalization is not a separate and single act; it is rather a constant tendency and function of the entire discussion or recitation. Every step forward toward an idea that comprehends, that explains, that unites what was isolated and therefore puzzling, generalizes. The little child generalizes as truly as the adolescent or adult, even though he does not arrive at the same generalities. If he is studying a river basin, his knowledge is generalized in so far as the various details that he apprehends are found to be the effects of a single force, as that of water pushing downward from gravity, or are seen to be successive stages of a single history of formation. Even if there were acquaintance with only one river, knowledge of it under such conditions would be generalized knowledge.

Insight into meaning requires formulation

The factor of formulation, of conscious stating, involved in generalization, should also be a constant function, not a single formal act. Definition means essentially the growth of a meaning out of vagueness into *definiteness*. Such final verbal definition as takes place should be only the culmination of a steady growth in distinctness. In the reaction against ready-made verbal definitions and rules, the pendulum should never swing to the opposite extreme, that of neglecting to summarize the net meaning that emerges from dealing with particular facts. Only as general summaries are made from time to time does the mind reach a conclusion or a resting place; and only as conclusions are reached is there an intellectual deposit available in future understanding.

Generalization means capacity for application to the new

III. As the last words indicate, application and generalization lie close together. Mechanical skill for further use may be achieved without any explicit recognition of a principle; nay, in routine and narrow technical matters, conscious formulation may be a hindrance. But without recognition of a principle, without generalization, the power gained cannot be transferred to new and dissimilar matters. The inherent significance of generalization is that it frees a meaning from local restrictions; rather, generalization *is* meaning so freed; it is meaning emancipated from accidental features so as to be available in new cases. The surest test for detecting a spurious generalization (a statement general in verbal form but not accompanied by discernment of meaning), is the failure of the so-called principle spontaneously to extend itself. The essence of the general is application. (*Ante*, p. 211.)

The true purpose of exercises that apply rules and principles is, then, not so much to drive or drill them in as to give adequate insight into an idea or principle. To treat application as a separate final step is disastrous. In every judgment some meaning is employed as a basis for estimating and interpreting some fact; by this application the meaning is itself enlarged and tested. When the general meaning is regarded as complete in itself, application is treated as an external, non-intellectual use to which, for practical purposes alone, it is advisable to put the meaning. The principle is one self-contained thing; its use is another and independent thing. When this divorce occurs, principles become fossilized and rigid; they lose their inherent vitality, their self-impelling power.

Fossilized *versus* flexible principles

A true conception is a *moving* idea, and it seeks outlet, or application to the interpretation of particulars and the guidance of action, as naturally as water runs downhill. In fine, just as reflective thought requires particular facts of observation and events of action for its origination, so it also requires particular facts and deeds for its own consummation. "Glittering generalities" are inert because they are spurious. Application is as much an intrinsic part of genuine reflective inquiry as is alert observation or reasoning itself. Truly general principles tend to apply themselves. The teacher needs, indeed, to supply conditions favorable to use and exercise; but something is wrong when artificial tasks have arbitrarily to be invented in order to secure application for principles.

Self-application a mark of genuine principles

CHAPTER 16 SOME GENERAL CONCLUSIONS

We shall conclude our survey of how we think and how we should think by presenting some factors of thinking which should balance each other, but which constantly tend to become so isolated that they work against each other instead of cooperating to make reflective inquiry efficient.

§ 1. The Unconscious and the Conscious

The *understood* as the unconsciously assumed

It is significant that one meaning of the term *understood* is something so thoroughly mastered, so completely agreed upon, as to be *assumed;* that is to say, taken as a matter of course without explicit statement. The familiar "goes without saying" means "it is understood." If two persons can converse intelligently with each other, it is because a common experience supplies a background of mutual understanding upon which their respective remarks are projected. To dig up and to formulate this common background would be imbecile; it is "understood"; that is, it is silently sup-plied and im-plied as the taken-for-granted medium of intelligent exchange of ideas.

Inquiry as conscious formulation

If, however, the two persons find themselves at cross-purposes, it is necessary to dig up and compare the presuppositions, the implied context, on the basis of which each is speaking. The im-plicit is made ex-plicit; what was unconsciously assumed is exposed to the light of conscious day. In this way, the root of the misunderstanding is removed. Some such rhythm of the unconscious and the conscious is involved in all fruitful thinking. A person in pursuing a consecutive train of thoughts takes some system of ideas for granted (which accordingly he leaves unexpressed, "unconscious")as surely as he does in conversing with others. Some context, some situation, some controlling purpose dominates his explicit ideas so thoroughly that it does not need to be consciously formulated and expounded. Explicit thinking goes on within the limits of what is implied or understood. Yet the fact that reflection originates in a problem makes it necessary *at some points* consciously to inspect and examine this familiar background. We have to turn upon some unconscious assumption and make it explicit.

Rules cannot be given for attaining a balance

No rules can be laid down for attaining the due balance and rhythm of these two phases of mental life. No ordinance can prescribe at just what point the spontaneous working of some unconscious attitude and habit is to be checked till we have made explicit what is implied in it. No one can tell in detail just how far the analytic inspection and formulation are to be carried. We can say that they must be carried far enough so that the individual will know what he is about and be able to guide his thinking; but in a given case just how far is that? We can say that they must be carried far enough to detect and guard against the source of some false perception or reasoning, and to get a leverage on the investigation; but such statements only restate the original difficulty. Since our reliance must be upon the disposition and tact of the individual in the particular case, there is no test of the success of an education more important than the extent to which it nurtures a type of mind competent to maintain an economical balance of the unconscious and the conscious.

The over-*analytic* to be avoided

The ways of teaching criticised in the foregoing pages as false "analytic" methods of instruction (*ante*, p. 282), all reduce themselves to the mistake of directing explicit attention and formulation to what would work better if left an unconscious attitude and working assumption. To pry into the familiar, the usual, the automatic, simply for the sake of making it conscious, simply for the sake of formulating it, is both an impertinent interference, and a source of boredom. To be forced to dwell consciously upon the accustomed is the essence of ennui; to pursue methods of instruction that have that tendency is deliberately to cultivate lack of interest.

The detection of error, the clinching of truth, demand conscious statement

On the other hand, what has been said in criticism of merely routine forms of skill, what has been said about the importance of having a genuine problem, of introducing the novel, and of reaching a deposit of general meaning weighs on the other side of the scales. It is as fatal to good thinking to fail to make conscious the standing source of some error or failure as it is to pry needlessly into what works smoothly. To over-simplify, to exclude the novel for the sake of prompt skill, to avoid obstacles for the sake of averting errors, is as detrimental as to try to get pupils to formulate everything they know and to state every step of the process employed in getting a result. Where the shoe pinches, analytic examination is indicated. When a topic is to be clinched so that knowledge of it will carry over into an effective resource in further topics, conscious condensation and summarizing are imperative. In the early stage of acquaintance with a subject, a good deal of unconstrained unconscious mental play about it may be permitted, even at the risk of some random experimenting; in the later stages, conscious formulation and review may be encouraged. Projection and reflection, going directly ahead and turning back in scrutiny, should alternate. Unconsciousness gives spontaneity and freshness; consciousness, conviction and control.

§ 2. Process and Product

Play and work again

A like balance in mental life characterizes process and product. We met one important phase of this adjustment in considering play and work. In play, interest centers in activity, without much reference to its outcome. The sequence of deeds, images, emotions, suffices on its own account. In work, the end holds attention and controls the notice given to means. Since the difference is one of direction of interest, the contrast is one of emphasis, not of cleavage. When comparative prominence in consciousness of activity or outcome is transformed into isolation of one from the other, play degenerates into fooling, and work into drudgery.

Play should not be fooling,

By "fooling" we understand a series of disconnected temporary overflows of energy dependent upon whim and accident. When all reference to outcome is eliminated from the sequence of ideas and acts that make play, each member of the sequence is cut loose from every other and becomes fantastic, arbitrary, aimless; mere fooling follows. There is some inveterate tendency to fool in children as well as in animals; nor is the tendency wholly evil, for at least it militates against falling into ruts. But when it is excessive in amount, dissipation and disintegration follow; and the only way of preventing this consequence is to make regard for results enter into even the freest play activity.

nor work, drudgery

Exclusive interest in the result alters work to drudgery. For by drudgery is meant those activities in which the interest in the outcome does not suffuse the means of getting the result. Whenever a piece of work becomes drudgery, the process of doing loses all value for the doer; he cares solely for what is to be had at the end of it. The work itself, the putting forth of energy, is hateful; it is just a necessary evil, since without it some important end would be missed. Now it is a commonplace that in the work of the world many things have to be done the doing of which is not intrinsically very interesting. However, the argument that children should be kept doing drudgery-tasks because thereby they acquire power to be faithful to distasteful duties, is wholly fallacious. Repulsion, shirking, and evasion are the consequences of having the repulsive imposed — not loyal love of duty. Willingness to work for ends by means of acts not naturally attractive is best attained by securing such an appreciation of the value of the end that a sense of its value is transferred to its means of accomplishment. Not interesting in themselves, they borrow interest from the result with which they are associated.

The intellectual harm accruing from divorce of work and play, product and process, is evidenced in the proverb, "All work and no play makes Jack a dull boy." That the obverse is true is perhaps sufficiently signalized in the fact that fooling is so near to foolishness. To be playful and serious at the same time is possible, and it defines the ideal mental condition. Absence of dogmatism and prejudice, presence of intellectual curiosity and flexibility, are manifest in the free play of the mind upon a topic. To give the mind this free play is not to encourage toying with a subject, but is to be interested in the unfolding of the subject on its own account, apart from its subservience to a preconceived belief or habitual aim. Mental play is open-mindedness, faith in the power of thought to preserve its own integrity without external supports and arbitrary restrictions. Hence free mental play involves seriousness, the earnest following of the development of subject-matter. It is incompatible with carelessness or flippancy, for it exacts accurate noting of every result reached in order that every conclusion may be put to further use. What is termed the interest in truth for its own sake is certainly a serious matter, yet this pure interest in truth coincides with love of the free play of thought.

Balance of playfulness and seriousness the intellectual ideal

Free play of mind

is normal in childhood

In spite of many appearances to the contrary — usually due to social conditions of either undue superfluity that induces idle fooling or undue economic pressure that compels drudgery — childhood normally realizes the ideal of conjoint free mental play and thoughtfulness. Successful portrayals of children have always made their wistful intentness at least as obvious as their lack of worry for the morrow. To live in the present is compatible with condensation of far-reaching meanings in the present. Such enrichment of the present for its own sake is the just heritage of childhood and the best insurer of future growth. The child forced into premature concern with economic remote results may develop a surprising sharpening of wits in a particular direction, but this precocious specialization is always paid for by later apathy and dullness.

The attitude of the artist

That art originated in play is a common saying. Whether or not the saying is historically correct, it suggests that harmony of mental playfulness and seriousness describes the artistic ideal. When the artist is preoccupied overmuch with means and materials, he may achieve wonderful technique, but not the artistic spirit *par excellence.* When the animating idea is in excess of the command of method, aesthetic feeling may be indicated, but the art of presentation is too defective to express the feeling thoroughly. When the thought of the end becomes so adequate that it compels translation into the means that embody it, or when attention to means is inspired by recognition of the end they serve, we have the attitude typical of the artist, an attitude that may be displayed in all activities, even though not conventionally designated arts.

The art of the teacher culminates in nurturing this attitude

That teaching is an art and the true teacher an artist is a familiar saying. Now the teacher's own claim to rank as an artist is measured by his ability to foster the attitude of the artist in those who study with him, whether they be youth or little children. Some succeed in arousing enthusiasm, in communicating large ideas, in evoking energy. So far, well; but the final test is whether the stimulus thus given to wider aims succeeds in transforming itself into power, that is to say, into the attention to detail that ensures mastery over means of execution. If not, the zeal flags, the interest dies out, the ideal becomes a clouded memory. Other teachers succeed in training facility, skill, mastery of the technique of subjects. Again it is well — so far. But unless enlargement of mental vision, power of increased discrimination of final values, a sense for ideas — for principles — accompanies this training, forms of skill ready to be put indifferently to any end may be the result. Such modes of technical skill may display themselves, according to circumstances, as cleverness in serving self-interest, as docility in carrying out the purposes of others, or as unimaginative plodding in ruts. To nurture inspiring aim and executive means into harmony with each other is at once the difficulty and the reward of the teacher.

§ 3. The Far and the Near

"Familiarity breeds contempt,"

Teachers who have heard that they should avoid matters foreign to pupils' experience, are frequently surprised to find pupils wake up when something beyond their ken is introduced, while they remain apathetic in considering the familiar. In geography, the child upon the plains seems perversely irresponsive to the intellectual charms of his local environment, and fascinated by whatever concerns mountains or the sea. Teachers who have struggled with little avail to extract from pupils essays describing the details of things with which they are well acquainted, sometimes find them eager to write on lofty or imaginary themes. A woman of education, who has recorded her experience as a factory worker, tried retelling *Little Women* to some factory girls during their working hours. They cared little for it, saying, "Those girls had no more interesting experience than we have," and demanded stories of millionaires and society leaders. A man interested in the mental condition of those engaged in routine labor asked a Scotch girl in a cotton factory what she thought about all day. She replied that as soon as her mind was free from starting the machinery, she married a duke, and their fortunes occupied her for the remainder of the day.

since only the novel demands attention,

Naturally, these incidents are not told in order to encourage methods of teaching that appeal to the sensational, the extraordinary, or the incomprehensible. They are told, however, to enforce the point that the familiar and the near do not excite or repay thought on their own account, but only as they are adjusted to mastering the strange and remote. It is a commonplace of psychology that we do not attend to the old, nor consciously mind that to which we are thoroughly accustomed. For this, there is good reason: to devote attention to the old, when new circumstances are constantly arising to which we should adjust ourselves, would be wasteful and dangerous. Thought must be reserved for the new, the precarious, the problematic. Hence the mental constraint, the sense of being lost, that comes to pupils when they are invited to turn their thoughts upon that with which they are already familiar. The old, the near, the accustomed, is not that *to* which but that *with* which we attend; it does not furnish the material of a problem, but of its solution.

which, in turn, can be given only through the old

The last sentence has brought us to the balancing of new and old, of the far and that close by, involved in reflection. The more remote supplies the stimulus and the motive; the nearer at hand furnishes the point of approach and the available resources. This principle may also be stated in this form: the best thinking occurs when the easy and the difficult are duly proportioned to each other. The easy and the familiar are equivalents, as are the strange and the difficult. Too much that is easy gives no ground for inquiry; too much of the hard renders inquiry hopeless.

The given and the suggested

The necessity of the interaction of the near and the far follows directly from the nature of thinking. Where there is thought, something present suggests and indicates something absent. Accordingly unless the familiar is presented under conditions that are in some respect unusual, it gives no jog to thinking, it makes no demand upon what is not present in order to be understood. And if the subject presented is totally strange, there is no basis upon which it may suggest anything serviceable for its comprehension. When a person first has to do with fractions, for example, they will be wholly baffling so far as they do not signify to him some relation that he has already mastered in dealing with whole numbers. When fractions have become thoroughly familiar, his perception of them acts simply as a signal to do certain things; they are a "substitute sign," to which he can react without. thinking. (*Ante,* p. 339.) If, nevertheless, the situation as a whole presents something novel and hence uncertain, the entire response is not mechanical, because this mechanical operation is put to use in solving a problem. There is no end to this spiral process: foreign subject-matter transformed through thinking into a familiar possession becomes a resource for judging and assimilating additional foreign subject-matter.

Observation supplies the near, imagination the remote

The need for both imagination and observation in every mental enterprise illustrates another aspect of the same principle. Teachers who have tried object-lessons of the conventional type have usually found that when the lessons were new, pupils were attracted to them as a diversion, but as soon as they became matters of course they were as dull and wearisome as was ever the most mechanical study of mere symbols. Imagination could not play about the objects so as to enrich them. The feeling that instruction in "facts, facts" produces a narrow Gradgrind is justified not because facts in themselves are limiting, but because facts are dealt out as such hard and fast ready-made articles as to leave no room to imagination. Let the facts be presented so as to stimulate imagination, and culture ensues naturally enough. The converse is equally true. The imaginative is not necessarily the imaginary; that is, the unreal. The proper function of imagination is vision of realities that cannot be exhibited under existing conditions of sense-perception. Clear insight into the remote, the absent, the obscure is its aim. History, literature, and geography, the principles of science, nay, even geometry and arithmetic, are full of matters that must be imaginatively realized if they are realized at all. Imagination supplements and deepens observation; only when it turns into the fanciful does it become a substitute for observation and lose logical force.

Experience through communication of others' experience

A final exemplification of the required balance between near and far is found in the relation that obtains between the narrower field of experience realized in an individual's own contact with persons and things, and the wider experience of the race that may become his through communication. Instruction always runs the risk of swamping the pupil's own vital, though narrow, experience under masses of communicated material. The instructor ceases and the teacher begins at the point where communicated matter stimulates into fuller and more significant life that which has entered by the strait and narrow gate of sense-perception and motor activity. Genuine communication involves contagion; its name should not be taken in vain by terming communication that which produces no community of thought and purpose between the child and the race of which he is the heir.

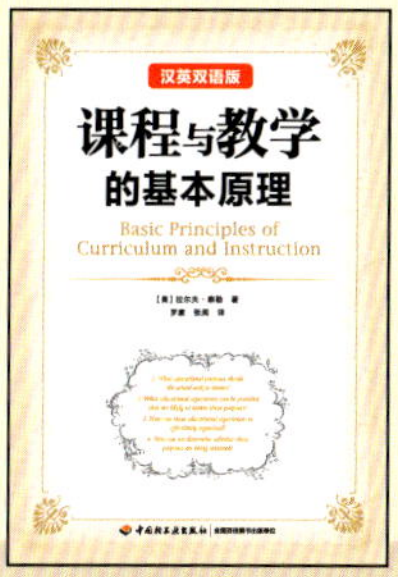

¥42.00

¥58.00

《课程与教学的基本原理》（汉英双语版）

【美】拉尔夫·泰勒 著
罗康 等 译

“现代课程理论之父”泰勒的代表作，被誉为“现代课程理论的‘圣经’”。高等院校教育专业师生和中小学教师的必读经典。

《去学校化社会》（汉英双语版）

【美】伊万·伊利奇 著
吴康宁 译

当代著名教育思想家伊万·伊利奇的代表作。著名教育社会学者吴康宁教授倾情翻译并解读这一思想巨著。

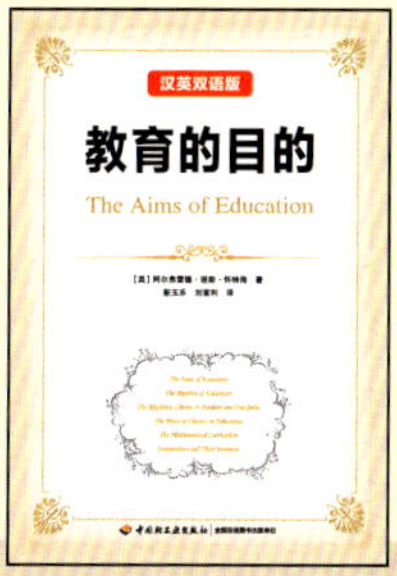

¥48.00

¥58.00

《教育的目的》（汉英双语版）

【英】阿尔弗雷德·诺斯·怀特海 著
靳玉乐 等 译

英国哲学家、教育家和数学家怀特海的教育代表作。著名教育学者靳玉乐教授等翻译，译者注释丰富、汉英双语对照，十分有助于品味经典。

《论教育学·系科之争》

【德】伊曼努埃尔·康德 著
杨云飞 邓晓芒 译／邓晓芒 校

全面地反映了德国哲学家和教育家康德的教育思想。我国著名哲学家邓晓芒教授和其弟子杨云飞博士根据德文原著历时一年多精心翻译。

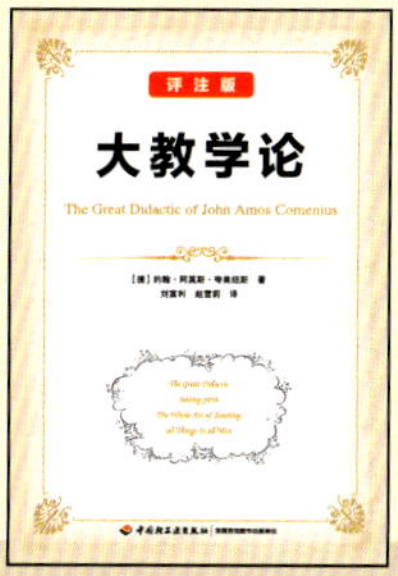

¥48.00

¥48.00

《大教学论》（评注版）

【捷】约翰·阿莫斯·夸美纽斯 著
刘富利 等 译

捷克教育家夸美纽斯的代表作，标志着教学论的诞生。牛津大学教育学者莫里斯·沃尔特·基廷在书中做出了精彩的评论。

《爱弥儿》（精选本）

【法】让-雅克·卢梭 著
檀传宝 等 译

法国启蒙思想家和教育家卢梭的代表作，一本小说体教育名著。著名教育学者檀传宝教授领衔选译《爱弥儿》全书的精华部分。

“世界教育经典名著丛书”阅读推广计划

尊敬的老师：

您好！感谢您对“万千教育”的关注与支持！

近年来，我们策划出版了“世界教育经典名著丛书”。该丛书包括16部世界著名的教育家、哲学家和心理学家的教育代表作，由国内十余位权威专家精心译校。大量的译者注和精彩的“译者导读”有助于读者领略名著的思想精髓。用纸考究、印刷清晰和软精装使丛书可读宜藏。我们有幸取得了数部著作在中国大陆的独家中文版权和英文版权。

其中《课程与教学的基本原理》《民主主义与教育》《教育的目的》《去学校化社会》《经验与教育》等7种名著采用了汉英双语的出版形式，可满足读者阅读原汁原味的经典之需。这些图书也适合作为高校师生专业外语教学文本。

为了让更多的人走近经典，值此“万千教育”编辑部成立20周年之际，我们制订了“世界教育经典名著丛书”阅读推广计划。

如果您对我们出版的经典名著感兴趣，我们将特别为您提供下列服务：

1．免费样书。如果您选用上述名著作为教学文本或为了便于您推荐给学生阅读，我们可以免费向您提供教师样书。

2．优惠折扣。若您所在院校的学生欲团购上述名著，我们将给予特定的优惠折扣。

欲了解“世界教育经典名著丛书”及阅读推广计划的详情，请扫描右边的二维码。此计划长期有效。

欢迎您与我们联系！

万千教育编辑部

咨询电话：010-65125990
读者邮箱：1012305542@qq.com
万千教育客服微信号：wqjy1998